"十二五"职业教育国家规划教材

经全国职业教育教材审定委员会审定

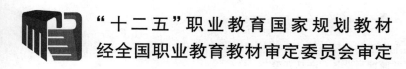

非织造工艺学

（第 3 版）

言宏元　主编

中国纺织出版社

内 容 提 要

本书系统地介绍了非织造布的生产工艺及其应用,内容包括非织造布使用的原料、生产工艺原理与设备、产品开发与应用以及产品性能测试等。

本书可作为纺织类高职高专院校相关专业的教材,亦可作为专业人员的培训教材,并可供从事非织造布相关专业的工程技术人员阅读、参考。

图书在版编目(CIP)数据

非织造工艺学/言宏元主编. —3 版. —北京:中国纺织出版社,2015.5(2024.7重印)

"十二五"职业教育国家规划教材 经全国职业教育教材审定委员会审定

ISBN 978 - 7 - 5180 - 1496 - 5

Ⅰ. ①非… Ⅱ. ①言… Ⅲ. ①非织造织物—纺织工艺—高等职业教育—教材 Ⅳ. ①TS174

中国版本图书馆 CIP 数据核字(2015)第 067627 号

策划编辑:孔会云 责任编辑:王军锋 责任校对:余静雯
责任设计:何 建 责任印制:何 建

中国纺织出版社出版发行
地址:北京市朝阳区百子湾东里 A407 号楼 邮政编码:100124
销售电话:010—67004422 传真:010—87155801
http://www.c-textilep.com
中国纺织出版社天猫旗舰店
官方微博 http://weibo.com/2119887771
三河市宏盛印务有限公司印刷 各地新华书店经销
2024 年 7 月第 17 次印刷
开本:787×1092 1/16 印张:18
字数:324 千字 定价:38.00 元

出版者的话

百年大计，教育为本。教育是民族振兴、社会进步的基石，是提高国民素质、促进人的全面发展的根本途径，寄托着亿万家庭对美好生活的期盼。强国必先强教。优先发展教育、提高教育现代化水平，对实现全面建设小康社会奋斗目标、建设富强民主文明和谐的社会主义现代化国家具有决定性意义。教材建设作为教学的重要组成部分，如何适应新形势下我国教学改革要求，与时俱进，编写出高质量的教材，在人才培养中发挥作用，成为院校和出版人共同努力的目标。2012 年 12 月，教育部颁发了教职成司函 [2012] 237 号文件《关于开展"十二五"职业教育国家规划教材选题立项工作的通知》（以下简称《通知》），明确指出我国"十二五"职业教育教材立项要体现锤炼精品，突出重点，强化衔接，产教结合，体现标准和创新形式的原则。《通知》指出全国职业教育教材审定委员会负责教材审定，审定通过并经教育部审核批准的立项教材，作为"十二五"职业教育国家规划教材发布。

2014 年 6 月，根据《教育部关于"十二五"职业教育教材建设的若干意见》（教职成 [2012] 9 号）和《关于开展"十二五"职业教育国家规划教材选题立项工作的通知》（教职成司函 [2012] 237 号）要求，经出版单位申报，专家会议评审立项，组织编写（修订）和专家会议审定，全国共有 4742 种教材拟入选第一批"十二五"职业教育国家规划教材书目，我社共有 47 种教材被纳入"十二五"职业教育国家规划。为在"十二五"期间切实做好教材出版工作，我社主动进行了教材创新型模式的深入策划，力求使教材出版与教学改革和课程建设发展相适应，充分体现教材的适用性、科学性、系统性和新颖性，使教材内容具有以下几个特点：

（1）坚持一个目标——服务人才培养。"十二五"职业教育教材建设，要坚持育人为本，充分发挥教材在提高人才培养质量中的基础性作用，充分体现我国改革开放 30 多年来经济、政治、文化、社会、科技等方面取得的成就，适应不同类型高等学校需要和不同教学对象需要，编写推介一大批符合教育规律和人才成长规律的具有科学性、先进性、适用性的优秀教材，进一步完善具有中国特色的职业教育教材体系。

（2）围绕一个核心——提高教材质量。根据教育规律和课程设置特点，从提高学生分析问题、解决问题的能力入手，教材附有课程设置指导，并于章首介绍本章知识点、重点、难点及专业技能，增加相关学科的最新研究理论、研究热点或历史背景，章后附形式多样的习题等，提高教材的可读性，增加学生学习兴趣和自学能力，提升学生科技素养和人文素养。

（3）突出一个环节——内容实践环节。教材出版突出应用性学科的特点，注重理论与生产实践的结合，有针对性地设置教材内容，增加实践、实验内容。

（4）实现一个立体——多元化教材建设。鼓励编写、出版适应不同类型高等学校教学需要的不同风格和特色教材；积极推进高等学校与行业合作编写实践教材；鼓励编写、出版不同载体和不同形式的教材，包括纸质教材和数字化教材，授课型教材和辅助型教材；鼓励开发中外文双语教材、汉语与少数民族语言双语教材；探索与国外或境外合作编写或改编优秀教材。

　　教材出版是教育发展中的重要组成部分，为出版高质量的教材，出版社严格甄选作者，组织专家评审，并对出版全过程进行过程跟踪，及时了解教材编写进度、编写质量，力求做到作者权威，编辑专业，审读严格，精品出版。我们愿与院校一起，共同探讨、完善教材出版，不断推出精品教材，以适应我国职业教育的发展要求。

中国纺织出版社

教材出版中心

第 3 版前言

　　非织造工艺技术是纺织工业的一门新技术，它突破了传统的纺织原理，综合应用了纺织、化工、塑料、造纸、皮革等工业技术，并结合了计算机技术和材料科学的发展。随着高新技术的应用、高性能材料的发展，非织造布技术创新及应用领域在不断扩大，一直以独特的优势保持着迅速发展的势头。

　　纺织教育的改革对专业技术人才的专业素质和技能提出了更高的要求，本教材根据非织造技术发展和技术人才培养需要，针对高职高专的教学要求，实现理论与实践相结合，体现"新颖、实用、精简、易学"的编写特色。在"十一五"国家级规划教材《非织造工艺学》（第 2 版）基础上，修改编写了"十二五"国家级规划教材《非织造工艺学》（第 3 版）。

　　本书为高职高专非织造布专业的专业课教材，对纺织类的其他专业可用作必修课或选修课教材，亦可供从事非织造布领域的工程技术人员参考。

　　本书由浙江纺织服装职业技术学院言宏元教授主编和统稿。编写人员为：项目一、二、五、六由言宏元编写，项目三、四、七、十二由成都纺织高等专科学校彭孝蓉副教授编写，项目十、十一、十四由河南工程学院闫新副教授编写，项目八、十三、十五由河南工程学院宋会芬副教授编写，项目九由安徽职业技术学院张勇副教授编写。本书由东华大学非织造工程及材料系主任靳向煜教授主审。

　　由于编者水平有限，书中不足与疏漏之处，敬请指正。

编者

2014 年 10 月

第 1 版前言

随着世界技术革命的不断深入，高新技术日益向纺织工业渗透，纺织工业从原料开发、技术装备更新、工艺过程自动化到产品档次升级和经营管理模式现代化，均达到了更高的水平。纺织工业的振兴和发展，推动了纺织教育的改革和人才培养。为适应我国纺织工业对职业技术人才的需要，加速纺织高等职业技术教育的发展，进一步提高教学质量和水平，特编写了本书，可供纺织类高等专科学校和高等职业技术院校用做教材，也可做中专、技校的代用教材以及专业人员的培训教材。

《非织造工艺学》一书，由言宏元主编。参加本书编写的有：言宏元（第一章、第二章、第四章、第六章），陈锡勇（第七章、第八章、第十一章），彭孝蓉（第三章、第五章、第十章），李珏（第九章），蒋艳凤（第十二章）。全书由言宏元统稿。华东大学非织造工程及材料系主任靳向煜担任主审。

本书在编写、审稿过程中，各兄弟纺织学校派员参加了审稿会，东华大学吴海波提供了资料并提出修改意见，天津纺织工学院郭秉臣也提供了资料，在此一并表示感谢。

由于时间仓促，编者水平有限，书中难免有疏漏之处，欢迎广大读者指出，以便修订后使之日臻完善。

编者

2000 年 6 月

第 2 版前言

本书是普通高等教育"十一五"国家级规划教材（高职高专）。

随着纺织产业结构调整和纺织技术的进步，非织造布以独特的优势得以迅速发展。非织造布突破了传统的纺织原理，是纺织、塑料、造纸、化工、皮革等工业技术相互交叉的边缘学科。非织造布工业具有工艺流程短、生产速度高、原料来源广、产品品种多等优点，随着高新技术的渗透，非织造新原料、新工艺、新设备、新产品层出不穷，显示出旺盛的生命力。

根据非织造布工业发展及技术人才培养需要，结合高职高专的教学要求，我们对《非织造工艺学》第 1 版作了较大的修改与补充。

本书为非织造布专业高职高专的专业课教材，纺织类的其他专业可用作必修课或选修课教材，亦可供从事非织造布领域的工程技术人员参考。

全书编写人员为：第一章、第二章、第四章、第六章由言宏元编写，第三章、第五章、第十章由彭孝蓉编写，第七章、第九章、第十二章由盛杰侦编写，第十一章、第十三章由李喜亮编写，第八章由张勇编写。全书由言宏元整体构思和统稿。

本书由东华大学非织造工程及材料系主任靳向煜教授主审。

由于编者水平有限，书中难免有错误之处，恳请专家和读者提出宝贵意见。在本书的编写过程中，辛长征提供了资料。各位编者参考了相关书籍和技术资料，在此对这些作者表示诚挚的谢意。

编者
2009 年 10 月

一、本课程设置意义

本课程为高职高专非织造布专业的主干课，现代纺织技术、纺织品设计专业的必修课。课程主要介绍非织造布生产的基本原理和方法，包括工艺与设备、原料与产品、质量与测试等。

二、本课程教学建议

非织造布专业建议学时：72 学时，现代纺织技术、纺织品设计专业建议学时：36 学时。以上学时均指课堂教学和现场教学，不包括实践训练。

课程教学包括课堂教学、现场教学、实践训练、作业与考核。

（1）课堂教学：采用项目引领、任务驱动、理论结合实际，以工艺为主线，介绍典型设备。

（2）现场教学：结合非织造布生产厂现场教学，让学生走进生产现场，加深印象。

（3）实践训练：非织造布专业的学生，在本课程结束后，到非织造布厂实践训练，掌握两三种生产方法，为从事工艺设计、质量控制、设备管理打下基础。

（4）作业与考核：每章给出若干思考题，以平时练习结合考核来综合评定成绩。

三、本课程教学目的

（1）了解非织造布的结构、分类、特点和研究方向。

（2）掌握各种非织造布生产的原理、设备和主要工艺参数。

（3）熟悉各种非织造布的原料选择和产品应用。

（4）了解非织造布的后整理和非织造布的常用测试方法。

目录

项目一　非织造布工业的认识

✿**学习目标**
1. 熟悉非织造布的定义和分类。
2. 区别非织造布与机织物、针织物。
3. 了解非织布的生产流程的技术特点。

任务一　认识非织造布

知识准备

自古以来，纺纱和经纬成布是纺织业恒久不变的生产观念和工艺流程。随着现代非织造工业的崛起，使传统的纺织生产观念和工艺技术遭遇了有力的挑战。非织造布工业综合利用了现代物理学、化学、力学、仿生学的有关基础理论，结合了纺织、塑料、造纸、化工、皮革等工业生产技术，突破了传统的纺织原理，成为一个独立的、飞速发展的、产品多样的新兴产业部门，成为继机织、针织之后的第三领域，被誉为朝阳工业。

一、非织造布的定义

非织造布又称无纺布、不织布。1942 年，美国一家生产了数千码与传统纺织原理和工艺截然不同的新型布品，它不经过纺，也不经过织，而是用化学黏合法生产的，当时定名为"Nonwoven fabric"，意为"非织造布"。这一名称一直沿用至今，被世界上多数国家所采用。

非织造布的定义，几十年来一直在探讨和发展中。

我国把非织造布的定义列入国家标准（GB/T 5709—1997）。用专业术语定义的非织造布是：定向或随机排列的纤维通过摩擦、抱合或黏合或者这些方法的组合而相互结合制成的片状物、纤网或絮垫（不包括纸、机织物、针织物、簇绒织物，带有缝编纱线的缝编织物以及湿法缩绒的毡制品）。所用纤维可以是天然纤维或化学纤维；可以是短纤维、长丝或当场形成的纤维状物。为了区别湿法非织造布和纸，还规定了在其纤维成分中长径比大于 300 的纤维占全部质量的 50% 以上，或长径比大于 300 的纤维虽只占全部质量的 30% 以上但其密度小于 0.4g/cm^3 的，属于非织造布，否则称为纸。

由此可知，非织造布是一种有别于传统纺织品和纸类的新纤维材料。从织物上看，非织造布是由纤维直接构成的纤维型产品，不同于传统纺织品以纱线的形式存在于产品中。这一界定已远远超出了"布"的涵义，该定义比较周密地概括了当今非织造布的内涵特点和外延区别。

二、非织造布的分类

1. 按产品的用途分类

（1）医疗卫生类。手术衣、防护服、口罩、鞋套、消毒包布、绷带、换药纱布，血液及肾透析过滤材料；擦拭布、湿面巾、柔巾卷、美容用品、卫生巾、卫生护垫、尿片及一次性卫生用布等。

（2）家庭装饰类。地毯、贴墙布、家具布、窗帘、床单、床罩、台布、餐巾、民用抹布、购物袋等。

（3）服装类。衬基布、服装和手套保暖材料、黏合衬、垫肩、絮片、定型棉、各种合成革底布等。

（4）工业类。用于加固、加筋、复合、防渗、排水、分离的土工布；屋面防水卷材和沥青瓦的基材；增强材料、抛光材料、绝缘材料、保温隔音材料；各种气体、液体、固体的过滤材料；水泥包装袋、包覆布等。

（5）农业类。作物保护布、育秧布、灌溉布、保温幕帘、护根袋、毛细管垫等。

（6）其他。睡袋、帐篷、太空棉、吸油毡、烟过滤嘴、袋包茶袋、鞋材等。

以上产品按使用时间来分，可分为用即弃型和耐用型（用即弃型是指只使用一次或几次就不再使用的产品；耐用型则要求能维持较长的重复使用时间）。按产品的厚度来分，一般又可分为厚型非织造布和薄型非织造布。

2. 以纤维成网方式结合纤维网的固结方法来分类（表1-1）

表1-1 非织造布生产工艺分类表

成网方式	固 结 方 法		
干法成网	梳理成网 气流成网	机械固结	针刺法 水刺法 缝编法
		化学黏合	浸渍法 喷洒法 泡沫法 印花法 溶剂黏合法
		热黏合	热熔法 热轧法 超声波黏合法
聚合物挤压成网	纺丝成网	机械固结、化学黏合、热黏合	
	熔喷成网	自黏合、热黏合等	
	膜裂成网	热黏合、针刺法等	
湿法成网	圆网成网 斜网成网	化学黏合、热黏合、水刺法	

（1）按纤维成网方式分类。非织造布的成网方式一般为干法成网、湿法成网和聚合物挤

压成网三大类。

①干法成网是指纤维在干态下，利用机械梳理成网或气流成网等方式制得纤网，然后用机械、化学黏合或热黏合方式加固成非织造布。

②湿法成网是以水为介质，短纤维在水中呈悬浮状，采用造纸的方法，借水流的作用形成纤网，然后用化学黏合、机械或热黏合的方法加固成非织造布。

③聚合物挤压法是指将聚合物高分子切片由熔体或溶液通过喷丝孔形成长丝或短纤维。这些长丝或短纤维在移动的传送带上铺放而形成连续的纤网，然后按机械、化学黏合或热黏合形成非织造布。

（2）按纤维加固的方式分类。纤网的加固工艺一般分为三大类：机械加固、化学黏合和热黏合。具体加固方法视纤网类型和产品的使用性能而定。

任务二　非织造布工业的发展概况

知识准备

非织造布工业是一个新兴的纺织工业领域，它的历史不长。然而从仿生学的角度来讨论，它的渊源可以追溯到几千年前的中国古代社会。当时还未出现机织物和编织物，但已经出现了毡制品。古代的游牧民族利用动物纤维的缩绒性，在羊毛、骆驼毛等动物纤维上，加热水、尿或乳精等作为"化学助剂"，通过脚踩、棒打等机械作用，使纤维互相缠结，制成毛毡。今天的针刺法非织造布，就类似古代毡制品的延伸和发展。

据《文献通考》记载，在我国宋代的养蚕活动中，开封人程铎利用家蚕在平板上吐丝直接成平板茧，用作服饰。这种吐丝结网成平板茧的方法，类似于今天的纺丝成网非织造布技术。

公元前2世纪，我们的祖先受漂絮启发用大麻造纸，这种漂絮和造纸与当今的湿法非织造布的原理是十分相似的。但限于当时的历史条件，这些创造都未能发展成为非织造工业。

现代意义上的非织造布工业化生产，最早出现在1878年，英国的威姆·拜瓦特（WiUiam Bywater）公司研制成功世界上第一台针刺机。1900年美国詹姆斯·亨特（James Hunter）公司开始了对非织造布工业化生产的开发研究。1942年，美国的一家公司生产出数千码用黏合法制成的非织造布，开始了非织造布的工业化生产，并将产品正式定名为"Nonwoven fabric"。1951年美国研制出了熔喷非织造布。1959年美国和欧洲又研究成功了纺丝成网法非织造布。20世纪50年代末，将低速造纸机改造成了湿法非织造布机，于是湿法非织造布开始生产。1958~1962年美国契科比（Chicoptt）公司获得了水刺法生产非织造布的专利，20世纪70年代才开始生产水刺布，1972年，出现了"U"形刺针和花式针刺机构，开始生产花式起绒地毯。

从技术发展的现状看，传统非织造布技术设备正朝着大规模、高速度、高质量方向发展，充分利用现代高科技成果，不断对生产设备和工艺快速进行更新换代，使性能、速度、效率、自动控制等方面均得到显著改进。

在原料开发上，不断研制出非织造布专用的聚合物切片、差别化纤维、功能性纤维、高性能纤维以及可生物降解的"绿色产品"。一些功能性、高附加值的纳米复合材料正在得到研究和开发使用。

非织造产品正向着高性能、复合化的方向发展。两种或几种非织造技术组合开发非织造布新性能和新应用领域已经成为一种新趋势，例如纺黏和水刺结合的非织造布适用医用纺织品的舒适性要求。随着设备的改进和原料的创新使产品的应用领域日益扩大。新型复合、涂层、层压等深加工技术的不断应用，使许多非织造产品以独特的风格和优良的特性取代了传统的纺织产品，并应用于高技术领域。

我国非织造布工业起步较晚，但发展十分迅速。1958 年开始对非织造布进行研究。1965年建立了第一家非织造布厂——上海无纺布厂，生产化学黏合法非织造布。从 1958 年至 1978年的 20 年，生产发展缓慢，1978 年年产量才 3000 吨。20 世纪 80 年代开始步入建设发展阶段，1982 年总产量为 1.5 万吨，1997 年发展到 29.3 万吨。20 世纪 90 年代中后期，国内掀起了发展非织造产品高潮。除采用国产生产线外，广东、浙江、江西、湖南等省还分别从国外引进了生产线。非织造布产品的发展速度大大地超过纺织工业的平均发展速度，每年以 8% ~ 10% 高速增长。根据国家统计局数据，2013 年规模以上非织造布企业总产量为 257.3 万吨，是纺织工业中发展最快的一个行业。

在我国非织造布工业的发展中，各种加工方法俱全，其中纺粘法占 42.40%，针刺法占 24.10%，化学黏合法占 11.00%，热黏合法占 8.70%，水刺法占 7.80%，浆粕气流法占 3.70%，熔喷法占 1.20%，湿法占 1.10%，如图 1 - 1 所示。我国还自主研制了一批有一定水平的非织造布专用原料，大部分常规的非织造布生产设备能国产化制造。在产品开发上，国内企业十分关注国际新产品领域的动态。我国的非织造布工业发展有着巨大的潜力，但与国际非织造工业的先进水平相比，还有较大差距，主要体现在企业组织结构、规模、工艺技术水平、产品种类及质量、科技创新、开发能力等方面。随着我国工业化水平和人民生活的提高，我国的非织造业未来还有很大的增长潜力，蕴涵着无限活力和生机，前景灿烂辉煌。

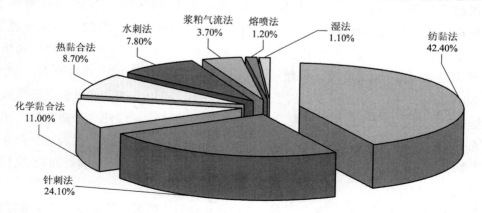

图 1 - 1　各类非织造布所占份额

任务三 非织造布的生产流程和技术特点

知识准备

非织造布生产突破了传统的纺织原理，它不像机织物和针织物是以纱线或长丝为基本原料，经过交织或编织来形成一定规格性能的机织物、针织物。非织造布是直接以聚合物或纤维为原料，以纤网加固形成的布状材料加工路线如图1-2所示。而纤维之间的联结可以机械外力形式缠结在一起，或以施加黏合剂进行黏合，也可以采用热黏合方式加固等。非织造布在原料使用、工艺技术、产品性能上具有很多特点。

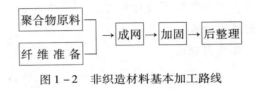

图1-2 非织造材料基本加工路线

一、工艺流程短

非织造布从原料到成品所经工序比传统的纺织工艺流程大为缩短，一般只需经过开清、梳理、成网、固结即可生产出产品。特别是纺丝成网法的生产过程更为简单，从聚合物切片直接纺丝成网制成非织造布。由于非织造布生产省去了纺纱、织造等多道主要工序，工艺流程简短，大大缩短了生产周期，产品质量也易于控制，劳动生产率提高。

二、生产速度高

生产速度一般反映为机器的产量。非织造布没有纺纱织布的种种束缚，一体化程度提高，因而生产速度高，产量也高。非织造布与传统纺织品的生产速度之比为（100~2000）：1，非织造布的下机幅宽大，一般可达2~10m，可见非织造布生产速度和产量远远高于传统纺织品。

三、原料来源广

非织造布的原料范围非常广，纺织工业所用的原料都可使用；纺织工业中许多不能加工的原料如棉短绒、椰壳纤维等，以及废料如废花、落花、化纤废丝，甚至连碎布料经布开花处理后也能使用。一些纺织设备难以加工的无机纤维，如石棉纤维、玻璃纤维、碳纤维、金属纤维等也可用非织造布技术加工；一些新型功能性纤维，如耐高温纤维、复合超细纤维、抗菌纤维、阻燃纤维等也可加工。

四、产品品种多

　　非织造布由于原料广泛，加工方法多，因此其产品品种也多。每种加工方法又有许多种工艺和组合，如同样用针刺法固结纤网，通过针刺工艺和针板布针的调节，既可以产出柔美的装饰地毯，也可生产出高强结实的土工材料。各种加工方法还可以互相结合，如针刺与黏合、纺丝成网与水刺、纺粘与熔喷的结合。通过工艺变化与加工方法的结合，也可生产出各种规格和结构的产品。随着后整理技术的不断发展，涂层、复合叠层、模压技术的应用日渐广泛，非织造布产品更加争奇斗艳，变化无穷。

☞ 思考题

　　1. 阐述非织造布的定义。

　　2. 根据成网和加固的方法对非织造布进行分类。

　　3. 试述非织造布的工艺技术特点。

　　4. 试列出非织造布的主要应用领域。

项目二 非织造布生产的纤维原料与选用

❋学习目标

1. 认知纤维原料的种类、性能与非织造布性能的关系。
2. 熟悉非织造布用的常规纤维及其产品。
3. 了解差别化纤维、功能性纤维和高性能纤维在非织造布中的应用。
4. 掌握非织造布纤维原料的选用方法。

任务一 纤维原料种类、性能与非织造布性能的关系

知识准备

纤维是构成非织造布最基本的原料。由于非织造独特的生产工艺和产品结构，它不同于传统纺织品以纱线的排列组合形成织物，而是纤维原料直接构成纤网后固结成布（图2-1），因此纤维原料的特性对非织造布产品性质有着更为直接的影响。非织造布应用的纤维原料非常广泛，这就要求掌握纤维性能，科学、合理、经济地选择原料，使之满足加工工艺要求和使用要求，保证成品质量，降低生产成本。

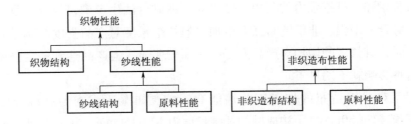

图2-1 纤维原料性能与产品性能的关系

一、纤维在非织造布中的存在形式与作用

非织造布加工方法不同，纤维在非织造布中所起的作用也不同，一般有以下几种。

（一）纤维形成非织造布的基本结构

在大多数黏合法非织造布、针刺法非织造布、水刺法非织造布、纤网型缝编法非织造布、纺丝成网法非织造布和湿法非织造布中，纤维以网状构成非织造布的主体结构。纤维在非织造布中所占比例达到50% ~100% 。

（二）纤维形成非织造布的加固成分

在针刺法、水刺法和无纱线纤网型缝编法非织造布中，部分纤维以纤维束的楔柱或线圈结构存在于非织造布中，起着加固非织造布纤网的作用。

在有纱线的纤网型缝编法非织造布中，这些由纤维制成的纱线在缝编过程中形成线圈状结构，对非织造布的纤网起到加固的作用。

也有的非织造布用机织物等材料作为加强层，与纤维网加固成一个整体，如一些土工布和造纸毛毯等。

（三）纤维形成非织造布的黏合成分

在热黏合法非织造布中，把具有热熔性的合成纤维作为黏合材料加入纤网中。当纤网受到热处理时，这些热熔性合成纤维便全部或部分地失去其纤维形态，形成纤网结构中的黏合成分，使纤网得到加固。

在双组分合成纤维制造的热黏合法非织造布中，双组分纤维既作为布的基本结构，同时处于纤维交叉点的两根双组分纤维的外壳部分又因热熔而相互黏合，成为纤网的黏合成分，从而起到加固纤网的作用。

在溶剂黏合法非织造布中，作为黏合成分的部分纤维，由于其在溶剂处理时溶解与膨润，起到与其他纤维相互黏合的作用，使纤网得到加固。

二、纤维性能与非织造布性能的关系

纤维性能是非织造布性能的基础，关系甚为密切。纤维对非织造布的影响主要涉及纤维的力学性能对产品性能和加工工艺的影响。

（一）纤维长度

纤维长度长，对提高非织造布的强力有利，这主要是因纤维之间的抱合力增大，缠结点增多，缠结效果增强，纤维强力的利用程度提高。在黏合法生产中，纤维长度长，还表现为黏合点增加，黏合力增强，非织造布强力增加。但纤维长度对产品强度影响是有条件的，当纤维长度较短时，其长度的增加对产品强度的提高较明显，但产品达到一定强度后，再增加纤维长度，这种影响就不明显了。

纤维长度还对非织造布的加工工艺性能有影响。如湿法成网的纤维长度一般为 5 ~ 20mm，最长不能超过 30mm。干法成网的纤维长度为 10 ~ 150mm，并由成网方式决定。

（二）纤维线密度

纤维线密度小，制得的非织造布密度大，强力好，手感柔软。非织造布在同样定量的条件下，纤维线密度越小，纤维根数就越多，纤维间的接触点与接触面积增加，这就增加了纤维间的粘结面积或增加了纤维间的滑移阻力，从而提高了非织造布的强力。但纤维过细会给梳理造成困难。非织造布一般采用的纤维线密度为 1. 67 ~ 6. 67dtex。一般粗纤维多用在地毯和衬垫中，主要考虑其弹性好。而对于一些过滤材料和吸音材料，则要求具有从细至粗多种线密度规格的纤维混和，以提高过滤和吸音效果。

不同线密度的纤维原料适用于不同的非织造产品。纤维线密度与产品用途见表 2 - 1。

表 2 - 1　纤维线密度与产品用途

纤维线密度	产 品 用 途
1.7 ~ 3.3 dtex	黏合法、热轧法，如服装衬布、皮革基布、干/湿巾、尿裤面料
5.5 ~ 9.9 dtex	喷胶法、针刺法，如保暖絮片、土工布、吸音材料、过滤材料
15.6 ~ 33 dtex	针刺地毯，装饰材料
33 dtex 以上	特殊用途，如人造草坪

（三）纤维卷曲度

纤维卷曲度对纤维成网的均匀度，对非织造布的强力、弹性、手感都有一定影响。纤维卷曲多，则纤维间抱合力就大，成网中不易产生破网，均匀度好，输送或折叠加工也较顺利。在粘结过程中，由于纤维卷曲度高，粘结点之间的纤维可保持一定的弹性伸长，因而使产品手感柔软，弹性好。在针刺法、缝编法等非织造布中，纤维卷曲度高，则抱合力大，从而增加了纤维间的滑移阻力，提高了产品的强力和弹性。

在天然纤维中，棉纤维有天然转曲，成熟正常的转曲多；羊毛纤维也具有周期性的天然卷曲。化学纤维可在制造过程中用卷曲机挤压而得到卷曲，一般每厘米卷曲数为 4 ~ 6 个。目前，新型的螺旋形三维卷曲的合成纤维也大量在家用纺织品中采用。

（四）纤维横截面形状

纤维的横截面形状对非织造布的硬挺度、弹性、黏合性及光泽等有一定影响。

各种天然纤维都有各自的横截面形状，是天然形成的。如棉纤维为腰圆形，有中腔；蚕丝为不规则三角形；化学纤维的截面形状是根据纺丝孔的形状决定的，有中空形、三角形、星形等（图 2 - 2）。不同的截面形状直接影响产品性能，如三角形截面的纤维比圆形截面纤维的硬挺度要高些，而椭圆形截面纤维则比圆形截面的硬挺度低些，中空纤维刚性优良，蓬松性、保暖性好。在加工化学黏合法非织造布时，纤维横截面的形状与黏合剂的接触面积关系密切，如星形截面纤维的表面积就比同细度的圆形截面纤维约大 50%，黏合面积增大，黏合力就有较大的提高。

图 2 - 2　几种纤维的截面形状

利用异形截面纤维的表面对光线的反射，能得到一定的光学效应。如三角形截面（类似蚕丝截面）纤维犹如无数个三角柱分光棱镜，它们分出的各种色光，能产生一种柔和的光泽。

（五）纤维表面摩擦系数

纤维表面摩擦系数不但影响产品性能，还影响加工工艺。对于针刺法、缝编法等机械固结的非织造布来说，纤维表面摩擦系数大，纤维滑脱阻力也大，有利于产品强力提高。但是摩擦系数过大，会加大针刺阻力，造成穿刺困难，引起断针等故障。此外，合成纤维摩擦系数大，易引起静电产生和积聚，影响梳理成网的正常进行，故通常用抗静电剂对合成纤维进行表面处理。

（六）纤维吸湿性

纤维吸湿性是指纤维在吸收空气中气相水分或水溶液中液相水分的能力，对非织造布的加工工艺和成品性能有显著影响。

在化学黏合法非织造布生产中，纤维的吸湿性显得尤为重要。一般来说，吸湿性好的纤维构成的纤网，有利于黏合剂在纤网中均匀分散，黏合效果好。

在干法成网和针刺法非织造布生产中，纤维吸湿过少，纤维易被打断且易产生静电；吸湿过多，纤维又易于缠绕。因此，在选择纤维原料的吸湿性时，应从多方面考虑。

（七）纤维的断裂强度和伸长

纤维的断裂强度和伸长直接影响非织造布的强伸性，纤维的弹性模量直接影响非织造布的弹性模量，这可从非织造布的手感、强度、抗皱性等体现出来。

纤维的断裂强度与断裂伸长同非织造布的强伸性有一定的关系，但不同的加工方法及黏合剂对非织造布的强度也有一定的影响，因此非织造布中纤维强度的利用程度是不一样的。可以通过非织造布的纤维强度利用系数 K 来表征纤维强度在非织造布中的利用程度。

$$K = \frac{\sigma_p}{\sigma_B m} \times 100\%$$

式中：K——纤维强度利用系数；

σ_p——非织造布强度，N/cm^2；

σ_B——单纤维强力，N；

m——通过试样中 $1 cm^2$ 截面的纤维根数。

黏合法非织造布的纤维强度利用系数最低，大多数情况下不超过 20%，针刺法非织造布的纤维强度利用系数可达 30%，而普通机织物的纤维强度利用系数则为 40% ~ 50%。因此，纤维强度对非织造布强度虽有一定的作用，但还要考虑其他因素的影响。

纤维的强度在干态和湿态下是不同的，一般是干强大而湿强小，但棉、麻纤维的湿强大于干强，而黏胶纤维湿强特别小。在黏合法、水刺法和湿法非织造布生产中，纤网在湿态下输送，应考虑湿强变化。

（八）纤维热学性能

非织造布在加工和使用过程中会遇到不同的温度环境，而且温度范围较广。如化学黏合加固过程中烘干、烘焙等温度都很高，热黏合加固中温度也在纤维的熔点以上，必须考虑利用纤维的热学性能（表 2 - 2）来进行非织造布的加工。

合成纤维受热后，随着温度的提高，将相继出现玻璃态、高弹态和黏流态三种物理状态。态与态之间分界温度为：玻璃化温度是玻璃态向高弹态转变的温度，也就是高聚物链段运动开始发生的温度；高弹态向黏流态转变时，先软化然后熔融，一般把低于熔点 20 ~ 40℃ 的温度称为软化点温度。

表 2 - 2　常见纺织纤维的主要热学性能

纤维种类	玻璃化温度（℃）	软化点（℃）	熔点（℃）	分解点（℃）
锦纶 6	47.65	180	215~220	—
锦纶 66	85	225	253	—
涤纶	80.90	235~240	256	—
腈纶	90	190~240	—	280~300
丙纶	-18	140~150	163~175	—
维纶	85	干 220~230　水中 110	—	—
氯纶	82	90~100	200	—
棉	—	—	—	150
羊毛	—	—	—	135
蚕丝	—	—	—	150
黏胶纤维	—	—	—	150

　　天然纤维和黏胶纤维等再生纤维素纤维没有上述变化过程，但达到一定温度后会自行分解。

　　合成纤维受热后，会产生不可逆转的收缩现象。这是由于纺丝成形过程中的残留应力受玻璃态的约束不能缩回，当加热温度超过一定限度时，减弱了大分子间的约束，产生了收缩，这就是合成纤维的热收缩。

　　化学黏合法非织造布生产，应考虑合适的烘干、烘焙温度，控制其热收缩。对热熔黏合加固来说，考虑纤维的熔点和热收缩性显得更为重要。

任务二　非织造布用的常规纤维及其产品

知识准备

一、天然纤维

（一）棉纤维

　　其纤维素含量约为 94%，纤维截面为不规则的腰圆形，有中腔，纵向有天然转曲，具有抱合力。棉纤维吸湿性好，干湿强度较高；棉纤维手感柔软，保暖性好。棉纤维的化学性能比较稳定，不溶于一般的溶剂，较耐碱而不耐酸。我国生产的细绒棉，长度一般为 25~30mm，线密度为 1.54~2dtex；长绒棉长度在 33mm 以上；细度为 1.11~1.43dtex。原棉中含杂质（籽、壳、碎叶、泥沙）较多，需经过开清设备的处理加工。

　　在非织造布中，棉纤维主要用于制作医疗卫生材料、用即弃产品、保暖絮片、鞋帽衬基材料、防水材料、絮垫等。

（二）麻纤维

　　麻纤维的品种较多，主要有苎麻、亚麻、大麻、罗布麻等。麻纤维的主要成分为纤维素，并含有一定数量的半纤维素、木质素和果胶等。麻纤维的长度差异很大，从十几毫米到几百毫米不等，特别短的纤维单独成网困难，一般采用与其他纤维混合使用。麻纤维的细度差异也较大。麻纤维刚度好，硬挺，强度好，湿强更大，吸湿性好。麻纤维在非织造布生产中，一般以苎麻品质最优，可制造鞋帽衬、服装衬、抛光材料和防水材料等。亚麻与棉混合可用于制造针刺非织造布衬绒、装饰布。黄麻质地较粗硬，可用于制造针刺地毯、针刺壁毯、毡的基布及建筑用绝热材料等。罗布麻和大麻具有天然的保健功能，用于制造理疗保健产品。

（三）木浆纤维

木浆纤维又称绒毛浆纤维，是来自木材的天然纤维素纤维，含有43%～45%的纤维素，27%～30%的半纤维素，20%～28%的木质素与3%～5%的天然可提取物。其吸湿性优良，成本低廉。在非织造布中主要用于生产吸湿性用即弃产品，如尿布、卫生巾，还可用作医用材料和工业用抹布。木浆纤维还具有良好的生物降解性，是一种可再生资源。

（四）毛纤维

毛纤维种类多，主要指绵羊毛、山羊绒、骆驼绒、兔毛、牦牛绒等。毛纤维是纺织工业中的高档原料。通常所说的羊毛指的就是绵羊毛，绵羊毛具有弹性好、吸湿能力强、保暖性好、不易沾污、光泽柔和等优良特性。羊毛的主要成分是蛋白质，它耐酸不耐碱。毛纤维表面覆盖有许多鳞片，可产生缩绒性。在非织造布生产中，羊毛纤维可用来生产针刺造纸毛毯、高级地毯、保暖材料和一些音响材料，也可利用羊毛加工中的下脚料生产工业呢绒、针刺地毯夹层、绝热保温材料等。

（五）蚕丝

蚕丝具有较高的强伸度、纤细而柔软、平滑而富有弹性、光泽好、吸湿性好等优点，是高档纺织原料。在非织造布生产中，仅使用缫丝厂、绸厂的下脚料及等级较差的绢纺原料，生产一些衬里、保暖絮片及卫生护垫用的材料。

（六）羽绒

羽绒是天然蛋白质纤维，从水禽类动物中得到，其结构是多级绒丝状，横截面为圆形，中空，内含静止空气。羽绒具有优良的保暖性，较好的透气性和防水性，是非织造布防寒保暖材料中的理想原料。

二、化学纤维

（一）再生纤维素纤维

1. 黏胶纤维　黏胶纤维是再生纤维素纤维，是以棉短绒、木材、芦苇、甘蔗等为原料，其主要成分由纤维素组成，采用湿法纺丝制造而成。黏胶纤维根据性能不同，可分普通黏胶纤维、富强纤维和强力黏胶纤维等。

黏胶纤维吸湿性好，但强度低，湿强更低。黏胶纤维在制造非织造布加工中，其成网加工性能好，吸湿性好，有利于湿法成网加工，有利于水刺和化学黏合剂加固。其原料丰富，价格适中。在非织造布中，它适合生产服装衬里材料、医用卫生材料、汽车内装饰材料、揩布、包材料等。

目前，已出现许多新品种黏胶纤维，如高卷曲黏胶纤维、高湿强黏胶纤维、高吸湿性黏胶纤维、新型耐高温阻燃黏胶纤维等。一些供非织造布专用的黏胶纤维也相继开发出来。

2. 莱赛尔（Lyocell）纤维　莱赛尔纤维是一种新型的纤维素纤维，用有机溶剂法工艺制造，将纤维素（木浆衍生物）直接溶解在有机溶剂中，经过滤、脱泡等工序后挤压纺丝，凝固而成为纤维素纤维，具有完整的圆形截面和光滑的表面结构，具有较高的聚合度，与合成纤维相近。

莱赛尔纤维既具有纤维素的优点，如吸湿性、抗静电性、染色性好，又有普通合成纤维的强力和韧性。其干强度约为 42cN/tex，与普通涤纶接近，湿强仅比干强低 15% 左右，在湿态下仍保持了较高的强度。这种纤维生产时不污染环境，本身又能生物降解，即所谓的"绿色纤维"。在非织造布生产中，目前主要应用在水刺和针刺加固的产品中，用来制造合成革基材、医用卫生材料和工业过滤布。

3. 大豆蛋白改性纤维　大豆蛋白改性纤维生产过程是将榨过油的大豆粕浸泡，利用高新技术分离出豆粕中的球蛋白，再进行提纯，通过助剂与腈基、羟基高聚物接枝、共聚、共混，制成一定浓度的蛋白质纺丝溶液，经湿法纺丝而成。该纤维中含大豆蛋白 30% 左右。

（二）合成纤维

1. 涤纶　涤纶（PET）为聚酯纤维，化学名称为聚对苯二甲酸乙二酯纤维，采用熔融纺丝工艺制得。涤纶密度为 1.38g/cm³，纤维的干、湿强度高，耐磨性好，小负荷下不易变形，初始模量高，弹性回复率高，耐冲击性好，纤维耐热性好。涤纶大分子为刚硬的线性型分子，结晶度高，因此，涤纶非织造布产品具有刚挺、保形性好、易洗快干的特点。涤纶对酸较稳定，而碱稳定性较差。涤纶的缺点是吸湿性较差，化学加固时黏合剂均匀分布有困难。由于吸湿差，涤纶的导电能力差，易产生静电。

从非织造布采用的涤纶按纤维长度来分，有棉型和毛型。非织造布专用涤纶的种类较多，如抗起球型、高收缩型、低熔点粘结型、阻燃型、可生物降解型、高强、细特等。近年来，又增加了聚对苯二甲酸丙二酯（PTT）纤维及聚对苯二甲酸丁二酯（PBT）纤维。

涤纶常用于生产土工布、贴墙毡、过滤材料、合成革基布、服装衬布、卫生用材料、薄型热轧非织造布及造纸毛毯。

2. 丙纶　丙纶（PP）的化学名称为聚丙烯纤维，是由聚丙烯经熔融纺丝制得的。由于丙纶制造工艺简单，且有不少优异性能，价格相对较低，因此在非织造布中使用很多。

丙纶质地轻，密度仅为 0.91g/cm³，比水还轻，是现有纤维材料中密度最小的品种。

丙纶强度高，且湿态强度不降低。其耐磨性好，耐磨性仅次于锦纶。其弹性回复性好。丙纶化学稳定性好，耐酸、耐碱、耐腐蚀性能优于其他合成纤维，而且不蛀不霉，抗微生物性好。

丙纶熔点较低，为 165~170℃，在非织造布生产中可用作热熔粘结纤维。

丙纶耐光性较差，易老化。丙纶吸湿性很小，由于大分子没有亲水基团，几乎不吸湿。

丙纶在非织造布制造中，用作生产医疗卫生用材料、土工布、针刺地毯、过滤材料等。

3. 锦纶　锦纶（PA）为聚酰胺系纤维，采用熔融纺丝工艺制得。在非织造布中应用的主要品种为锦纶 6 和锦纶 66。锦纶的纤维强度高。其耐磨性在所有纤维中居于首位，比棉高 10 倍，比羊毛高 20 倍。其弹性回复率高，耐疲劳性能强。锦纶的耐碱性优良，耐酸性较差。其耐污性也好。其缺点是热收缩率大，在小负荷作用下容易变形，制成的产品容易起毛起球。

锦纶适用于制作服装衬里及面料、合成革基布、地毯、窗帘、土工布、涂层基布、抛光材料、造纸毛毯、电绝缘材料等。

4. 腈纶　腈纶的丙烯腈含量高于 85%，与第二单体、第三单体共聚而成，采用湿法或干法纺丝工艺制得。

腈纶弹性好，变形回复性好，许多性质如蓬松性、柔软性与羊毛相似，故有合成羊毛之称。腈纶耐光性强，是最耐日光的纤维。其染色性能好，颜色鲜艳。其耐化学腐蚀性也好。纤维强度低于涤纶、锦纶，耐磨性也较差，易起毛起球。

腈纶适用于制作家用装饰及服用织物，如毛毯、地毯、人造毛皮、窗帘、服装衬里等。

5. 维纶　维纶（PVA）是聚乙烯醇缩甲醛纤维的商品名，大多用湿法纺丝制得。维纶的吸湿性能高于其他合成纤维，强度和弹性低于涤纶、锦纶，但高于棉与黏胶纤维。维纶耐日光与耐气候性能与棉相近，耐干热而不耐湿热，在沸水中收缩达 10%。维纶染色性能差。

维纶非织造布适合做涂层织物的基底，亦可做油毡底布，还可用于过滤材料、服装衬料、医用卫生材料及土工布等。

（三）无机纤维

1. 玻璃纤维　玻璃纤维是以二氧化硅、硼酸、氧化铝等为主要成分的材料，经熔体纺丝而制成的纤维。玻璃纤维根据其含碱量的多少可分为不同类型，但其分子结构都是由四个氧原子和一个硅原子结合，形成四面体的主体结构，其他成分再填入这个主体网络的空隙中。

玻璃纤维的主要性能特征是：纤维线密度为 1.2 ~ 2.8dtex，表面光滑，断裂强度在 12 ~ 18cN/tex，断裂伸长率为 3% ~ 5%，弹性恢复率为 100%；纤维不耐弯曲，质脆，易折断；耐热性好，可耐 300℃ 的高温，难燃；并具有绝热、隔音、耐老化等性能。对化学药品、有机溶剂较稳定，可溶于氟化氢和浓磷酸中，在高温稀碱、常温浓碱溶液中可溶解，吸湿性差，不可染。

玻璃纤维适宜用湿法成网生产非织造材料，也可用化学黏合、针刺加固方法。由于玻璃短纤维的表面光滑、刚度大、易断，玻璃纤维的碎屑会引起皮肤过敏，损害呼吸器官，因此必须在非织造材料加工中注意劳动保护措施。其产品可用于隔热、耐热、过滤材料、蓄电池隔板。超细玻璃纤维直径为 1 ~ 3μm，经过湿法成网可制成高效过滤材料。玻璃纤维与聚酯、环氧、酚醛等树脂复合，可制成复合材料，用于汽车、飞机、船舶、建筑、地下管道等做防腐蚀的材料等。

2. 金属纤维　利用各种金属材料加工成的纤维称为金属纤维。一般金属纤维的原料有铁、铜、镍铬、铝、金、银、锰、镍合金等，在非织造工业中主要有不锈钢纤维和镍纤维。

不锈钢纤维的直径 4 ~ 25μm，长度为 40 ~ 80mm，密度为 7.8g/cm³。它有一定的柔软性，可带卷曲，耐高温，不燃，有导电及防辐射性能。不锈钢纤维、镍纤维还有较好的抗菌性能。金属纤维的性能具有永久性。将少量金属纤维（一般占纤维总量的 0.5% ~ 1%）混入其他纺织纤维中，通过针刺、缝编法加固，可制成具有一定功能的非织造材料，用于如防爆过滤材料、抗静电材料、抗菌非织造材料等。

3. 石棉纤维 石棉纤维是将岩石通过离心法成型熔融而制成，用于制造具有良好耐热性及化学稳定性的非织造绝热材料。石棉纤维一般具有不同的长度和线密度，不需预处理，可直接离心成网或用湿法工艺制成非织造材料。

三、再生纤维的利用

（一）棉纺、毛纺、麻纺的各种回花、落纤

棉纺厂的胶辊花、粗纱头、梳棉抄斩花、精梳落棉、短绒，毛纺厂的各种落毛、精梳短毛，麻纺厂的苎麻落麻等，经分类处理后，可用来制作包装用品、呢毡、揩布、填料、吸收性材料、絮垫等。

（二）服装裁剪边角料

服装裁剪边角料经过专门开松机处理即布开花处理后，也可用来生产一些低档产品。

（三）化学纤维废料

用涤纶废丝、废块纺制再生涤纶、粗特短纤维，可用作地毯原料，再与一定比例的正品化学纤维混合，可保持产品一定的特性。

任务三 差别化纤维、功能性纤维和高性能纤维在非织造布中的应用

知识准备

随着非织造布生产技术的不断发展，许多非织造布专用纤维、差别化纤维、功能性纤维、高性能纤维相继问世，使非织造布开发高新产品具有更广阔的前景。

这里就非织造布生产所用的差别化纤维、功能性纤维、高性能纤维作一些介绍。

一、差别化纤维

（一）三维卷曲中空纤维

中空纤维是轴向有管状空腔的化学纤维。中空纤维品种很多，按卷曲特征分为二维卷曲和三维卷曲两种。按组分多少分为：单一型中空纤维，如涤纶中空纤维；双组分复合型中空纤维，如涤丙复合中空纤维。按其孔数的多少分为单孔纤维和多孔纤维，如4孔中空纤维、6孔中空纤维和9孔中空纤维。中空纤维的中空度是一项重要指标，中空度提高，可增大材料滞留的空气量，使非织造布产品更轻、更暖。

三维卷曲中空纤维可采用不对称冷却的纺丝工艺和卷曲管定型方法制成，还可采用不同缩率的两种原料切片通过并列复合纺丝技术制得。特别是三维立体卷曲状的涤纶中空纤维，具有弹性好、蓬松性和保暖性优良、透气性好等特点，常用来制作保暖絮片，是制造喷胶棉、

仿丝棉、仿羽绒不可缺少的纤维原料。为使非织造布蓬松性保持长久和均一，将中空或实心的三维卷曲纤维在特制的容器中，经充分碰撞形成环形纤维，也称"珠状"纤维。它具有良好的长久回弹性和易填充性，制品只需轻轻拍打，即可恢复原状。

（二）热熔粘结纤维

热熔粘结纤维用于热黏合非织造布。通过加热熔融或软化后冷却，将主体纤维粘结固定而构成非织造布，一般采用不同熔点的合成纤维（如聚乙烯、聚丙烯等）、共聚物纤维（如共聚酰胺、聚氯乙烯与聚乙烯共聚等）及双组分复合纤维。

热黏合用双组分纤维是由两种不同熔点的聚合物构成，高熔点的聚合物作为芯层被低熔点的聚合物皮层包覆，制成的纤网在热黏合中皮层组分软化熔融，集聚在纤维交叉点，起黏合剂作用，冷却后形成牢固的黏合。如日本窒素公司的 ES 纤维，皮层用聚乙烯（熔点为 110 ~ 130℃），芯层用聚丙烯（熔点为 160 ~ 170℃）。这种纤维经热处理后，皮层一部分熔融而起粘结作用，其余仍保留纤维形态，主要用于卫生材料、尿片、服装衬里等。

（三）复合纤维

复合纤维是由两种或两种以上成纤高聚物熔体或溶液，利用组分、配比、黏度等差异，通过同一喷涂孔复合纺丝而制得。复合纤维的特点是各组分特性取长补短。以皮芯形纤维为例，如聚酯（涤纶）和聚酰胺（锦纶），做成锦皮涤芯的皮芯型纤维，既有锦纶耐磨性好、强度高、易染色、吸湿性较好的优点，又能发挥涤纶弹性模量高、不易变形、挺括不绉的特性，显著提高了使用性能。

根据不同组分在纤维截面上的分配位置，复合纤维分为并列型、皮芯型和海岛型、剥离型等多种。

（四）超细纤维

超细纤维一般是指纤维线密度小于 0.44dtex 的纤维。实际上，合成纤维的细度是没有止境的，0.11dtex 甚至更细的纤维也早已进入非织造布的生产。

超细纤维非织造布的生产方法主要有两种。一种是采用复合纺丝技术，先生产出双组分复合纤维，然后用溶解或剥离的方法处理，或者先用这种复合纤维制成非织造布，然后再经处理。对海岛型的采取溶解去除法，即溶去"海"的组分，剩下"岛"的组分，即成了超细纤维非织造布；对于辐射型和多层型的则采用分裂剥离的方法，剥离后的两个组分均为超细纤维（图 2 - 3）。另一种是采用熔喷法非织造布技术，直接生产超细纤维并成网，制成非织造布。

（1）辐射型纤维分裂剥离前　　（2）分裂剥离后即成超细纤维

图 2 - 3　分裂剥离法生产超细纤维

超细纤维手感柔软，极为细腻，由于细度细，直径小，抗柔刚度小，柔软性很好，且韧性好，保暖性也佳。其制成织物具有高密结构和独特的清洁去污能力，一根根超细纤维与细小的污物接触，具有高清洁能力。超细纤维还具有高吸水性和吸油性，主要是利用毛细芯吸能力。

超细纤维非织造布主要用于生产洁净布或擦拭布、人造麂皮、仿桃皮绒、高吸水材料、无尘衣、高级合成革基布、过滤材料、离子交换材料、人造血管等。

二、功能性纤维

（一）阻燃纤维

纤维材料阻止延续燃烧的性能称为阻燃性。阻燃纤维要有明显的阻燃性，一般极限氧指数必须大于27%。非织造布所用阻燃纤维一般采取原丝改性制得，生产方法有共聚法和共混法之分。共聚法是由高聚合体与阻燃基共聚后制成阻燃纤维。共混法是将阻燃剂加入纺丝熔体或浆液中，改变其热学性能，使制成的纤维具有阻燃性。

阻燃纤维可制成阻燃针刺地毯、窗帘、墙布、床上用品、车用材料、防火工作服等。

（二）抗静电纤维和导电纤维

抗静电纤维是指不易积聚静电荷的化学纤维，比电阻值小于$10^{10}\Omega \cdot cm$，一般采用共混改性法，即高聚物与导电质（如碳粉等）复合以后进行纺丝制得。其抗静电的原理为：通过极化放电或电晕放电的机理，消除积聚在非织造布上的静电。制成的非织造布可防尘埃吸附及静电积聚，可用于制作无尘工作服、防暴工作服、电子设备的防尘垫、防尘口罩、地毯等。

导电纤维是指比电阻值小于$10^{5}\Omega \cdot cm$的纤维，它比抗静电纤维的导电性要强。因此，导电纤维消除静电的性能远高于抗静电纤维。其导电原理是纤维内部含有自由电子的移动。导电纤维可制作特种工作服或用于屏蔽电磁感应等。

（三）高收缩纤维

这是指沸水收缩率为35%～45%的化学纤维，如果沸水收缩率在20%以下，则为一般收缩纤维。高收缩纤维是经过物理改性或化学改性制得的，如高收缩涤纶、高收缩丙纶等。利用加热后的高收缩性，可以使非织造布达到密实的效果，用于制造合成革基布、人造麂皮等产品。

（四）水溶性聚乙烯醇纤维

这是合成纤维中唯一能溶于水的纤维，又称水溶性维纶。这种纤维的强度较好，尺寸稳定性好，制成的非织造布产品如医用床单、手术服、敷料布等，经一次性使用后，在90℃左右的热水中溶解处理后排出，减少了环境污染。目前已产业化的有溶解温度为40～90℃的多种水溶性聚乙烯醇纤维。

三、高性能纤维

1. 聚对苯二甲酰对苯二胺纤维　我国称芳纶1414，美国商品名为凯夫拉（Kevlar），其分子式为：

$$\left[NH-\!\!\!\!-\!\!\!\!-\!\!\!\!-NHCO-\!\!\!\!-\!\!\!\!-\!\!\!\!-CO\right]_n$$

纤维分子链呈直线型结构，具有全对位的刚性苯环。该纤维具有超高强度、高模量、耐高温、耐酸耐碱、重量轻等优良性能，其强度是钢丝的 5 ~ 6 倍，模量为钢丝或玻璃纤维的 2 ~ 3 倍，韧性是钢丝的 2 倍，而重量仅为钢丝的 1/5 左右，在 560℃的温度下不分解、不融化。它具有良好的阻燃性、绝缘性和抗老化性能，具有很长的生命周期。它可用针刺法、水刺法、湿法等非织造布方法加工，制成复合材料的基材。这些基材可加工成航空航天结构材料、零部件、耐高温垫片、刹车片、橡胶增强材料等。

2. 聚间苯二甲酰间苯二胺纤维 我国称芳纶 1313，美国商品名为诺梅克斯（Nomex），分子式为：

$$\left[NH-\!\!\!\!-\!\!\!\!-\!\!\!\!-NHCO-\!\!\!\!-\!\!\!\!-\!\!\!\!-CO\right]_n$$

纤维的特性是耐热性极好，在 260℃高温经 500h，仍能保持 80% 的强度。纤维具有持久的热稳定性，骄人的阻燃性，极佳的电绝缘性，优良的机械特性，超强的耐辐射性，主要用于宇航、防火服、过滤材料（如高温粉尘滤袋）、电器绝缘材料，也可用于生产复合材料的基材。

3. 超高分子量聚乙烯纤维 超高分子量聚乙烯纤维是相对分子质量在 100 万 ~ 500 万的聚乙烯所纺出的纤维，其所用的原料 UHMW – PE 存在有大量无规线团的非晶区和折叠链的晶体结构。在超倍牵伸时，其大分子链的高度取向、结晶区及非晶区的大分子充分伸展，形成了高度结晶的伸直链超分子结构。它的比强度是化纤中最高的，耐磨、耐冲击、耐疲劳、抗切割性能也是现有高性能纤维中最强的。此外，它质量轻，密度只有 0.97g/cm³；化学稳定性好；紫外线性能优良；应用在安全、防护、航空、航天、车船制造、体育等领域。

4. 聚苯硫醚纤维 聚苯硫醚纤维（PPS）是分子链上带有苯硫基的线型、高分子质量、结晶性聚合物，经熔融纺丝方法制得。国外商品名称赖顿（Ryton）。其短纤维性能：强度 2.65 ~ 3.08cN/dtex、伸长率25% ~ 35%、熔点285℃，具有优异的热稳定性和阻燃性，氧指数值34 ~ 35，200℃时强度保持率为60%，断裂伸长无变化；耐化学性仅次于聚四氟乙烯（PTFE）纤维，能抵抗 酸、碱、氯 烃、烃 类、酮、醇、酯等化学品的侵蚀；有较好的纺织加工性能。因大分子中硫原子容易被氧化，所以 PPS 纤维对氧化剂比较敏感，耐光性也较差。

由于聚苯硫醚纤维的优异耐热性、耐腐蚀性和阻燃性，因此具有广泛的用途。例如，用于热电厂的高温袋式除尘、垃圾焚烧炉、水泥厂滤袋、电绝缘材料、阻燃材料、复合材料等。另外，其还可用作干燥机用的干燥带、各种防护布、耐热衣料、电绝缘材料、电解隔膜和摩擦片（刹车用）等。

5. 碳纤维 碳纤维是含碳量在 90% 以上的高强度、高模量纤维。含碳量在 99% 以上则称石墨纤维。碳纤维是以聚丙烯腈、黏胶纤维或沥青纤维为原料，通过加热除去碳以外的一切其他元素制得，以聚丙烯腈纤维原丝在 200 ~ 300℃的条件下预氧化，再将其在 1000 ~ 1500℃的条件中碳化处理，并在惰性气体（氦、氮）的保护下制成碳纤维，其含碳量为 90% ~

95%；碳纤维经 2000℃以上高温处理可以制得石墨纤维，含碳量高达99%以上。

碳纤维具有强度高、密度小、模量高、耐磨损、尺寸稳定性好、耐热性好、导电性好、耐化学性好一系列特性。

碳纤维复合材料应用在航天、导弹和运动器材上，可以显著减轻重量，提高有效载荷，改善性能。逐步扩大到民用工业，如汽车工业和运动器材等方面。碳纤维难以用传统纺织工艺加工，但适合非织造布加工，如在碳纤维制造时做成纤维网，然后用针刺、缝编或湿法加工成基布，再经模压、高温处理后，可制成航空航天的耐高温部件或其他轻质高强高模的部件及运动器械等。

任务四 非织造布纤维原料的选用方法

知识准备

一、按非织造布的使用要求来选择纤维

非织造布产品的品种多，不同用途的产品有不一样的性能要求。选择非织造布原料时，首先应考虑非织造布的用途所提出的要求，进行综合分析，对比选择适当的原料。如土工材料，纤维原料则要求强度高、变形小、耐腐蚀性；针刺地毯则要求纤维弹性好、耐磨性强、吸湿性低。

按照非织造布的用途要求来选择纤维原料，对一些常用非织造布产品的适用纤维见表2-3。

表2-3 非织造布的用途对纤维原料的适用性要求

非织造材料的用途	棉	苎麻	黏胶纤维	聚酰胺	聚酯	聚丙烯	聚乙烯醇	聚丙烯腈	聚苯硫醚	聚四氟乙烯	芳纶1313
服装材料											
边衬基材	3	3	3	1	1	2	2	2	4	4	4
衬里基材	3	2	2	2	1	2	2	3	4	4	4
保暖絮垫	3	3	3	5	1	2	2	1	4	4	4
面料	2	3	2	2	1	3	2	2	4	4	4
人造毛皮	5	5	5	2	3	5	5	1	4	4	4
卫生材料											
卫生巾、尿布包覆面料	3	3	2	5	2	1	2	5	5	4	5
手术衣、防护服	3	3	3	2	1	1	2	5	5	3	4
绷带、敷料、止血塞等	2	4	1	3	3	3	5	5	5	4	4
制革类											
合成革基材	4	4	3	1	1	3	3	5	4	5	4
内底革基材	3	5	3	2	1	2	2	5	4	5	4

续表

非织造材料的用途		棉	苎麻	黏胶纤维	聚酰胺	聚酯	聚丙烯	聚乙烯醇	聚丙烯腈	聚苯硫醚	聚四氟乙烯	芳纶1313
家用装饰												
床垫填料		2	4	2	5	5	2	2	5	2	4	3
被褥芯		3	3	3	5	1	2	2	2	4	4	4
毛毯		4	4	3	5	2	2	2	1	4	4	4
窗帘		3	3	2	5	2	2	2	2	3	4	3
帷幔		4	3	2	2	1	2	2	2	3	4	3
地毯		5	4	4	1	2	1	3	2	3	4	3
贴墙材料		3	2	1	5	1	3	2	5	3	4	3
产业用材料												
土建材料		5	5	5	2	2	1	2	5	2	1	1
过滤材料	食品	1	5	1	2	2	2	3	5	4	3	4
	油	2	3	2	5	5	1	2	5	1	1	1
	空气	3	3	3	5	2	2	2	5	1	1	1
	化学品	5	5	5	3	2	2	2	3	1	1	2
电气绝缘材料		5	5	5	2	1	1	2	1	3	3	2
隔音材料		2	2	2	5	5	1	1	5	3	3	2
绝热材料		2	2	2	2	5	5	5	2	5	3	2
涂层基材		2	2	2	1	2	3	2	5	3	5	3
包装材料		3	2	1	5	5	2	2	5	4	3	4
抛光材料		3	2	3	1	3	5	4	5	3	3	2
擦布		2	3	2	5	5	2	2	5	4	4	4
书籍材料		3	2	3	1	1	3	2	5	4	4	4
造纸毛毯		5	5	4	1	2	5	5	3	3	3	3
汽车门衬、顶衬		2	2	3	5	2	1	3	5	3	3	2

注　1—该类纤维很适合于这类产品且使用性能优良；

　　2—良好；

　　3—可用；

　　4—可用性差；

　　5—不适用。

二、按加工工艺和设备的要求来选择纤维

非织造布的成网和纤网加固是基本工序，使用的加工工艺与设备不同，对纤维性能要求也是不同的。

成网对纤维原料的要求主要包括纤维的长度、线密度、卷曲程度、摩擦系数、截面形状、静电效应等，其中以长度和线密度影响最大。各种成网方法对纤维长度的要求见表 2 - 4。

表2-4　各种成网方法对纤维长度的要求

成网方法	一般情况	特殊情况
湿法成网	1.5~25	3~30
梳理成网	20~150	8~300
气流成网	40~65	1~150

在机械成网、气流成网和纤网的机械加固过程中，纤维要受多次机械力的作用，如针刺机的反复穿刺等，故纤维要有一定的强度、伸长度、耐磨性。合成纤维因其吸湿性低，易产生静电效应，应考虑减少静电的措施。在化学黏合加固中，要考虑到纤维的吸湿性、截面形状、表面形态等。在热黏合法加固中，对热黏合纤维则要考虑其熔点，同时还要考虑主体纤维的耐热性、热收缩性等。

三、按产品成本及其他要求来选择纤维

非织造布的成本，很大程度上取决于纤维原料的成本。因此，在满足使用性能和加工工艺与设备要求的前提下，应尽可能选择价格较为低廉的纤维。有时往往很难找到一种既能满足使用性能和加工性能的要求而又经济的纤维原料，这就必须把三者综合起来考虑，合理而恰当地选择纤维原料。

此外，在选择纤维原料时，要考虑到环境保护因素，尽可能选择一些在加工过程中对环境没有污染的、可生物降解的及可循环回收利用的纤维原料，以满足环境保护与可持续发展的要求。

技能训练

纤维原料选择：生产不同规格的针刺地毯、土工布、保暖絮片，选出最合适的纤维原料。

☞ 思考题

1. 试述纤维在非织造布中的作用。
2. 分析纤维性能对非织造布性能的影响规律。
3. 生产卫生材料、医用材料，使用何种纤维原料？为什么？
4. 举例说明差别化纤维、功能性纤维在非织造布中的应用。
5. 非织造布原料选择的原则是什么？

项目三　非织造布生产的开清梳理技术

✿**学习目标**
1. 掌握开清梳理技术原理。
2. 熟悉开清混和设备结构及开清混和流程的组合。
3. 掌握非织造梳理机的结构和原理。
4. 了解非织造梳理机与传统梳棉机和梳毛机在结构上的区别。
5. 能进行开清设备和梳理机工艺参数制订。
6. 能进行半制品——纤网质量控制。

　　干法成网技术就是将短纤维在干燥状态下经过梳理成网法或气流成网法制成纤网。这种方法是非织造布最早采用的生产方法，虽然近年来聚合物直接成网法占非织造布生产总量的比例逐年上升，但干法成网以其产品品种多、应用范围广，在非织造布中仍占主要地位。干法成网的产品称为纤网，即由短纤维原料形成的网片状结构，它是非织造布的半成品。由于纤网的均匀度、面密度和纤维排列的方向性直接影响非织造布产品的性能和用途，所以形成纤网的过程是干法非织造布的重要加工工序。

　　干法成网生产流程包括开清、梳理和机械成网（或气流成网）三个工序。干法成网产品是由短纤维形成的网片状结构，称为纤网，是非织造布的半成品。

　　原料在上梳理机之前要经过一些准备工序，这就是我们通常所说的开清流程，主要包括配料、开清、纤维混和和施加油剂。

任务一　开清混和的工艺流程

知识准备

一、配料

　　把多种原料搭配起来使用，生产出来的纤网质量比用单一原料生产的更好。使用混和料生产纤网，不但可以保证生产和产品质量的稳定，而且能达到取长补短、降低产品成本的目的。由于纤维特性对非织造布性能有直接影响，所以应根据产品用途合理选用纤维原料。

（一）配料的目的

1. 保证生产和产品质量的相对稳定　原料因批号和生产厂家不同而千差万别，采用单一原料进行生产，当一批原料用完后，必须调换另一批原料来接替使用，这种调换势必造成生产和质量的波动。采用多种原料混和使用，只要搭配得当，就能保证混和料性质相对稳定，从而使生产过程和产品质量稳定。因此，在实际生产中必须对不同生产厂的纤维原料认真选用、搭配、混和，同一厂生产的各批、各包之间也有差异，需要细心检测。

2. 节约原料，降低成本 各种纤维原料的价格差异较大，在不影响产品质量的前提下，在较贵的原料中混入部分廉价的纤维，可达到降低产品成本的目的。

3. 混入特殊性能的纤维 如高收缩纤维、热熔纤维等。采用热熔黏合工艺生产非织造布时，必须混入低熔点的热熔纤维，如丙纶或现在广泛采用的皮芯式双组分纤维，采用后者效果更佳。皮芯式双组分纤维的皮层熔点低，芯层的熔点高，在皮层熔化时，芯层还能保持纤维基本性能。

非织造布常采用 2~6 种纤维混和，可能有些纤维所占比例在 10% 以下。可将这些小组分纤维先采用"假和"（即先预混和一次）的方法分布在其余的组分中，然后将"假和"后的混和成分和其他纤维再混和，这样能保证低比例和高比例的纤维都能充分混和均匀。

（二）配料应注意的问题

1. 根据产品的质量要求选择原料 好的原料用于高档的产品，避免因原料的性能较差而引起产品质量方面的问题。

2. 配料应考虑实际生产的工艺条件 非织造生产的成网过程与纺织厂的生产条件近似，如混料应进行加油，车间温湿度有一定的要求，否则成网困难，破网、掉网严重。如果非织造布生产厂没有空调设备，当地的气候又干燥，生产就会很困难，可以采用在混料中加入部分吸湿性高的纤维，或增加对混料的喷湿，可以改善生产中的静电现象。

3. 混配纤维的特征数差异不可太大 混料中各种纤维的长度、线密度、密度等特征平均数差异不能太大，避免成网过程中又产生新的不匀。

二、纤维的开清和混和

（一）开清

开清工艺的作用是将原料进行彻底松解，用打手或角钉将纤维原料开松成小块状甚至是束状，为梳理机将原料分梳成单根纤维创造条件。另外，开松和除杂作用过程是相辅相成的，在将原料松解成纤维束的同时，使纤维与杂质分离，通过机械落杂部分完成除杂作用。在开松的前提下，尽量去除原料中的杂质，同时完成纤维块和纤维束的混和。开清的作用见表 3-1。

表 3-1 开清的作用

开清的作用	具 体 描 述	完成机件
开松	将原料由大块变成小块或纤维束	打手、角钉
除杂	除去小纤维块或纤维束之间的杂质，主要是较大的杂质	尘棒
混和	将小纤维块或纤维束进行混和，开松越细，混和越好	棉仓、棉箱、角钉等
均匀	使纤维流在单位长度的重量上保持基本恒定	棉箱、称量装置

（二）混和

一般开松机在开松过程中对纤维原料都有一定的混和作用，但其混和效果不是很好。为了达到纤维原料按成分比例的均匀混和，往往在开松机后面还要配置专门的混和机械。现在纺织生产上的混和机械主要应用的是多仓混棉机和具有"横铺直取"原理的棉箱机械。

（三）开清流程

非织造生产所采用的开清机械，国内大多借用棉纺和毛纺的传统设备，国外则有一些专门用于非织造布生产的设备。

1. 借用棉纺开清棉加工工艺流程　棉纺开清的工艺流程配置遵循下面原则：带称量装置喂料机→自由式开松机→混棉机→精开松机。

原料的开松顺序由粗→细→精，循序渐进，最好以梳代打。

（1）成卷方式开清混和工艺流程。FA002型自动抓棉机×3→FA121型金属探测器→A035AS型混开棉机（附A045型凝棉器）→FA022型多仓混棉机（附A045型凝棉器）→FA106A型梳针滚筒开棉机（附A045型凝棉器）→FA133型气动配棉器→A092A型双棉箱给棉机×3（附A045型凝棉器）＋FA141型单打手成卷机×3。

对于天然纤维的下脚等应给予恰当的预处理，然后喂入上述联合机加工。此流程用于加工化学短纤维，如果要加工棉纤维，则应在多仓混棉机前增加一台六辊筒开棉机或轴流式开棉机。此种工艺流程属间断式生产，把纤维原料经过开松后制成卷子，再喂入梳理机，适合同时生产几个品种非织造布的要求。

（2）清梳联合工艺流程。FA006型往复式抓棉机→FA121型金属探测器→FA103型双辊筒开棉机→FA028型多仓混棉机→FA111A型清棉机→气流输配→W1061型气压喂棉箱→非织造梳理成网机。

2. 借用粗梳毛纺开松混和工艺流程　称量式自动开包机→混棉帘子→粗开松机→桥式吸铁→大仓混棉机→精开松机→桥式吸铁→输棉风机→喂棉箱→非织造梳理成网机。此流程由过去粗梳毛纺的混和工艺发展而来，混和原理是利用大仓顶部旋转头将原料送入储棉箱，不同时间落入仓内的原料在同一时间被斜帘抓取，经均棉辊及打手将混料送入下道工序。

3. 开清工艺推荐　干法成网非织造布国产设备推荐工艺流程如下。

（1）针刺法非织造布生产线。原料选配→ZBG012型喂棉称量机→ZBG021型混棉帘子开松机→FA028型多仓混棉机＋FA111A型清棉机→TV425型输棉风机→气纤分离器→ZBG041型开棉机→FT202B型输棉风机→W1061型气流棉箱喂棉机→非织造布梳理机→交叉铺网机→预针刺机→主针刺机。

（2）热轧和热风穿透黏合生产线。ZBG011型喂棉称量机→ZBG021型混棉帘子开松机→FA022−6型多仓混棉机→TF27型桥式吸铁→FT202型输棉风机→A045B型凝棉器→FA031−W型中间喂棉机→FA108E−W型锯齿辊筒开棉机→FT202型输棉风机→W1061型气流棉箱喂棉机→梳理机→热轧或热风穿透黏合。

（3）水刺法生产线。FA006A型往复抓棉机→TF27型桥式吸铁→FT202型输棉风机→FA133型二路气配→A045B型凝棉器→ZBG012型自动称量机→ZBG011型喂棉称量机→

ZBG021 型混棉帘子开松机→FA022 - 6 型多仓混棉机→FT202 型输棉风机→FA031 - W 型中间喂棉机→FA108E - W 型锯齿辊筒开棉机→FT202 型输棉风机→W1061 型气流棉箱喂棉机→梳理机→铺网机→水刺机。

4. 国外非织造开清流程

（1）德国特马法（Temafa）公司的开清混和工艺流程。该流程的特点是将一批原料作为一个整体来进行彻底地混和。将混料的各组分按其所占百分比进行精确称重，含量小于10%的组分采用"假和"方法先将其混和在其余组分中。"假和"原理是：为了避免小于10%含量的纤维难以均匀地分布于混料中，而把它和其他的组分先混和一遍，再将其混和成分和所有的纤维一起混和。特马法混和流程要求在所有的纤维包放入给料台时，尽可能保持其混和比接近。其流程如下：

给料台→开包机→第一混和仓→粗开松机→乳化液喷雾器→第二混和仓→精开松机→梳理成网机

这种工艺流程主要体现毛纺加工特色，自动化程度高，混和均匀且与加工纤维的种类数量以及纤维类型无关。

（2）德国赫格特（Hergeth）公司开松混和流程。

①混和给料机（带自动称重装置）×3→混和输送带→梳针打手开松机→多仓混棉机→小棉束开松机。

②往复式抓棉机×2→输送风机→多仓混棉机→小棉束开棉机（图 3 - 1）→精开松机（图 3 - 2）。

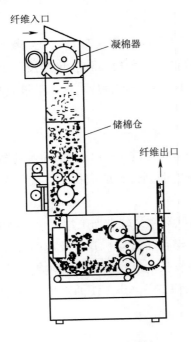

图 3 - 1　小棉束开棉机

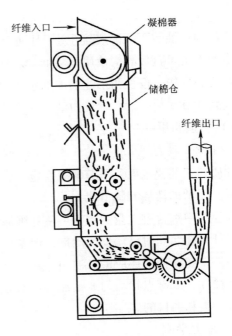

图 3 - 2　精开松机

三、加油水

（一）加油水的目的

纤维在混和开松、梳理成网的过程中，既必须克服纤维与纤维之间的摩擦力，也必须克服纤维与机件之间的摩擦力。当摩擦力太大时，可能将纤维拉断。为了减少摩擦和加工中的静电现象，增加纤维的抱合性和柔软度，可采用毛纺生产方法，在开松前给纤维混料添加油剂和水，增大纤维的回潮，使开松过程和梳理过程中能减少纤维的拉断。化学纤维在梳理过程中极易产生静电现象，因此化学纤维要添加抗静电剂。

（二）油剂的成分

和毛油实际是油剂和比油剂多几倍的水制成的乳化液。

工厂中加油剂是为了生产过程的顺利进行，而最终是要将油剂从成品上洗掉，因此一般采用价格便宜的锭子油。配制油剂的基本成分为锭子油、水、乳化剂，这三者的混合物称为乳化液。由于油不溶解于水，且锭子油的乳化性能差，所以油剂的配制必须使用乳化剂。乳化剂的作用就是增加油水的接触面积，使油变成细小的液滴均匀而稳定地分布在水中。乳化剂的种类很多，有润滑剂、加柔剂、抗静电剂、增湿剂等成分，一般使用的都是它们的复合品。由于各种纤维对水的亲疏性不同，所以采用的油剂也应根据需要而选择。非织造布所用原料以化学纤维为主，化学纤维的特点是吸湿低、静电现象严重，故化学纤维用油剂应加入抗静电剂和润滑剂。常见纤维所用油剂有如下几种。

涤纶油剂：烷基醚硫酸钠 20%、十二烷基磷酸钾盐 40%、平平加（15）30%、平平加（16）10%。

丙纶油剂：十六烷基磷酸钾盐 55%、聚氧乙烯油酸酯 11%、二甲基硅油 11%、抹香鲸油 23%。

锦纶油剂：油酸丁酯硫酸盐 6%、甘油 3%、乳化剂 OP4%、柔软剂 1%、水 86%。

在生产上也可直接购买使用成品油。这种油是由植物油、矿物油和乳化剂按一定的比例事先配好的混合物，按说明书注明的油水比例加热水溶化，然后搅拌成乳白色溶液直接使用。常用的成品油有水化白油、软皮白油、皂化溶解油等。

（三）油剂的用量

加纯油量一般为纤维重量的 0.3%~4.0%，水的用量是油的 3~6 倍。加油量的多少应根据原料性质、工艺要求以及季节情况而定。在保证生产能顺利进行的前提下，应尽量少用和毛油，减少无谓的消耗和降低成本。

因为油剂中都含有大量的水，可使纤维保持一定的回潮率，减少加工过程中的静电现象。一般合成纤维在纺丝时已添加了油剂，但考虑到纤维在储存、运输、开清及成网过程中油剂会有所损失，在开松前还应追加油剂，尤其是储存时间较长的纤维更应追加油剂。方法是把油剂加水稀释，以雾点状均匀地喷洒到纤维层中，再堆积 24~48h，使油水均匀分布，达到纤维湿润、柔和的目的。

（四）配方举例

例1 用矿物油配置和毛油乳化液。

成分：10号机油、平平加、润湿剂，油水比为1:4。

配方：

平平加	20kg
润湿剂	2kg
10号机油	70kg
水	280kg

调配方法：先将5%的水即14kg注入搅拌桶内，再将平平加和润湿剂混合加入水中搅拌20min，然后徐徐加入机油搅拌20min，最后将剩余的水266 kg慢慢加入桶内搅拌40min，即可成乳化液。

例2 用商品油调制和毛油。

成分：水化白油。

配方与调制：按需要油水比，将水化白油加热水溶化成乳白溶液直接使用。如20kg水化白油，油水比为1:10，则需加200kg水，边加水边搅拌，直至成乳化液。

施加油水一般采用喷雾法，在管道加油水效果好。

技能训练

一、目标

1. 选择后面任一种原料配置非织造生产开清流程：聚酯短纤维、聚丙烯纤维、黄麻、纺织厂下脚纤维。

2. 根据不同加工原料设计主开松机的速度及落杂隔距。

二、器材或设备

FA106A型梳针辊筒开棉机或BC262型和毛机。

任务二 梳理机的原理与工艺设计

知识准备

纤网是非织造布最重要的半成品，纤网的均匀度、面密度及纤网中纤维排列的方向性，直接影响非织造布产品的质量。不同用途的非织造布对纤网的质量有不同的要求。

一、非织造梳理机的主要任务

1. **分梳** 对开松后的纤维束进行彻底松解，使之成为单纤维状态。

2. **除杂** 进一步清除混料中的各种杂质和疵点。

3. **混和** 使混料中的各种纤维进一步细致而均匀地混和。

4. **杂乱成网** 制成一定规格面密度的均匀薄网。为使产品的纵横向强力不能差异太大，可使用带杂乱机构的梳理机。

5. 并合均匀　双道夫及三道夫梳理机可将多层纤网叠合，起到均匀作用，并改善产品的外观。

二、梳理机喂入机构

喂入梳理机的纤维，有棉卷状、条子状和筵棉状三种形态。旧式盖板梳理机以棉卷状喂入，非织造生产多数是以筵棉状喂入梳理机。为了保证筵棉能均衡、准时、定量地喂入梳理机，从而使输出的薄网重量均衡，有称重式和定容式两种均匀喂入方式。这两种方式在原理和机构上差别较大，后者使用得较多，只有在原料回潮较大、容易结块时才采用称重式喂入。

1. 称重式喂入　毛纺梳理机一直沿用这种喂入方式，它有一套自控机构，能定时定量地称取相同重量的原料喂入梳理机，如图3-3所示。

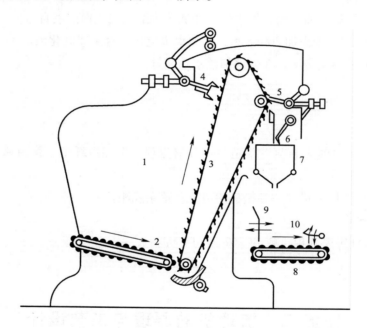

图3-3　称重式自动喂毛机

1—储毛箱　2—底帘　3—升毛帘　4—均毛耙　5—剥毛耙　6—挡毛板
7—称毛斗　8—喂毛帘　9—推毛板　10—拍毛板

由人工或气流将原料送入储毛仓，由光电管监控喂入量在毛仓总体积的三分之二处，原料太多或太少都会引起喂入不匀。仓内底帘的转动将原料送到升毛帘，升毛帘向上转动带动纤维上升，均毛耙将升毛帘上过多的纤维剥下。升毛帘转到右侧，再由剥毛耙将升毛帘上纤维全部剥下，落入称毛斗内。在一个喂毛周期称毛斗内原料重量达到设定值，升毛帘停转，毛斗自动打开，落入水平喂毛帘，再由喂入罗拉喂入梳理机。喂料完成后毛斗自动关闭，升毛帘又开始转动，开始下一喂毛周期的工作。这种喂入方式对天然纤维比较适用，因为天然纤维吸湿性高，容易产生分散不匀和纤维团块集聚情况。

2. 定容式喂入 定容式喂入是在梳理机上加装专门的喂棉箱，如清梳联梳棉机的喂棉箱。

FA177A 型双棉箱喂棉机是我国清梳联流程梳棉机的主要配置。

该设备采用上下棉箱结构，如图 3-4 所示，主要通道采用进口镜面钢板，密封性好。在配棉总管中，设有压力传感器，根据压力大小来控制清棉设备给梳棉系统的喂入量，来保证清梳联喂棉箱上棉箱的压力稳定，保证了上棉箱内棉花密度的均匀。下棉箱采用风机通过静压扩散箱循环吹气，使整个机幅内下棉箱压力均匀。采用压力传感器，根据下棉箱的压力来控制上棉箱给棉罗拉变频电动机连续喂棉，保证了下棉箱压力更稳定。下棉箱在 300Pa 压力工作时压力波动小于 20Pa，为梳棉机提供了均匀稳定的棉层，为保证纤网重量均衡提供了良好的基础。气压棉箱具有横向均匀自调作用。

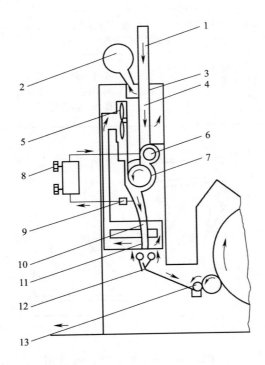

图 3-4 FA177A 型清梳联棉箱

1—清梳联棉箱送棉管 2—排尘风管 3—上储棉管气流出口 4—上棉箱

5—闭路循环气流风机 6—喂棉罗拉 7—开棉打手 8—压力检测反馈系统

9—压力传感器 10—下棉箱 11—下储棉管气流出口

12—送棉罗拉 13—梳棉机喂棉罗拉

FBK533 型喂棉机是德国 Trutzschler（特吕茨勒）公司生产的棉箱喂棉机，原理和工作过程与 FA177A 型双箱喂棉机相似。德国斯宾宝（Spinnbau）公司专门开发了称重、称容组合式喂入系统，综合了上述两种喂入方式的优点。

三、梳理原理

梳理就是通过钢针、气流以及拉伸等作用，将原料由束状变成单纤维状。

梳理机针面间的三大作用是指针齿间的分梳作用、剥取作用和起出作用。三大作用发生的条件见表3-2所述及图3-5～图3-7所示。

表3-2 梳理机的三大作用

作　用	分梳作用	剥取作用	起出作用
针尖配置情况	针尖平行配置，针尖对针尖	针尖交叉配置，针尖对针背	针尖平行配置，一针面的针尖插入另一针面针隙内
相对运动情况	有速差，相对运动方向沿着针尖方向	有速差，针尖剥取针背上的纤维	插入针面的速度高于被插入针面的速度
隔距和针齿密度	两针面具有较小的隔距和一定的针齿密度	两针面具有较小的隔距和一定的针齿密度	两针面为负隔距
发生位置	梳棉机：锡林—盖板 　　　　锡林—道夫 梳毛机：锡林—工作辊 　　　　锡林—道夫	梳棉机：锡林—刺辊 梳毛机：剥毛辊—工作辊 　　　　锡林—剥毛辊	梳毛机：锡林—风轮

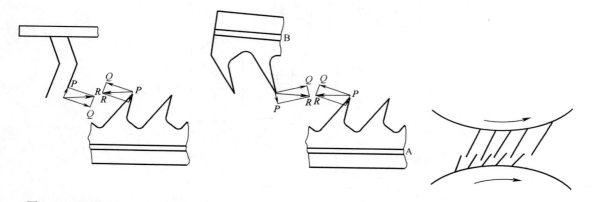

图3-5　两针面之间的分梳作用　　　图3-6　两针面之间的剥取作用　　　图3-7　起出作用的发生情况

1. 分梳作用分析　如图3-5所示，由于两针面的隔距较小，任一针面携带的纤维束都能被两针面的针齿所同时握持，纤维束产生张力 R。将 R 力分解为平行于针面的分力 P 和垂直于针面的分力 Q，两个针面的分力 P 都是指向针根的方向，因而两个针面都有握持纤维的能力，纤维束在两个针面之间反复交替转移和梳理，绝大部分成为单纤维状态。

梳棉机上分梳作用发生在盖板和锡林之间，梳毛机则在锡林和工作辊之间。

2. 剥取作用分析　剥取作用是将一个针面上的纤维转移到另一个针面上，速度大的针面剥取速度小的针面。如图3-6所示，B针面的 P 分力指向针尖外，纤维向外移动，B针面上的纤维被剥取。A针面的速度大于B针面，A针面的 P 分力指向针根，纤维向内移动，A针面将B上握持的纤维剥取到自己身上。

在梳棉机上，剥取作用发生在锡林和刺辊之间的部位；梳毛机上，剥取作用发生在锡林和剥毛辊、剥毛辊和工作辊之间的部位。

四、梳理机的类型

非织造梳理机一般是从传统梳棉机和梳毛机改造而来。梳棉机经过改装和调整可以加工65mm 以下的纤维，梳毛机可以加工 50～130mm 的纤维原料。国外进口的设备则都是非织造布专用梳理机。

（一）盖板式梳理机

盖板式梳理机的分梳作用发生在刺辊和给棉板以及锡林和盖板之间。纤维束受高速刺辊的开松后，进入锡林、盖板工作区，受到细致分梳而成为单纤维状态，同时进行充分混和及排除细小杂质。盖板有 106 根（工作区 41 根），借链条联结，可沿梳理机墙板上的曲轨缓缓滑动。盖板针面上充塞的纤维和杂质在移出工作区后，被剥下成为盖板花，经毛刷刷清的盖板从机后刺辊上方重新进入工作区，如图 3-8 所示。

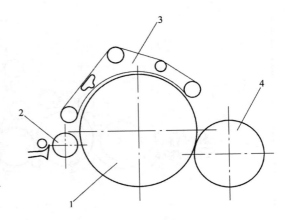

图 3-8　盖板式梳理机示意图
1—锡林　2—刺辊　3—盖板　4—道夫

锡林、盖板和道夫针布的针隙内都能容纳一定量的纤维，在原料喂入发生波动时，能从针隙之间获得补充或将多余纤维"存入"针齿缝隙里，即具有一定的"吸、放"作用，从而使梳理机具有均匀混和作用。这样，同时喂入的纤维可能不同时输出，同时输出的纤维则可能不同时喂入，使纤维在不同的片断上进行混和。

梳理机的各种滚筒表面均包覆针布，对纤维的梳理就是依靠这些钢针进行的。用于非织造布生产的针布大多采用金属针布，因为金属针布对纤维的分梳效果较好，不容易被拉断、拉弯；能防止纤维充塞针隙，减少了抄针次数；有利高速度、紧隔距、强分梳的工艺要求。

非织造专用的盖板式梳理机配置专门的预梳系统。传统梳棉机的梳理系统由移动式盖板和大锡林构成，而非织造专用的盖板式梳理机则配置固定式盖板。

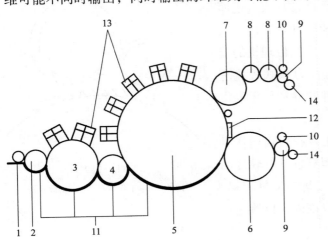

图 3-9　非织造布专用盖板梳理机
1—给棉板　2—刺辊　3—预梳锡林　4—转移罗拉　5—大锡林
6—下道夫　7—上道夫　8—凝聚罗拉　9—剥取罗拉　10—压辊
11—尘格　12—罩板　13—固定盖板　14—转移罗拉

图 3-9 为意大利 Bonino 公司的

CC246NT 型盖板式梳理机。

（二）罗拉式梳理机

图 3-10 为罗拉梳理机的一节，它由一个或两个、甚至多个大锡林组成，适合加工长度为 51mm 以上的纤维。罗拉梳理机的分梳、混和、剥取作用主要由锡林上工作罗拉、剥毛罗拉和锡林三者组成的梳理环完成。梳理环结构如图 3-11 所示。在梳理环内部，工作罗拉和锡林之间发生的是分梳作用，工作罗拉带走的纤维被剥毛罗拉所剥取，锡林再剥取剥毛罗拉上的混料，使纤维又回到锡林针面，在这一循环过程中，完成纤维的梳理和混和作用。

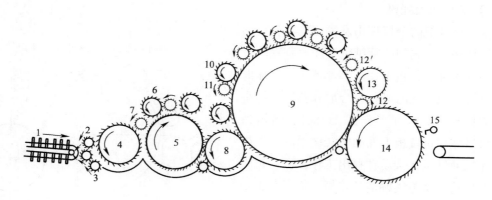

图 3-10 罗拉式梳理机

1—喂毛帘　2—上下喂毛罗拉　3—清洁罗拉　4—开毛辊　5—胸锡林　6—胸锡林工作辊

7—胸锡林剥毛辊　8—运输辊　9—锡林　10—工作辊　11—剥毛辊

12′、12—上、下挡风辊　13—风轮　14—道夫　15—斩刀

梳理环的总数越多，梳理机的分梳混和效能越高。但锡林较高的转动速度限制了锡林直径不能随意加大，进而限制了每一个锡林上只能配置 4~6 个梳理环。因此，大锡林的数目越多，梳理环的总数就越多，罗拉梳理机的梳理作用就越好。有两个大锡林的梳理机称为双联式梳理机，也有三联式、四联式梳理机。在梳理和混和作用要求较高的情况下，应选用四联式梳理机。

罗拉梳理机的锡林、工作罗拉和剥毛罗拉针齿同样具有"吸、放"纤维的作用，因此罗拉梳理机也具有较好的均匀混和作用。由于纤维原料在梳理环之间的反复转移，而每个大锡林又有 5 个以上的梳理环，应该说罗拉梳理机比梳棉机的均匀混和作用更好。

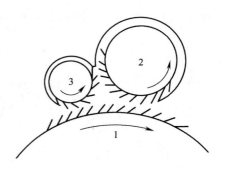

图 3-11 梳理环

1—锡林　2—工作罗拉　3—剥取罗拉

（三）杂乱式梳理机

杂乱式梳理机的类型很多，适应不同的梳理要求。

1. 分梳辊式梳理机（图 3-12）　它由六只直径为 415mm 的分梳辊（也可称锡林）和

八只直径为215mm的工作罗拉组成，其成网方式被称为离心动力成网。由于分梳辊的直径较小，因此可以采用较高的转速，通过分梳辊针齿的分梳、剥取、混和及高速气流作用使纤维分离，使纤维获一定程度的杂乱。在道夫的后面还有凝聚罗拉的处理，使纤网得到进一步的杂乱，最后纵横向强力比可达（3~4）:1。

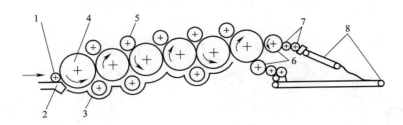

图 3 – 12　分梳辊式梳理机

1—喂给罗拉　2—给棉板　3—漏底（封闭式）　4—分梳辊

5—工作罗拉　6—道夫　7—凝聚辊　8—成网帘

2. 单锡林单道夫梳理机　在单锡林前可以增设多种形式的预梳机构，如开毛辊、胸锡林及多刺辊等。图3–13所示均为单锡林单道夫梳理机，图3–13（1）、（2）为在锡林道夫的后面加装了两个凝聚罗拉，图3–13（3）为在锡林和道夫之间插入杂乱罗拉，在道夫之后又加装了两个凝聚罗拉。

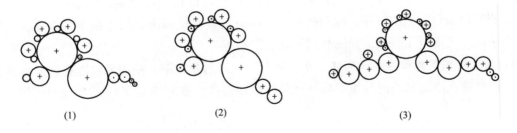

（1）　　　　　　　　　（2）　　　　　　　　　（3）

图 3 – 13　单锡林单道夫式梳理机（德国）

3. 单锡林双道夫式梳理机　梳理机为保证输出单纤维状态的均匀纤网，通常锡林表面的纤维负荷是很轻的，每平方米的纤维负荷量不到1g。理论上来说，纤网负荷量越小，分梳效果越好。在锡林转速恒定情况下，要降低纤维负荷，就要限制纤维喂入量，因此也限制了梳理机的产量。锡林转速提高后，单位时间内纤维携带量增加，使锡林上的纤维及时被剥取转移，避免剥取不清，否则残留纤维在以后梳理过程中会因纤维间搓揉形成棉结，影响纤网质量。在锡林后配置两只道夫，可转移出两层纤网，达到了增产目的。单锡林双道夫梳理机如图3–14所示。

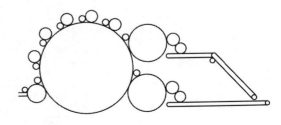

图 3 – 14　单锡林双道夫式梳理机

4. 双锡林双道夫式梳理机（图3-15） 单锡林双道夫是通过提高锡林转速，在锡林表面单位面积纤维负荷量不增加情况下，增加单位时间内纤维量，即在保证纤维梳理质量前提下提高产量。双锡林双道夫式梳理机是在原单锡林双道夫基础上再增加一个锡林，使梳理工作区面积扩大了一倍，即在锡林表面单位面积纤维负荷量不变情况下，通过增加面积来提高产量，与单锡林双道夫比较同样取得增产效果，但梳理质量更容易控制。

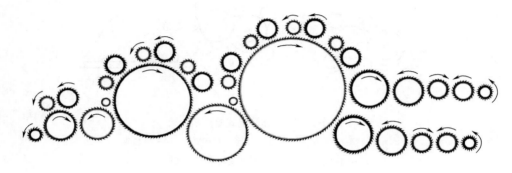

图3-15 双锡林双道夫式梳理机

五、梳理工艺

（一）盖板式梳理机

梳理是非织造布生产非常重要的环节，棉网的单纤维化程度直接影响非织造纤网质量，进而影响非织造布质量的好坏。梳理机的工艺参数设置对梳理质量的影响至关重要。例如传统梳理机的工艺参数主要是涉及锡林的速度、隔距等。

1. 盖板式梳理机的各部位隔距 在机械状态允许的条件下，使用紧隔距有利于提高分梳效能。两针面在隔距较小时纤维更容易受到分梳和转移。表3-3是FA201型梳棉机的各部位隔距。

表3-3 FA201型梳棉机的各部位隔距

隔距点部位		隔 距	
		mm	1/1000 英寸
给棉罗拉—给棉板	进口	0.1~0.18	4~7
	出口	0.3~0.38	12~15
给棉板—刺辊		0.23	9
刺辊—除尘刀	刺辊—第一除尘刀	0.38	15
	刺辊—第二除尘刀	0.3	12
刺辊—预分梳板	刺辊—第一预分梳板	0.5	20
	刺辊—第二预分梳板	0.5	20
刺辊—小漏底	进口	0.5	20
	出口	0.5	20

续表

隔距点部位		隔　　距	
		mm	1/1000 英寸
锡林—小漏底	进口	0.78	31
	出口	0.56	22
锡林—刺辊		0.13 ~ 0.18	5 ~ 7
锡林—后罩板	进口	0.56	22
	出口	0.38	15
锡林—后固定盖板	第一	0.3	12
	第二	0.28	11
	第三	0.25	10
锡林—盖板	进口	0.23	9
	第二	0.20	8
	第三	0.18	7
	第四	0.18	7
	出口	0.20	8
锡林—前固定盖板	第一	0.23	9
	第二	0.23	9
	第三	0.23	9
锡林—前上罩板	上口	0.79	31
	下口	1.1	43
锡林—前下罩板		0.55	22
锡林—道夫		0.1	4
锡林—大漏底	进口	5	203
	中部	1.58	62.5
	出口	0.78	31
道夫—剥棉罗拉		0.3	12
剥棉罗拉—上轧辊		0.125 ~ 0.225	5 ~ 9
盖板—盖板斩刀		0.84	33

2. 速度

（1）刺辊的速度一般是 900r/min，提高刺辊转速可减少束纤维数量，但如果超过 1000r/min，则对纤维的损伤较大。

（2）由于锡林的直径较大，为保证锡林回转平稳、隔距准确，对锡林的圆整度、辊筒与轴的同心度以及锡林辊筒的动平衡都要求很高。尽管提高锡林的转速可极大提高分梳质量，现国产梳棉机锡林转速使用最多的就是 360r/min，清梳联的梳棉机锡林转速可达 400 ~ 500r/min。另外，锡林与刺辊的线速度之比要大于 1.9，否则锡林不能完成对刺辊的正常剥取，造成刺辊返花现象。若被梳理的纤维长度长一些，此线速比值应更大。如加工中长纤维锡林与刺辊的线速度之比要大于2.3。

（3）道夫的转速为 18~50r/min。

（4）盖板的速度是最小的，仅 143~266mm/min。

（二）罗拉式梳理机

以梳毛机为例，工艺设计包括喂毛周期、喂入量、隔距、速比、针号等。

1. 喂毛周期和喂毛量　喂毛周期（20~60s）：喂毛周期与输出纤维网的厚薄有关，厚网为 30~40s，中厚网为 40~50s，薄网为 50~60s。每分钟喂毛量 = 每分钟出条总重量 + 损耗量，毛斗每次喂入重 = 每分钟喂毛量/每分钟喂毛次数。

2. 梳理机的各部位隔距　梳毛机的隔距由喂入→出机是由大→小，粗长纤维选稍大些，细短纤维选小些。在同一个锡林上，从第一个工作辊开始，愈向后隔距逐渐减小。

以双联梳毛机为例，各部位间的隔距见表3-4。

表3-4　双联梳毛机各部位间的隔距

机　件	初梳隔距		末梳隔距	
	mm	1/1000 英寸	mm	1/1000 英寸
上下喂毛辊间	单层牛皮纸有齿印		单层牛皮纸有齿印	
上下喂毛辊—开毛辊	0.53	21	0.48	19
下喂毛辊—清洁辊	0.53	21	0.48	19
胸锡林—开毛辊	0.31	12	0.25	10
胸锡林—胸锡林工作辊	0.31~0.36	12~14	0.25~0.31	10~12
胸锡林—胸锡林剥毛辊	0.53	21	0.53	21
胸锡林工作辊—胸锡林剥毛辊	0.53	21	0.53	21
胸锡林—转移辊	0.31	12	0.25	10
锡林—转移辊	0.31	12	0.25	10
锡林—工作辊	0.31、0.25、0.25、0.23、0.23	12、10、10、9、9	0.31、0.23、0.23、0.18、0.18	12、9、9、7、7
锡林—剥毛辊	0.48	19	0.43	17
工作辊—转移辊	0.48	19	0.48	19
工作辊—剥毛辊	0.43	17	0.41	16
锡林—上下挡风辊	0.53	21	0.48	19
风轮—上下挡风辊	1.09	43	1.09	43
风轮扫弧长度	28.6~31.8		28.6~31.8	
锡林—道夫	0.23	9	0.18	7
道夫—斩刀	0.25	10	0.23	9

由于风轮的钢针是插入锡林针齿里面的，因此风轮和锡林是负隔距。这个负隔距的大小

由风轮和锡林的接触弧长决定，接触弧长又称风轮的扫弧长度。

3. 速度　非织造梳理机各运转件的速度见表3－5。

表3－5　非织造梳理机各运转件的速度

部件名称	直径（mm）	转速（r/min）
喂入辊	412	8
刺辊	412	309
胸锡林（1）	550	350
胸锡林（2）	213	94
胸剥取辊	118	403
转移辊	550	465
主锡林	1500	214
工作辊	213	151
剥取辊	118	559
双道夫	550	186
杂乱辊（1）	292	138
杂乱辊（2）（3）	120	280

速比指的是大锡林和工作辊或剥毛辊的线速比。速比大，速差就大，梳理力也就大，梳理作用越强烈。由于原料进入梳理机的状态是逐渐由块状到束状，再到单纤维状，罗拉梳毛机又常由多个大锡林构成，在速比配置上一般后车小、中车中、前车大。同一锡林上，第一工作辊速比小，因为第一工作辊处纤维还有纠结，速比太大易拉断纤维。速比从第一工作辊到第五工作辊逐渐增大，梳理作用缓和上升。到第五工作辊处，纤维已比较松散，速比大不会拉断纤维，另一方面还可以提高梳理效果。

技能训练

一、目标

1. 设置梳毛机各部件速度和隔距。

2. 练习隔距片的使用。

二、器材或设备

BC272型梳毛机或非织造梳理机。

思考题

1. 纤维原料混配的目的是什么？

2. 在混料中某成分的含量小于10%，要保证该种纤维均匀地分布于纤维网，应该采用什么方法进行处理？

3. 混和的原理是什么，需要使用哪些设备？

4. 非织造开清混和流程是怎样配置的？

5. 梳理机的均匀喂入采用哪两种原理？各用于什么纤维原料？

6. 分析梳理机分梳作用和剥取作用发生的条件和作用的区别。

7. 什么是梳理单元？梳理单元是如何工作的？

8. 梳理机的主要种类有哪两种？各自特点及其主要差异是什么？

项目四 非织造布生产的干法成网技术

✱**学习目标**
1. 掌握非织造生产各种成网方法及优缺点。
2. 掌握交叉铺网和垂直铺网原理。
3. 了解交叉铺网新技术。
4. 掌握气流成网原理及质量分析。
5. 能针对产品选择非织造生产成网方法。

任务一 机械成网的机构特点和成网质量

知识准备

在梳理成网过程中，除极少数产品将梳理机输出的薄网直接进行加固外，更多的是把梳理机输出的薄网通过一定方法铺叠成一定厚度的纤网，再进行加固。铺网的作用：增加纤网厚度，即增加单位面积质量；增加纤网宽度；调节纤网纵横向强力比；通过纤维层之间的混和，改善纤网均匀度；获得不同规格、不同色彩的纤维分层排列的纤网结构。

铺网方式有平行式铺叠、交叉式铺叠、组合式铺叠以及垂直式铺叠。还有一种是机械杂乱式成网，它是在梳理机基础上加装特殊机构或将纤网进行牵伸，使纤网中的纤维达到一定程度的杂乱排列。

一、纤网的类型及特性

（一）纤网类型

纤网中纤维的排列方向，一般以纤维定向性（度）来表示。纤维多数按机器输出方向排列的称为纵向排列，与机器输出方向垂直排列的称之为横向排列，纤维排列各个方向均有则称为杂乱排列。纤网中呈纵向或横向排列的纤维量所占比例称为定向度。如纵向定向度好的纤网，其纵向强力远大于横向强力。定向度太高的纤网最后会造成非织造布纵横强力差异大，严重影响其产品的应用范围。

直接从梳理机道夫剥下来的纤维网，纤维呈纵向平行排列的程度高，称为平行网，纵横向强力差异大。在道夫后面加装凝聚辊，使某些纤维改变了平行向前的方向而往横向有一些移动，这种纤网称为凝聚网。在梳理机的锡林和道夫之间插入高速旋转的杂乱辊，能显著改善纤网的纵横向强力差异大的缺点，这种纤网称为杂乱网。采用空气流输送纤维，可以形成纤维杂乱排列的均匀纤网，这种生产方式可用于加工重量较大、厚度较厚的产品，而生产薄型纤网的均匀度不好。不同的纤网类型与非织造布的纵横向强力比值见表 4-1。

表 4-1　不同的纤网类型与非织造布的纵横向强力比值

纤网类型	非织造布纵、横向强力比	特性及产品用途
平行网	(10~12):1	均匀度好，但纵横向强力差异大
凝聚网	(5~6):1	均匀度销差，纵横向强力差异减小
杂乱网	(3~4):1	用于纵横向强力要求差异较小的产品
杂乱牵伸式成网	(3~4):1	用于纵横向强力要求差异较小的产品
气流成网	(1.1~1.5):1	用于纵横向强力要求一致的厚型产品

纤网的质量与纤网中纤维排列的方向性有很大的关系。例如平行网，因为光线的折射或散射的影响，显示出均匀的外观，即使纤网存在一定的不匀率，肉眼也不太可能看得出来。但是对杂乱网，当面密度为 $15 \sim 40 g/m^2$、不匀率 >5% ~6% 和面密度为 $60 \sim 120 g/m^2$、不匀率 >10% 时，则凭肉眼就能分辨其均匀度优劣。

（二）纤网定向性的改变

由纤维运动时的加速或减速可改变纤网的类型。当纤网中的纤维处于加速运动时，即头快尾慢，快速的头部要将尾部从纤网中拉伸出来，即发生牵伸运动，这有利于纤维的伸直，纤网的定向度提高。反之，当纤网中的纤维处于减速运动时，即头慢尾快，这是牵伸运动的反义，快速的尾部要推动头部发生偏移运动，使纤网的定向度降低，却使非织造布的纵横向强力比值减小。在锡林和道夫之间插入杂乱辊，先将纤维进行升速，再经道夫降速，纤维往横向偏移，杂乱的效果更好。

1. 由平行网→凝聚网　由道夫出来的纤维→经过比道夫速度慢 2~3 倍的凝聚辊→纤维头慢尾快，迫使纤维向横向偏移→凝聚网。

2. 由平行网→杂乱网　锡林→高速旋转的杂乱辊（升速）→道夫（降速）→杂乱网。

在锡林和道夫之间插入杂乱辊这种方法，在进口设备上称为带高速的杂乱装置。杂乱辊高转速产生的离心力，使杂乱罗拉表面的纤维从张紧拉直状态变为悬浮在齿尖上的松弛状态。此外，高转速产生的空气涡流，促使纤维随机分布。

3. 由平行网→气流杂乱网　道夫→气流输送管道→文丘利管（先加速后减速）→尘笼凝聚成网。

二、平行式铺叠成网

（一）串联式铺叠成网

从梳理机输出的薄网很轻，根据所需纤网的厚度，将梳理机前后串联排列，使输出的薄网铺叠成一定厚度的纤网，如图 4-1 所示。

（二）并列式铺叠成网

并列式铺叠成网就是将若干台梳理机并列排列，各台梳理机输出的纤网通过光滑的金属表面转过90°，铺叠在成网帘上，如图4-2所示。

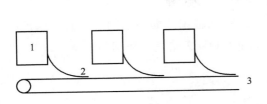

图4-1　串联式铺叠成网

1—梳理机　2—铺网帘　3—薄网

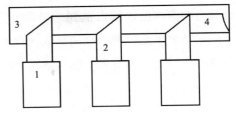

图4-2　并列式铺叠成网

1—梳理机　2—薄网　3—成网帘　4—铺叠后的纤网

用这两种方法制得的纤网，称为平行纤网，其外观均匀度高，并可获得不同规格、不同色彩的纤维分层排列的纤网结构。但缺点是产品的幅宽受梳理机宽度的限制。其中一台梳理机出故障，就要停工，生产效率低。另外，要求纤网很厚时，梳理机台数也要相应增多，不经济。如果没有选用带杂乱罗拉或凝聚罗拉的梳理机，纤维呈单向（即纵向）排列，纤网的纵横向强力差异大，为（10~15）:1，因此在生产中平行铺叠较少采用。

三、交叉式铺叠成网

采用交叉式铺叠成网可以克服平行铺叠成网存在的一些不足，它将梳理机输出的纤维由纵向排列变为横向交叉。纤维在纤网中的排列方向如图4-3所示。

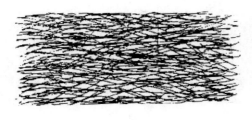

(1) 纵向排列

(2) 横向交叉

图4-3　纤维在纤网中的排列状态

交叉式铺叠成网的方式有立式、四帘式、双帘夹持式等几种。交叉式铺叠成网在生产中应用较多，这种成网方法是使梳理机输出的纤维网方向与成网帘上纤网的输出方向呈直角配置。交叉式铺叠所制得的纤网，其均匀度比平行铺叠差。

（一）立式铺叠成网

将梳理机输出的纤网，用斜帘带到顶端的横帘上，然后进入一对来回摆动的立式夹持帘之间，使薄网在成网帘上进行横向往复运动，铺叠成一定厚度的纤网，如图4-4所示。成网机的纤网宽度，由来回摆动的夹持帘动程决定，而这种运动方式不仅限制了成品宽度提高，也限制了铺叠速度的提高，因此立式铺叠成网在实际生产中使用较少。

（二）四帘式铺叠成网

四帘式铺叠成网是工厂使用最多的一种铺网方法，它由四只帘子组成，如图 4-5 所示。梳理机输出的薄网由输网帘送到储量调节帘和铺网帘之间，储量调节帘和铺网帘不但回转，而且来回运动，于是薄网就被铺到成网帘上，成网帘的输出方向与铺网帘垂直。这种成网方法所制得的纤网，其定量大小可由成网帘的输出速度和梳理机输出薄网的定量来调节。

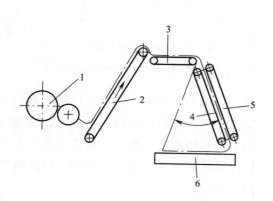

图 4-4　立式铺叠成网

1—梳理机道夫　2—斜帘　3、6—成网帘

4、5—立式夹持帘

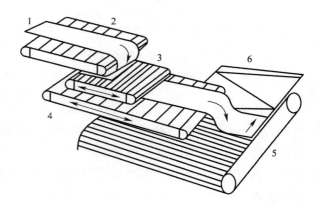

图 4-5　四帘式铺叠成网立体图

1—梳理机道夫输出的薄网　2—输网帘

3—储量调节帘　4—铺网帘

5—成网帘　6—铺叠后的纤网

成网帘上铺叠的纤维网层数 M 可近似由下面公式计算：

$$M = \frac{W \times v_2}{L \times v_3}$$

式中：W——道夫输出的薄网宽度，m；

v_2——铺网帘往复运动速度，m/min；

v_3——成网帘的输出速度，m/min；

L——铺叠后的纤网宽度，m。

交叉铺叠成网的铺叠层数应不少于 6~8 层，层数越多，纤网的均匀度越好。四帘式铺叠比立式铺叠优越，但是随着成网帘输出速度的提高，铺网帘往复运动应加快，必须设法减轻铺网帘的重量。如将铺网帘上木质实心棒改为塑料空心棒，或把竹片组成的铺网帘改用合成胶带或锦纶交织网带替代，这样铺网帘的速度可提高 20%~40%。但是随着铺网帘速度的再提高，薄网在往复铺网运动时要受到高速产生的气流影响，易发生飘网现象而导致纤网紊乱，从而影响纤网的质量。上述原因造成四帘式铺叠成网的生产速度不能大幅度提高。另外，在将薄网从一帘输送到另一帘时，会出现一边滞留、另一边进入铺网帘内部的现象，从而产生黏附不分离后果。

（三）双帘夹持式交叉铺叠成网

为了防止高速铺网时薄网的漂移，法国阿萨林（Asselin）公司制造了双层平面塑料网帘夹持薄网的 350 型铺叠成网机，如图 4-6 所示。薄网从梳理机道夫输出后，经斜帘被送到前帘 1 的上部，进入前帘 1 和后帘 2 的夹口中，因两帘呈倾斜状态，逐渐将薄网夹紧。在逐渐夹紧的过程中，夹持在薄网里面的纤维之间的空气被排出来，空气由后帘的孔隙被排出机外。通过两帘夹持的纤网经传动罗拉 9 后又改变方向，在下导网装置 4 处被一对罗拉夹持，随下导网装置的往复运动被铺叠在成网帘上。空气的存在会妨碍夹持帘对纤网的夹持和铺网，所以在上、下导网装置处均设有排除空气的空隙。而且下导网装置的下端与成网帘的间距很小，以防止空气阻力对薄网的影响而使薄网发生漂移。这种铺网方法，由于薄网始终在双帘夹持下运动，不致受到意外张力和气流的干扰，因此既可达到高速成网要求，又可改善纤网的均匀度。在这组铺叠成网机中，只有上、下两组导网装置不但回转，而且往复移动，其余罗拉都只做回转运动。导网装置还设有一套反转装置帮助迅速换向。

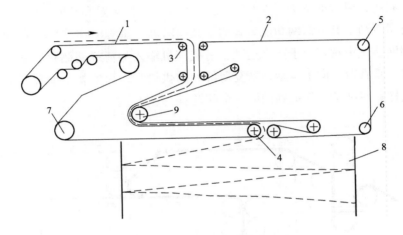

图 4-6　阿萨林公司的 350 型铺叠成网机

1—前帘　2—后帘　3—上导网装置　4—下导网装置

5、6、7—张力调节系统　8—成网帘　9—传动罗拉

双帘夹持式铺叠成网机在薄网经过传动罗拉 9 后又发生反转，这也是影响薄网均匀度的一个因素。现在阿萨林公司对这种铺网机又作了改进，取消了纤网翻转这一点，把传动罗拉处直接变为铺网点，如图 4-7 所示。这样改进后，更适应细特合成纤维的薄网铺叠，而且整个过程由电子计算机控制。

阿萨林公司铺网装置的夹持帘带由涤纶长丝交织而成（经丝细，纬丝粗），厚度为 0.7~1mm。帘带表面用合成橡胶涂层，涂层料中混有少量碳粉，以防止帘带上静电积聚。帘带采用斜面搭接（搭头长度 100~200mm），用黏合剂固着，以保证帘带回

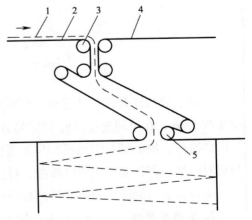

图 4-7　改进后的夹持式铺叠成网机

1—被铺叠的薄网　2—前帘　3—上导网装置

4—后帘　5—下导网装置

转平衡。机上还装有帘带整位装置，防止帘带歪斜跑偏。

（四）交叉铺网新技术

1. 德国奥特法公司的铺网机 传统铺网机生产出来的是一种两端较厚、中间较薄的产品，而且生产的非织造布重量越厚，边部和中间的厚度差异越大。为使最终产品的重量分布均匀，必须将两边切去，因而浪费很多纤维原料。造成这种问题的主要原因有两点：一是铺网小车在铺网到边部时，速度应逐渐降为零，然后反向再加速，但梳理机单位时间内恒速地输出薄网，因而造成铺叠后的纤网两边变重。其二是，即使铺叠后的纤网重量分布是均匀的，但在后面的加工中，由于张力因素而使纤网产生横向收缩以及针刺机对纤网中部针刺作用强的缘故，也造成最终产品边部重量较重。这说明在铺网时，若将边部铺较薄、中间铺较厚，经过纤网的横向收缩以及后面的针刺加工，就能得到横向均匀的非织造布。

针对这一问题，德国奥特法（Autefa）公司开发了储网装置和纤网轮廓整形系统。

奥特法公司研制了具有储网功能装置的交叉铺网机，如图4-8所示。铺网小车在两端减速停顿时，储网装置中垂直帘子向下运动，将梳理机输入的薄纤网储存起来。当铺网小车完成换向加速时，垂直帘子向上运动，恢复薄纤网的供给，以保证整个铺叠纤网在宽度方向上重量一致，这样就解决了上面提到的第一个问题。

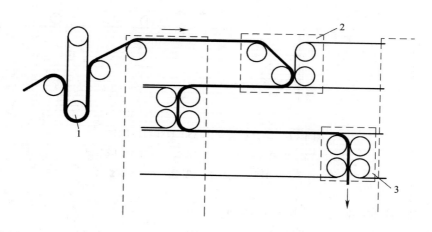

图4-8 奥特法储网装置示意图

1—储网装置 2—上部铺网小车 3—下部铺网小车

奥特法公司还开发了计算机控制的纤网横截面轮廓整形系统，采用小车铺网到边部时速度加快15%，在中间速度减慢15%的方法，相当于在两端铺网时进行了网的牵伸，中间进行了网的凝聚，因此铺叠后的纤网呈两边轻中间重。在后续加工中，纤网产生横向收缩以及针刺机对纤网中部针刺作用强的缘故，可使最终产品在厚度分布上更均匀。

奥特法公司铺网机与传统铺网机产品比较见表4-2。

2. 法国阿萨林（Asselin）公司的交叉铺网机 见前面双帘夹持式交叉铺网机。

图4-9为传统铺网机不带截面轮廓整形功能的铺网效果，图4-10为带截面轮廓整形功能的铺网效果。

表4-2　奥特法公司铺网机与传统铺网机产品比较

状态条件	交叉铺叠后纤网形态	非织造布形态
不带储网装置和纤网轮廓整形系统		
带储网装置但不带纤网轮廓整形系统		
带储网装置和纤网轮廓整形系统		

图4-9　传统铺网机不带轮廓整形功能的铺网效果

图4-10　传统铺网机和带轮廓整形功能的铺网效果

交叉铺叠成网的特点如下。

（1）纤网的宽度由铺网帘的往复动程决定，不再受梳理机幅宽的限制。

（2）如果在梳理机后面不加装凝聚罗拉和杂乱罗拉，产品的纵横向强力仍然差异很大。纤网中纤维由梳理机输出时的沿纵向排列变为横向交叉，产品的横向强力会大于纵向。

（3）交叉铺叠形成的纤网称为交叉纤网，比平行纤网的均匀度差，纤维表面有斜向折痕，交叉纤网表面折痕的斜度及纤网的铺层数取决于铺网帘往复运动速度和输出帘输出速度之比。

（4）可获得很大单位面积质量的纤网。

随着铺网速度和纤网轻定量要求的不断提高，对铺网机的要求也越来越高。现在的水平铺网机都带有边网调节装置，以补偿在高速下所引起的纤网扭曲变形，使纤网的横向收缩降到最低，同时控制边网定量。现在铺网机的铺网速度和幅度都大幅度提高，如阿萨林公司生产的铺网机，最大铺网速度可达150m/min，最大铺网宽度可达15.7m。

四、组合式铺叠成网

交叉铺叠形成的纤网上往往留有各层折叠痕迹，影响纤网的均匀度和外观。组合铺叠就是将平行铺叠、交叉铺叠组合应用，即在交叉纤网的上、下两面再铺上一层平行网，以改善外观。这种组合式铺叠成网，因其使用机台多、占地面积大，产品幅宽受到限制，所以应用较少。

五、垂直式铺叠成网

平行式和交叉式铺网机都是将输出的纤网进行平面铺叠，即单层的梳理网一层一层平摊地铺放，特点是原来单层纤网中纤维的方向在铺成的纤网中仍为二维平面型结构。这种纤网如果经过针刺工艺，各单层纤网的纤维之间可以相互缠结，但这种纤网若是经过热黏合或喷胶黏合，成布后容易发生分层现象。

此外，平行和交叉纤网所制成非织造布在其他各项力学性能，如蓬松度、抗压缩性、弹性回复性等方面也不够理想。

在垂直式铺网中，单层纤网中的纤维在铺成网后趋于垂直，其铺网原理如图4-11所示。梳理机输出的梳理网1在导板6和钢丝栅5的引导下，成形梳3作上下摆动，使输出薄网进行折叠，经过带针压板4的摆动，铺成上下曲折的厚网。由于带针压板的作用，各层曲折单网之间的纤维有一定的缠结，最后铺成网中的纤维处于与布面近似垂直的状态。

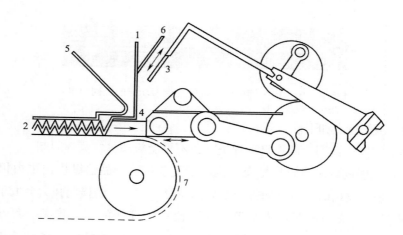

图4-11 往复移动垂直铺网机

1—梳理网 2—垂直铺成的纤网 3—成形梳 4—带针压板
5—钢丝栅 6—导板 7—烘房输送带

还有一种回转式的垂直铺网机，如图4-12所示。梳理机输出纤网经喂给板喂入铺网机，经过一个带齿的工作盘，配合钢丝栅的作用，使薄网形成上下反复曲折的折叠方式。铺成网的结构与往复移动式的相似。

由于纤维对于布面近似垂直状态，因此这种非织造布具有较好的压缩刚度和经受反复加

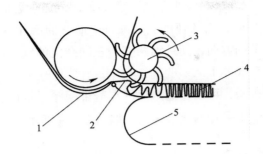

图4-12 回转式垂直铺网机

1—纤网喂给板 2—薄网 3—带齿工作盘 4—垂直铺成的纤网 5—钢丝栅

压后的高度回弹性。它可以用来替代聚氨酯泡沫做汽车工业的衬垫，可以作为成衣的保温、隔热和充填料；装饰用品类如毯子、绗缝被和枕芯；建筑用的保温、隔音材料等。

　　垂直式铺叠成网在设备投资、机器占地面积和能耗方面都比平面铺叠少。

六、机械杂乱式成网

　　从梳理机道夫下来的纤维网，纵向定向性高，采用平行铺叠方法得到的非织造布纵、横向强力之比为（10～12）∶1。要使成品的纵、横向强力差异很小，即定向性差，目前采用的方法是机械杂乱式成网和气流成网。

　　机械杂乱式成网方法是将梳理机输出的薄网通过凝聚或牵伸，而使纤维达到某种程度的杂乱排列，这种成网工艺克服了气流成网存在的纤网厚度不匀和生产率低的缺陷。机械杂乱成网有两种不同的杂乱方式，即杂乱辊式成网和杂乱牵伸式成网。

（一）杂乱辊式成网

　　在道夫之后加装的杂乱辊，称为凝聚罗拉，比道夫速度低；在锡林和道夫之间加装的杂乱辊，称为杂乱罗拉，比道夫的速度高，还可以将凝聚罗拉和杂乱罗拉联合使用。这些都称为杂乱辊式成网。

　　1. 采用凝聚罗拉的杂乱梳理机　在道夫后面安装一组凝聚罗拉，凝聚罗拉和道夫以及凝聚罗拉之间针尖为交叉配置，同向转动，如图4-13所示。道夫的线速度比第一凝聚罗拉的

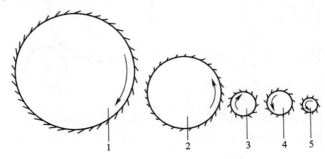

图4-13 采用凝聚罗拉的杂乱梳理机

1—锡林 2—道夫 3—第一凝聚罗拉 4—第二凝聚罗拉 5—剥离辊

线速度快2~3倍，第一凝聚罗拉的线速度又比第二凝聚罗拉的线速度快1.5倍。道夫上任一根纤维的前部嵌入凝聚罗拉时，它的速度立即减慢，而它的后部则被道夫的高速推动向前，纤维就改变了原来平行向前的方向，使纤维网变为三向杂乱的纤维网，这样制得的杂乱纤网其纵向、横向强力比为（5~6）:1。

很多机器上设置专门机构，可以使输出棉网在凝聚网和平行网之间转换，将凝聚罗拉上移或下移，就可以选择性输出平行网或凝聚网，如图4-14所示。

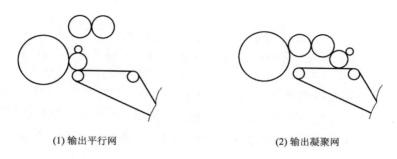

(1) 输出平行网　　　　　　　　　　　　(2) 输出凝聚网

图4-14　平行网和凝聚网之间的快速转换

2. 采用杂乱罗拉的杂乱梳理机　在锡林和道夫间插入高速旋转的杂乱罗拉，杂乱罗拉比锡林的表面线速大，杂乱罗拉和锡林的针尖相对且同向转动，如图4-15所示。杂乱罗拉能将锡林针齿内的纤维提升到针面，另外它和锡林气流附面层之间的三角区形成的涡流，使纤维卷曲、变向。纤维从杂乱罗拉向道夫转移时，尾部和头部的速度差异更大，纤维往横向偏移更多，因此制得的纤网纵横向强力比为（3~4）:1。这种杂乱装置又称为带高速的杂乱系统。

3. 凝聚罗拉和杂乱罗拉联合应用　采用凝聚或杂乱罗拉生产的纤网，其外观结构是不一样的，但从改善纤网的纵、横向强力来看，效果又是相同的，也可以将这两种方式联合使用，如图4-16所示。

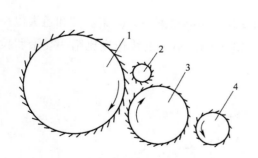

图4-15　采用杂乱罗拉的杂乱梳理机
1—锡林　2—挡风辊　3—杂乱罗拉　4—道夫

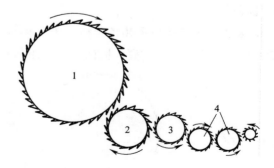

图4-16　凝聚罗拉和杂乱罗拉联合应用
1—锡林　2—杂乱罗拉　3—道夫　4—凝聚罗拉

杂乱梳理机按道夫的数量，可分为单道夫和双道夫梳理机。生产较厚产品时，可在锡林上设置双道夫，同时上、下道夫的直径可调节。以法国蒂博（Thibeau）公司的CA11系列

25PPL 型杂乱梳理机为例（图4-17），它的上道夫 2 的直径小且无凝聚罗拉配置，则上面取得的纤网定量轻且得到的是平行纤网；下道夫 3 的直径大，同时配有凝聚罗拉 4，则下面取得的纤网定量重且获得的是杂乱纤网。将上下道夫取得的纤网再进行并合，即在杂乱纤网的上面再铺上一层平行纤网，可改善非织造布的外观。又如图4-18所示（25XPP型），在锡林和上下道夫之间配置上下两个杂乱辊，将两个道夫剥取的纤维网重叠以后再进行铺网，可使纤网的均匀度得以改善。

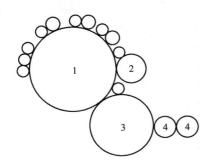

图4-17　蒂博公司 CA11 系列 25PPL 型杂乱梳理机

1—锡林　2—上道夫　3—下道夫　4—凝聚罗拉

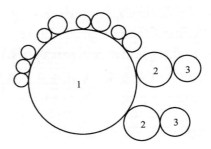

图4-18　蒂博公司 CA11 系列 25XPP 型杂乱梳理机

1—锡林　2—杂乱罗拉　3—道夫

（二）杂乱牵伸式成网

纤维网牵伸机的工作原理为：道夫输出纵向排列纤网→折叠后变为横向交叉纤网→经纤维网牵伸机→纤网［纵、横向强力比（3~4）:1］。

将梳理机输出的纤维网采用网片叠置机构，通过纤维网牵伸机可制得各向同性的纤网。杂乱牵伸式成网的工作原理就是通过多极小倍数的牵伸，使纤网中原来呈纵向排列的部分纤维朝横向移动，从而减小纤网的纵、横强力差异。实质是，纤网经折叠后，纤维由纵向排列变为横向交叉，通过牵伸后又向纵向偏移部分。

如图4-19所示为德国斯宾宝公司的杂乱牵伸式成网机。

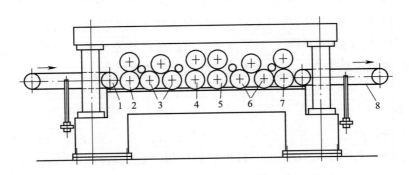

图4-19　德国斯宾宝公司的杂乱牵伸式成网机

1—喂入帘　2、3、6、7—光罗拉　4、5—锯齿罗拉　8—成网帘

（1）通常 3 根牵伸罗拉构成一个牵伸区，由一个电动机驱动。牵伸区内 3 根牵伸罗拉传

动件的齿数比，决定牵伸区的固定牵伸倍数。每个区的牵伸倍数不一样。

（2）前后罗拉钳口隔距远大于纤维长度，纤维在牵伸区内浮游长度太长，采取在罗拉钳口间距内增加小罗拉，以加强对纤维的控制。

（3）纤网牵伸的目的是改变纤维的排列方向，牵伸倍数大会造成纤维移动量太大而破网。因此牵伸倍数较小，一般为 1～3 倍。牵伸罗拉采用自重加压。

图 4-20 所示纤维网牵伸机可调节纵横向强力比接近 1:1 的要求，应用于高要求的土工布、过滤毡等非织造布。

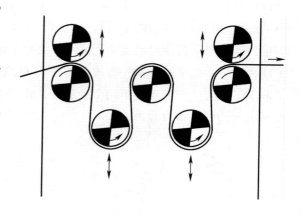

图 4-20　纤维网牵伸机

技能训练

一、目标

综合分析，用尽量小的改造成本，降低梳理机输出纤网的纵横向强力差异。

二、器材或设备

四帘式铺网机或双帘式铺网机。

任务二　气流成网的原理和质量分析

知识准备

气流成网就是采用空气流输送纤维，以形成纤维呈三维杂乱排列的均匀纤网。气流成网制得的纤网，纤维呈三维分布，纵横向强力差异小，基本显示各向同性。气流成网存在的问题是不适于加工细长纤维；成网均匀度差，因此只能加工定积重量较大的纤网；在加工纤维细度和密度差异较大的混和原料时，容易发生纤维的分离现象。现在杂乱成网技术已非常成熟，杂乱网中纤维成三维分布，因此气流成网的用途已越来越小。

一、气流成网原理

梳理机将开松、除杂后的混料分梳成单纤维状态后，在锡林的离心力和外加气流作用下，纤维从锯齿上脱落，如图 4-21 所示。分散的单纤维随气流通过渐扩型或文丘利管型的输棉风道，由于气流的扩散降低了流速，纤维的头部速度减慢而尾部速度仍然很快，快速的尾部推动头部运动，使原来头尾按顺序排列的纤维变成了无规则的杂乱状态。同时，由于吸风气流的作用，纤维边运动边向成网帘或尘笼上聚集而成网。输棉风道的形状有渐扩型管道和文丘利管道两种，如图 4-22 所示。

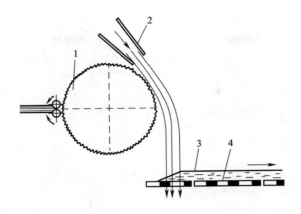

图 4-21 气流成网原理图

1—锡林 2—压入气流风道 3—凝聚后的纤网 4—成网帘

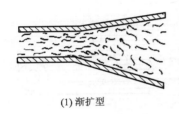

(1) 渐扩型

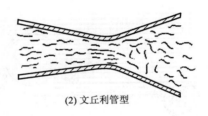

(2) 文丘利管型

图 4-22 输棉风道示意图

气流成网所形成纤网，纤维基本上呈三维杂乱排列，纤网的纵横向强力比为（1.2～1.8）:1。其缺点是生产薄型纤网和加工细长纤维时，纤网的均匀度不好。

纤维通过渐扩型管道往尘笼上凝聚，如图 4-23 所示。

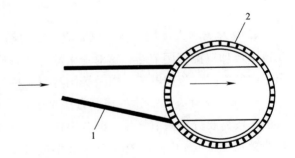

图 4-23 气流输送纤维向尘笼凝聚

1—输送管道 2—尘笼

二、气流成网方式

国外出现了多种形式的气流成网机，其基本工作原理相似。根据纤维从锡林上脱落的方式，可以把气流成网方式归纳为以下五种，如图 4-24 所示。

1. 自由飘落式 纤维由离心力和纤维自身的重量而自由飘落成网。它主要用于粗、短纤维，例如麻纤维、矿物纤维、金属纤维等原料成网。

2. 压入式 由离心力和吹入气流使纤维从锡林上分离，然后输送、成网。该机适合加工含杂多的短纤维，纤网的均匀度与抱合力都很差。

3. 抽吸式 由离心力和吸入气流使纤维从锡林上分离，然后输送、成网。

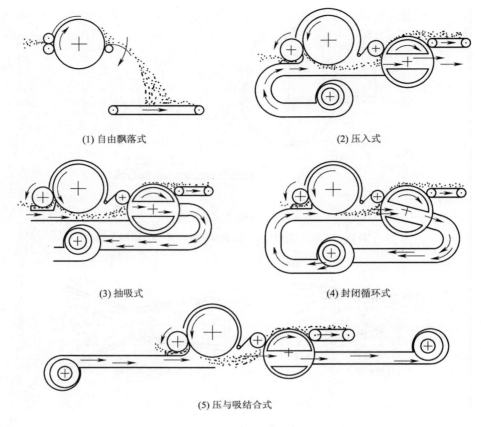

(1) 自由飘落式　　　　　　　　　　　(2) 压入式

(3) 抽吸式　　　　　　　　　　　　(4) 封闭循环式

(5) 压与吸结合式

图 4 – 24　五种气流成网方式

4. 循环封闭式　用一台风机完成纤维的剥离、输送、成网，由于气流是循环封闭的，在风道中可加置湿度调节器，这对产生静电现象比较严重的合成纤维较合适。美国兰多机器公司生产的兰多气流成网机，以及美国普罗克特·什瓦茨公司的 PS 气流成网机均属此类。

5. 压与吸结合式　这种成网方法是压入式和抽吸式两种成网方式的结合，用吹和吸两台风机，按需要分别调节气流，配合工作。这类成网机所制得的纤网，均匀度易于控制。奥地利费勒尔（Fehrer）公司的 V21/K12 型气流成网机就属于此类。

现在使用的气流成网机，压与吸结合式最多，其次是循环封闭式。

三、几种气流成网机

（一）国产 SW – 63 型气流成网机

这是一种在传统的梳棉机上加装气流成网机构而组成的成网机，属于上面所介绍的五种成网方式中的第三种，即抽吸式。如图 4 – 25 所示，在锡林 1 的前方加装风轮 2，风轮的表面速度大于锡林的表面速度，而且风轮的针齿较长，它能将钢针插入锡林针齿里面，将锡林针齿缝隙里的纤维提升到针尖，以利于向外转移。分梳后的单纤维受锡林离心力和风轮产生的气流作用，从锡林针齿脱落进入输棉风道。由于成网帘 3 后部装有三台横向并列的轴流风机，风机的抽吸使纤维不断地凝聚在成网帘上，形成杂乱排列的纤网。该机适合加工细度为 1.65 ～

6.6dtex、长度为 25~55mm 的各种纤维，纤网单位面积质量 12~70g/m²，生产速度 2~3m/min，幅宽 1m。

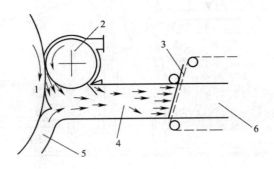

图 4-25　SW—63 型气流成网机

1—锡林　2—风轮　3—成网帘　4—输棉风道　5—补风口　6—轴流吸风机

（二）美国兰多气流成网机

这种成网机分为两部分，前一部分为兰多喂给箱，后一部分为兰多成网机。兰多喂给箱在原理和结构上同传统的棉箱给棉机相同，它的作用是向成网机定量供给开松好的纤维簇。空气桥起自身调节作用，如果尘笼表面上吸聚的纤维层太多，气流的阻力就增大，空气桥附近气流的吸引速度下降，气流吸力减弱，因而由喂给箱吸入的纤维量就减少，使尘笼表面凝聚的纤维层减薄；待尘笼表面凝聚的纤维层减薄时，气流的阻力就减小，空气桥附近气流的吸引速度上升，气流吸力增强，因而由喂给箱吸入的纤维量就增多，可使尘笼表面凝聚的纤维层增厚。尘笼形成的纤维层被剥取罗拉剥下，进入给棉板，由喂给罗拉喂入刺辊，高速旋转的刺辊将纤维层分梳成单纤维状态。

该机由风机形成密闭的空气循环系统，被分梳成单纤维状态的纤维，由刺辊下部吹入的气流剥离，经文丘利管型输棉风道输送，最后被成网帘内的气流吸引而吸附在成网帘上，形成三维排列的杂乱的纤维网。成网帘内的吸引气流与刺辊下部吹入的气流，都由一台风机供应，如图 4-26 所示。该机装有空气湿度调节器，可以减少加工过程中的静电现象。

（三）V21/K12 型气流成网机

这是奥地利费勒尔（Fehrer）公司的产品，它是使用两台风机对针齿上的纤维进行吹、吸相结合的组合式气流成网机，由 V21 型预成网机和 K12 型气流成网机配套组成，如图 4-27 所示。纤维定量地喂到 V21 型预成网机的喂料箱中，被双层帘带夹持着进入给棉罗拉和刺辊（刺辊的转速为 2000r/min）组成的开松区 1、开松区 2 和开松区 3 接受开松。在开松区 3 刺辊的上部安装有一台离心风机，在成网帘下部装有一台吸风机，纤维在刺辊的离心力和吹入气流以及吸入气流的作用下，从锯齿上分离，经过风道而吸附在多孔帘上。

V21 型预成网机和 K12 型气流成网机的喂入部分呈 90°配置，当 V21 型预成网机成网帘行经 K12 型气流成网机的一个工作宽度距离时，回转刮板就回转一次，将成网帘上的纤维层推入 K12 型气流成网机的喂入槽内，这里有一个横铺直进的混和作用。

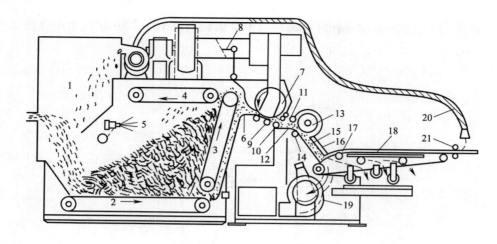

图4-26 兰多气流成网机

1—纤维沉降室 2—水平帘 3—斜帘 4—均棉帘 5—喂给箱容量控制装置 6—空气桥 7—尘笼

8—风量调节装置 9—传送辊 10，11—喂给辊 12—给棉板 13—刺辊 14—速度调节器

15—文丘利管 16—防尘板 17—吸风口 18—成网帘 19—风机 20—边料吸管 21—剪切装置

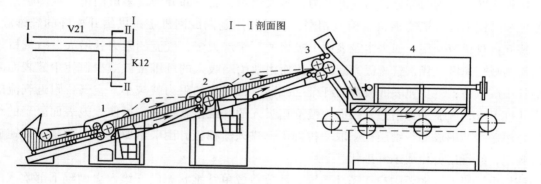

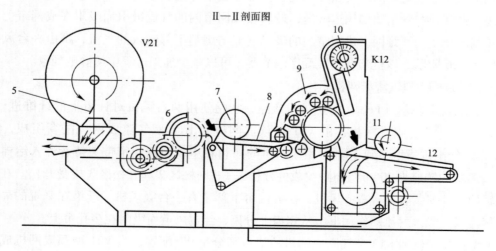

图4-27 V21/K12型气流成网机

1、2、3—三组开松机 4—纤维横向分配装置 5—回转刮板 6—精开松装置 7—气流入装置

8—输送帘 9—主梳理部分 10—横流风机 11—成网部分 12—成网帘

K12 型气流成网机的梳理部分由喂给装置、锡林和其上的两对工作辊、剥毛辊组成。锡林的转速高达 2000r/min，纤维层被进一步分梳成单纤维状态。锡林的前上方装有离心风机，成网帘的下方有多极轴流风机。纤维在锡林产生的离心力和装在机器上部的风机产生的气流作用下，从锡林齿尖脱落，随气流经过输棉风道，凝聚在成网帘上。该机适于加工长度小于 100mm、细度在 55dtex 以下的纤维，其纵、横向强力比可达（1.2∶1）～（1.3∶1）。

（四）K21 型高性能气流成网机

当采用较细纤维生产薄型纤网时，费勒尔公司开发了 K21 型高性能气流成网机，如图 4-28 所示。它由四个分梳锡林且各带一对工作罗拉、剥取罗拉组成。纤维喂入后，先由高速旋转的第一锡林撕松，然后进入梳理环梳理，第一锡林出口处仅有少量纤维因离心力和负压抽吸而沉积在帘带上，多数纤维转移到第二锡林再次进行分梳，第二、第三、第四锡林重复同样的过程。在 K21 型高性能气流成网机中，四个锡林的出口处各沉积部分纤维，由于离心力、锡林负面层气流作用以及负压抽吸作用的影响，呈三维杂乱状态的四层纤维相叠加且不会分层。该机特别适合加工 1.7~3.3dtex 的纤维，纤网定量为 10~100g/m²，输出速度为 50~150m/min，工作宽度为 1~2.6m。

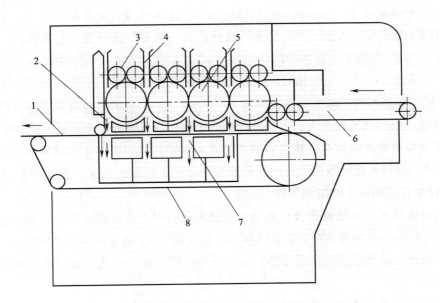

图 4-28　K21 型气流成网机

1—纤网　2—输棉风道　3—工作罗拉（四组）　4—吹风道

5—锡林　6—喂入帘　7—吸风道　8—成网帘

除上述机型之外，还有奥地利 DOA 公司的气流成网机，美国的 PS 气流成网机，捷克的 Pneumat 气流成网机，美国 Kendall 公司的 Maralay 新型喷射气流成网机（可生产雪片状的、纤维杂乱排列的特轻纤网）。

四、气流成网均匀度的控制

（一）喂入纤维层的均匀性

1. 纤维的性质 太长、太细的纤维在气流输送时易发生缠绕，从而影响纤网的均匀度，所以要合理选配纤维的长度和细度，避免在流体运动中纤维之间的相互缠结。另外，纤维表面的性质也影响成网均匀度，如化学纤维的含油过高，纤维之间发生粘结而造成纤网均匀性下降。

2. 纤维的单纤化程度 提高纤维的单纤化是获得优质纤网的先决条件。因此，在成网前对纤维原料应给予充分地开松和梳理，除尽杂质，尽量提高纤维的单纤化程度。

3. 均匀喂入 单位时间内喂入气流成网机的纤维层在重量上应均衡。

（二）纤维在气流中的均匀分布和输送

1. 正确选择剥离纤维的气流速度 为了顺利剥取刺辊或锡林表面纤维，气流流速应大于针齿的表面速度 2 ~ 3 倍。但有些气流成网机，如 K12 型气流成网机，锡林转速高达 2000r/min，纤维因自身的离心力也能从锡林针尖脱落，这时气流的速度只需接近锡林的表面速度或略低些。

2. 气流中纤维的浓度 一定体积的流体中所含纤维的重量，通常称为纤维流密度。纤维在流体中的密度超出某一数值，原有的单纤维会重新"絮凝"成纤维束、纤维团，在纤网上出现"云斑"、束纤维现象，破坏纤网均匀度。试验表明，纤维在流体中的分布，除与纤维的几何尺寸有关外，还受其他性状的影响，如种类、静电性能等。不同的纤维，要求的纤维流密度也不同。如棉纤维，最大纤维流密度为 $1.2 ~ 1.5g/m^3$；聚酰胺纤维，最大纤维流密度可达 $3 ~ 4g/m^3$。虽然气流流量大，可降低纤维流密度，但也带来了产量低、能耗大等问题。

3. 输送流体的速度和方向 输送管道的形式应保证管道内不产生明显涡流，使气流在管道内逐渐减速，这样可使纤维杂乱排列并分布均匀。输送管道的长度一般为 250 ~ 1200mm。

（三）纤维在成网帘上的凝聚条件

1. 气流与成网帘（尘笼凝聚面）夹角 输送风道的中心线与成网帘的水平线呈 30° ~ 60° 的角度，避免纤维运动方向垂直于尘笼网眼。不宜接近 90°，防止纤维冲入网眼。

2. 气流速度 输送管道可采用弓形扩管，减小气流速度，保持气流的均匀流动，有利于纤维均匀吸附。

3. 成网帘（尘笼）表面吸附条件 网眼大小和分布影响气流成网均匀度。尘笼表面的净空面积越大，即网眼越多，纤维吸附越均匀。对于同样的气流吸口，曲面尘笼比平面的成网帘具有更大的展开面积，纤网局部在气流吸口处停留时间延长，纤维重合次数多、凝聚机会大，有利于提高纤网均匀性。

技能训练

一、目标

1. 根据非织造布生产原料和产品选择气流成网机。
2. 控制气流成网的均匀度。

二、器材或设备

气流成网设备。

思考题

1. 铺网形式有哪些？各自特点如何？杂乱梳理有哪几种形式？其原理是什么？

2. 什么是平行网、凝聚网以及杂乱网？如何将平行网转变成凝聚网和杂乱网？

3. 四帘式铺网机铺网后，纤网结构产生什么变化？铺叠层数如何决定（用相关系数表示）？

4. 四帘式铺网机为什么会被夹持式铺网机所取代？

5. 道夫输出的薄网经过交叉式铺网以后，纤网中的纤维方向发生什么改变？

6. 机械梳理的定向纤网，在铺网后，也可使之成为杂乱纤网，须采用什么装置？其杂乱原理是什么？

7. 铺网机中采用"储网技术"和"整形技术"，各起什么作用？其工作原理是什么？

8. 垂直铺叠成网有哪两种方式？垂直铺叠成网有何特点，用于什么产品较好？

9. 杂乱牵伸式成网的原理？

10. 气流成网原理是什么？气流成网有哪几种形式？

11. 气流成网的输送管道有哪两种？请分析其原理。

项目五　针刺法生产工艺技术

✿学习目标

1. 掌握针刺固结原理。
2. 熟悉平面针刺机的机构和工作原理。
3. 了解花色针刺机及其他新型针刺机的原理和机构。
4. 了解刺针的形状、规格，掌握刺针的选用要求。
5. 学会针刺机主要工艺参数设计与计算。
6. 学习针刺机的操作及调整。

任务一　针刺原理与针刺机的机构

知识准备

针刺固结法是纤维网的一种机械固结方法，是干法非织造布中最重要的加工方法之一。由于针刺法具有加工流程短，设备简单，投资少，产品应用面广等特点，因此针刺技术发展很快，针刺非织造布在我国约占 25%，针刺产品广泛应用在生产民用、工业、国防、医药卫生等各个行业。例如，地毯、保温材料、过滤材料、土工布、服装辅料、合成革基布、油毡基布、造纸毛毯、汽车内衬材料、隔音材料、绝缘材料等。

1878 年英国威廉·拜瓦特（William Bywater）公司制造出最早的针刺机，1890 年美国詹姆斯·亨特（James Hunter）工厂开始制造针刺机。但直到 1945 年，William Bywater 对老式针刺机作了重大改进后才为现代针刺技术的发展奠定了基础。1957 年 James. Hunter 公司对针刺机的主轴传动偏心轮平衡机构作了进一步改进，设计出传动平衡的针刺机，使针刺频率达到了 800 次/min。1968 年奥地利菲勒（Fehrer）公司制造出组合机架、全封闭分段传动针刺机，转速达到 1000r/min。1972 年 Fehrer 公司发明 U 形刺针和花纹针刺机。现代针刺机在制造材料、结构设计、生产速度和自动化程度都有了极大提高，目前国外针刺机的最大针刺频率已达到 3500 次/min，最大幅宽达 17m。

一、针刺法非织造工艺的原理和特点

针刺固结法是利用刺针对纤维网进行反复穿刺来实现的。当三角形截面（或其他形状截面）棱边带倒钩的刺针刺入纤网时。刺针上的倒钩将纤网表面和局部里层纤维强迫刺入纤网内部［图 5-1（1）］。由于纤维之间的摩擦作用，原来蓬松的纤网被压缩。刺针退出纤网时，

刺入的纤维束脱离倒钩而留在纤网中。这些纤维束纠缠住纤网，使其不能再恢复原来的蓬松状态 [图 5 - 1 （2）]。经过多次的针刺，大量的纤维束被刺入纤网，使纤网中纤维互相缠结，从而形成具有一定强力和厚度的针刺法非织造材料。

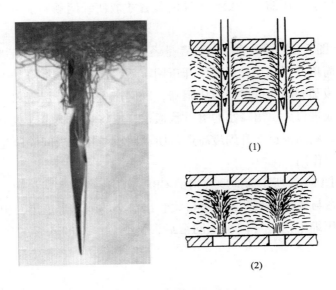

（1）

（2）

图 5 - 1　针刺原理示意图

针刺法非织造工艺有如下特点。

（1）适合各种纤维，针刺后不影响纤维原有特征。

（2）纤维柔性缠结，产品的尺寸稳定性和弹性较好。

（3）产品表面平整，力学性能优良。

（4）产品的通透性和过滤性能良好。

（5）生产无污染，边料可回收利用。

（6）可制造各种几何图案或立体成形产品，如毛圈型产品手感丰满，针刺垫肩可成形，造纸毛毯可大大提高寿命等。

二、针刺机

针刺机按产品形式分，有平状刺针刺机、环状刺针刺机、管状刺针刺机。平状刺针刺机生产的是平幅状的产品，也包括圈形、花纹针刺机；环状刺针刺机生产的典型产品是造纸毛毯，环状长度一般为十几米到几十米；管状针刺机则生产直径为几个厘米到几十厘米的管状产品，如托网板采用滚筒式，利用滚筒连续回转，刺出与滚筒直径一致的管状物。

针刺机按加工程序分，有预针刺机和主针刺机。预针刺是对十分蓬松且无强力的纤网进行针刺，采用的刺针较粗，植针密度较小。主针刺加工的是预刺后的纤网，纤网不再蓬松且具有一定密度，采用的刺针较细，植针密度较大。

针刺机主要由送网机构、针刺机构和输出机构组成。

三、送网机构

送网机构的作用是将铺好的纤网顺利地喂入针刺区，而纤网不产生拥塞和意外伸长。不同的针刺机有不同的送网机构。预针刺机对蓬松纤网进行初加工，其纤网厚度大，强力小，在喂入前先要对纤网进行压缩。一般要用导网装置才能使纤网顺利前进，不产生拥塞。下面介绍三种导网装置。

1. 压网辊式 图5－2所示的导网装置是经压网辊和输送帘压缩后将纤网送入针刺区。这种导网方式机构简单，但缺点是纤网离开压网辊后，由于纤维本身的弹性，仍会恢复蓬松状态，从而在托网板和剥网板进口处形成阻滞，纤网产生速度分层现象。针对这一缺点，采取了把剥网板安装成进口大、出口小的喇叭状通道，或将剥网板设计成上下活动式，即当针刺上升到最高点时，剥网板也上升到最高点，使剥网板与托网板间隔距达到最大值，对纤维网顺利送入起到一定作用。

2. 压网帘式 图5－3所示为迪罗公司的CBF型压网帘式送网机构，它用压网帘取代了压网辊，并把压网帘与输送帘配合成为进口大、出口小的喇叭形通道，由压网帘和输送帘夹持蓬松的纤网逐步压缩喂送。纤网出压网帘后，又受到一对喂入辊的压缩后顺利地进入针刺区。

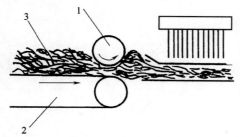

图5－2 压网辊式送网装置

1—压网辊 2—输送帘 3—纤网

图5－3 CBF型压网帘式送网机构

1—压网帘 2—输送帘 3—喂入辊

图5－4为改进后的CBF型压网帘式送网机构，加一对小罗拉，可防止纤网在压网帘和喂入辊之间产生拥塞。

法国阿萨林（Asselin）公司的DCIN喂入系统是用专用输送带夹持输送纤网，如图5－5所示。这种装置不但对纤维逐步压缩输送，而且输送带的输出口离针刺区的第一排针只相距11mm，能有效地防止纤网拥塞现象的发生和意外牵伸。

3. 导网钢丝式 Fehrer公司的NL28型预针刺机采用导网钢丝式（图5－6）。这种单针板下

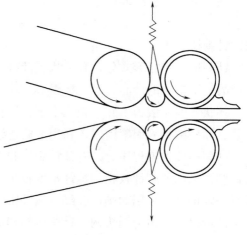

图5－4 改进后的CBF型压网帘式送网机构

刺式预针刺机，上下两个喂入辊的圆周上有很多沟槽，间距为 60～70mm。每条沟槽嵌入一根导网钢丝，其伸出端尽量接近第一排刺针。蓬松的纤网由喂入辊和导网钢丝的引导很容易地进入针刺区，从而解决蓬松纤网的拥塞问题。

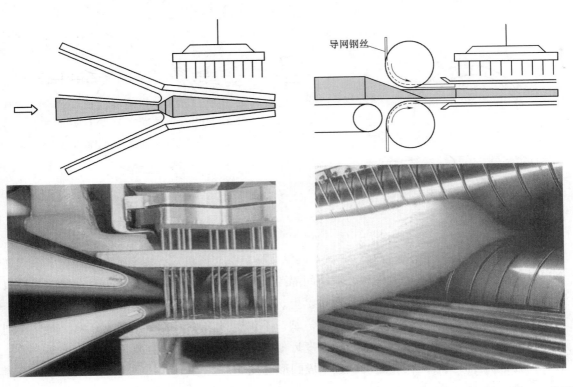

图 5-5　法国阿萨林（Asselin）公司的 DCIN 喂入系统　图 5-6　导网钢丝式送网机构（奥地利 Fehrer 公司）

4. 导网片式　图 5-7 为 Fehrer 公司 NL16/B 型预针刺机采用的带导网片的送网机构，采用了表面非常光洁的导网片（图 5-8）代替导网钢丝，导网片靠自身弹性卡在喂入辊的沟槽内，两根喂入辊的沟槽相互错开，装拆很方便，称为"FFS"装置。该机适合于造纸毛毯预针刺加工，工作幅宽可达 16.3m，植针密度 1000 枚/m，最大转速 400r/min。

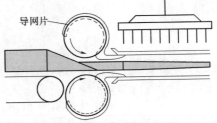

5. 槽形辊式　图 5-9 为 Asselin 公司的槽形辊送网装置，图中 3、6、7 均为槽形辊，这种辊既起积极输送纤网的作用，又起托持纤网的作用。工作时刺针每次都刺在槽形辊 7 的沟槽内，因而刺针必须直线排列。这种积极的传送装置可有效消除纤网拥塞现象。

图 5-7　带导网片的送网机构

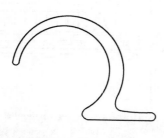

图 5 - 8　导网片结构

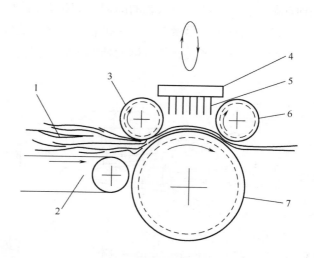

图 5 - 9　槽形辊送网装置

1—纤网　2—输送帘　3、6、7—槽形辊　4—针板　5—刺针

　　图 5 - 10 为 Asselin 公司的 169DF 型双滚筒预针刺机。该机双针板上下交替针刺，采用两个滚筒代替常用的托网板和剥网板，滚筒间隔距可调节，范围为 0～20mm。两个滚筒各钻有数万个完全对应的小孔，以便于刺针通过。上、下针梁和针板装在两个滚筒内。输送帘和滚筒是连续运转的。为保持纤网的连续输送，刺针不仅通过滚筒上的小孔刺入纤网，而且在刺入纤网时还必须有一个与滚筒表面回转速度近似相等的前移运动。由此，刺针的运动方式是上下、前后结合的复合运动，运动轨迹呈椭圆形（图 5 - 11）。

图 5 - 10　Asselin 公司的 169DF 型双滚筒预针刺机

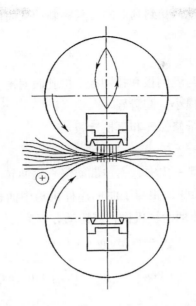

图 5 – 11　双滚筒双针板预针刺机示意图

该机工作幅宽 5.5m，植针密度 500 枚/m，最大转速 400～500r/min，针刺动程 70mm，适合预针刺的纤网单位面积质量为 60～5000g/m^2，范围之广为其他针刺机所不及。

四、针刺机构

1. 针刺机构的运动要求　针刺机构（图 5 – 12）是针刺机的主要机构，针刺作用主要在这里完成。刺针植于针板上，针板装在针梁上。主轴通过偏心轮带动针梁作上下往复运动，

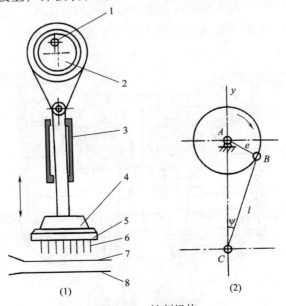

图 5 – 12　针刺机构

1—主轴　2—偏心轮　3—气缸导向装置　4—针梁　5—针板　6—刺针　7—剥网板　8—托网板

纤网从剥网板和托网板中间经过，受到刺针的反复穿刺，从而使纤网得到加固。

对针刺机构的要求如下。

（1）稳：运动平稳，振动小。

（2）准：针板的植针孔应与剥网板和托网板上的孔眼对准。

（3）坚：坚固耐冲压，磨损小，润滑好。

（4）简：机构简单，便于维修保养和更换针板。

2. 针刺机构的组成

（1）主轴与偏心轮：在图 5 – 12 中，主轴带动偏心轮回转，从偏心轮回转中心 A 到它的几何中心 B 之间的距离叫偏心距 e，相当于曲柄连杆机构中曲柄的长度，针梁运动可看作滑块移动，则刺针的运动机构为曲柄滑块机构，其运动方程为：

$$y = e\cos(\overline{\omega}t) + l\cos\psi$$

$$y = e\cos(\omega t) + \sqrt{1 - \left(\frac{e}{l}\right)^2 \sin^2(\omega t)}$$

式中：$\omega = \dfrac{2\pi f}{60} = \dfrac{\pi f}{30}$，其中 f 为针刺频率（次/min）。

该运动也可看做是简谐运动。曲柄滑块机构从上死点到下死点的移动距离即为针板往复运动的动程，此动程为偏心距的两倍，针刺动程取决于偏心距的大小。预针刺机加工的纤维网蓬松，厚度大，针刺动程大，一般预针刺机往复动程为 60 ~ 150mm，主针刺机往复动程为 25 ~ 70mm。

偏心轮与针梁之间的传动联接，一般用连杆和滑动轴套。轴套内加油脂润滑，但使用时易磨损和漏油。德国迪罗公司制造的 **DI – LOOMOD – II** 型针刺机上采用了摇臂式导向装置（图 5 – 13），将连杆滑动机构改为扇形齿支承的摇杆机构（图 5 – 14）。当针梁上下高速回转时，扇形齿圆弧面与齿条平面进行滚动摩擦，代替了连轩轴套的滑动摩擦，较好地解决了磨损和漏油问题。

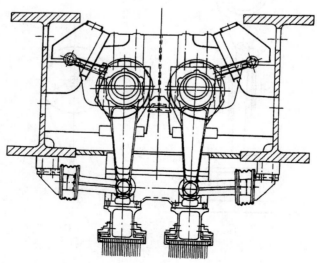

图 5 – 13　摇臂式导向装置

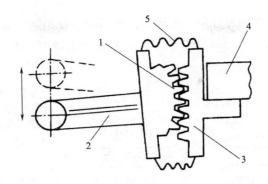

图 5 – 14 摇臂导向装置结构（摇杆机构）示意图
1—扇形齿 2—摇臂 3—齿条 4—机架 5—橡皮套

（2）针梁与针板（图 5 – 15）：针梁用来安装针板，与偏心轮连杆相联接，由偏心轮带动针梁作上下往复运动。由于针梁的质量较大，且运转速度高，振动较大，它的制造材料由传统的钢材转而使用轻质合金材料（如高强铝合金等），以减轻针梁重量，提高运转平稳性。迪罗公司还在 SC 型高速针刺机上采用了轻型高强碳纤维复合材料制成针梁，运转频率可高达 3300 次/min。

针板安装在针梁下面，针板上按刺针排列方式钻有孔，孔径与针柄配合，用于安插刺针。针板拆装力求简单方便，有的针刺机采用气动针板夹紧系统，大大缩短了更换针板的时间。

图 5 – 15 针梁与针板

（3）剥网板与托网板：剥网板与托网板均由钢板制成，要求表面平整光滑，使纤网在两板之间顺利通过。为便于纤网进入，进口处翘起，形成喇叭形。针刺时，刺针从剥网板与托网板对应的孔中刺入，托网板起到托持纤网的作用，并承受较大的冲击力，因此，托网板必须安装在坚固的托床上。剥网板是在刺针上升时挡住纤网随针上升，使刺针顺利抽出纤网完成针刺。

3. 针刺方法 针刺方式有许多种。按针刺的角度分可分为垂直针刺和斜向针刺，其中垂直针刺可分为向上刺和向下刺两种，如图 5 – 16 所示。按针板数的多少有单针板、双针板和多针板之分，如图 5 – 17 所示；按针刺方向分，有单向针刺和对刺两种，其中对刺式又可分为同位对刺和异位对刺，如图 5 – 18 所示。异位对刺式所生产的产品强度高，收缩较小，多用于人造革基布的生产。对同位针刺机来说，针板的运动常为同向运动，如图5－18（2）所示，若利用相向运动，如图5－18（3）所示，布针密度需减少一半。图5－19为四针板对刺式针刺。

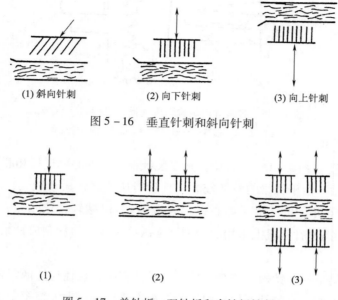

（1）斜向针刺　　　　　（2）向下针刺　　　　　（3）向上针刺

图5－16　垂直针刺和斜向针刺

（1）　　　　　　　　（2）　　　　　　　　（3）

图5－17　单针板、双针板和多针板针刺

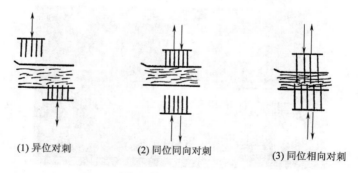

（1）异位对刺　　　　　（2）同位同向对刺　　　　　（3）同位相向对刺

图5－18　对刺式针刺

图5－19　四针板对刺式针刺

4. 花纹针刺　花纹针刺是在普通针刺基础上发展起来的，用来生产一些凹凸毛圈形条纹、绒面或带有花纹图案的花色产品，如地毯、墙面装饰材料、汽车衬垫等中厚型产品。

（1）花纹针刺的原理。采用叉形刺针（图5-20）［或单刺针（图5-21）、冠状刺针（图5-22）］和栅格托网板可使纤网获得毛圈状的表面效果。如圆截面的叉形针头端开有针叉，当叉形刺针穿刺经过预针刺的纤网时，叉取一束纤维穿出纤网，形成毛圈。这些毛圈排成直线或连成片，就形成了条纹或绒面外观，亦可制成带有花纹图案等具有特殊外观效果针刺产品（图5-23）。

例如汽车内装饰布的表面起绒，可采用冠状刺针，钩刺设在3个棱边的同一高度上，每边一个钩刺，起绒效果好。

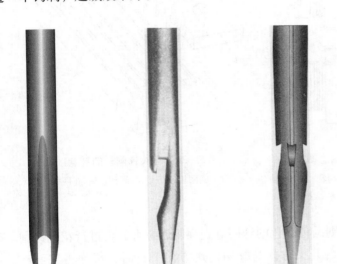

图5-20　叉形刺针　　图5-21　单刺针　　图5-22　冠状刺针　　图5-23　毛圈花纹针刺示意图

（2）花纹针刺机构的特点

①进入花纹针刺前的纤网需经过预针刺，预针刺密度通常为 $70 \sim 150$ 刺/cm^2。

②为使纤维成圈，须用叉形针、冠状针或单刺针。

③在针刺机上按花纹图案要求布针，并合理选择刺针规格。

④花纹针刺机配有主辅轴花纹装置（图5-24），主轴作用相同于一般针刺机，辅轴由电脑或机械控制，根据图案需要分别控制电磁离合器的离和合（图5-25），控制辅轴运转，实现刺针有规律的"刺入"或"不刺入"。

⑤纤网的进给速度有规律地变化，在"刺入"时，纤网以 $0.1 \sim 0.2$ mm/刺的速度缓慢地进给，在"不刺入"时，

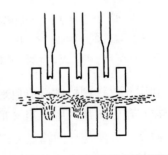

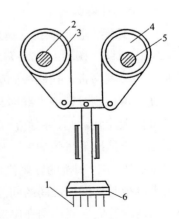

图5-24　主辅轴花纹装置
1—刺针　2—主轴　3—主轴偏心轮
4—辅轴偏心轮　5—辅轴　6—针板

纤网以正常速度快速进给。

⑥托网板采用弹簧薄钢片排列制成（图 5 - 26），钢片厚 0.7 ~ 1mm，间距有 3mm、3.2mm、3.5mm、6mm、6.4mm、7mm 数种，间距大小根据纤维线密度而定。钢片不能弯曲，否则刺针易刺在钢片上造成断针或破坏钢片。剥网板可用钢板钻孔制成，也可同托网板一样采用薄钢片。

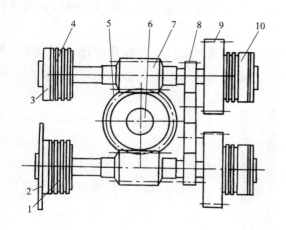

图 5 - 25　针刺区辅轴传动机构示意图

1、4—刹车器　2—冲击盘　3—联结盘　5—蜗轮　6—辅轴
7—蜗杆　8—齿轮　9—齿形皮带轮　10—电磁离合器

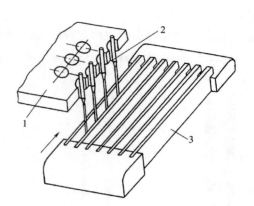

图 5 - 26　花纹针刺机的针刺区

1—剥网板　2—叉形刺针　3—托网板

利用花纹针刺机制造双色地毯，则两种颜色的纤网分别预刺后叠合，再进行花色针刺。

在花色针刺加工中，当叉形刺针的开叉方向与纤网输送方向平行时，可加工绒面产品；当针的开叉方向与纤网输送方向垂直时，得到的是凹凸状的毛圈条纹产品（图 5 - 27）。对于有几何图案的产品（如菱形、小方块等），则按照图形规律在针板上布针，通过花纹针刺机的提花机构定期改变针刺的深度和空程，可使纤网背面产生几何图案。

5. 新型针刺机构

（1）弧形针板针刺机。奥地利 Fehrer 公司的 HI 型针刺机设计了弧形针板、弧形剥网板和弧形托网板（图 5 - 28），纤网进入针刺区后便受到不同方向的针刺，先是受到右倾的斜向针刺，随着剥网板、托网板圆弧曲线的变化，又受到垂直的针刺，最后受到左倾的斜向针刺，因此在一道针刺过程中，纤网与刺针运动方向的角度是变化的，右斜→垂直→左斜，纤网在不同方向上受到针刺，使纤网得到更充分的加固（图 5 - 29），产品的强度有较大幅度的提高，已用于造纸毛毯的加工。HI 型针刺机与传统型针刺机的强度比较如图 5 - 30 所示。图 5 - 31 为 HI 型针刺机的针刺机构实物图。

剥网板与托网板之间的间隙可通过调节剥网板来确定，这一间隙沿着输出口方向渐近缩小，以适应针刺期间纤网在厚度上的逐渐变小。针板和托网板的曲度有一个匹配，当两者曲度相同时，针板上的刺针从同样的深度刺入纤网；而当针板与托网板的曲度不同时，则同样长度的刺针依其在针板上位置的不同而以不同深度刺入纤网，从而产生特殊的针刺效果。

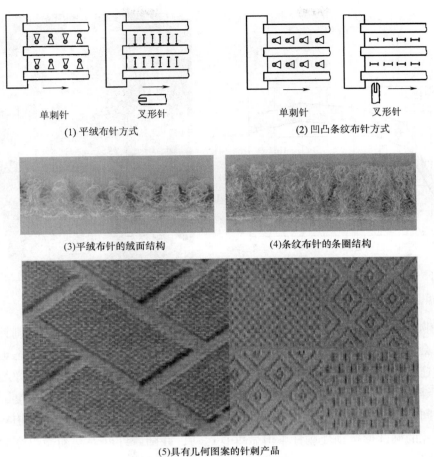

(1) 平绒布针方式　　　　　　　　　　(2) 凹凸条纹布针方式

(3)平绒布针的绒面结构　　　　　　　(4)条纹布针的条圈结构

(5)具有几何图案的针刺产品

图 5-27　花纹针刺的布针方式

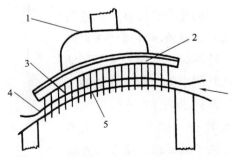

图 5-28　HI 型针刺机的针刺机构示意图

1—针梁　2—针板　3—刺针　4—剥网板　5—托网板

弧形针板针刺纤网结构

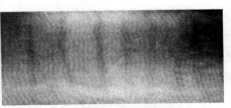

普通针板针刺纤网结构

图 5-29　弧形针板针刺纤网结构对比

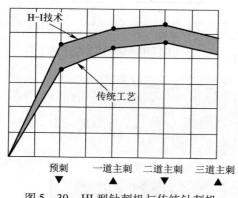

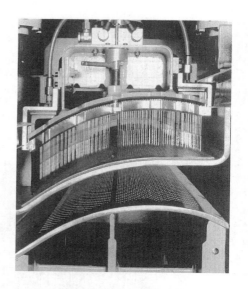

图 5 - 30　HI 型针刺机与传统针刺机
产品的强度比较

图 5 - 31　HI 型针刺机的针刺机构

（2）椭圆形运动针刺机。普通针刺机工作时，由于针梁的垂直运动，在刺针刺入纤网期间，刺针会使纤网滞留一段时间，直到刺针离开纤网后，纤网才从停滞状态迅速加速到纤网前进的速度，因而纤维网的运动速度是在零至极大值之间周期变化，这样的停顿与加速，会导致纤网的意外牵伸和变形。根据偏心轮动程、纤网步进量和针刺深度，刺针在纤网中停留时间占总循环时间的 30% ~ 40%。德国迪罗公司开发了 HyperpunchHV 型椭圆形针刺机，刺针的椭圆形运动使刺针不但做垂直运动，并随着纤网一起朝输出方向移动，可避免上述缺陷。

①椭圆针刺原理。刺针从进入纤维网开始到退出纤维网为止，除了按本身的运动方向作垂直运动外，还与纤维网一起在水平方向上移动；这就要求针梁作垂直和水平方向复合运动，刺针刺入纤网时，针梁的水平运动朝着纤网的前进方向；刺针从纤网中退出后，针梁的水平运动逆着纤网的前进方向，即完成刺针水平运动的回程，这就形成了椭圆形的运动轨迹（图 5 - 32）。水平方向的动程较小，作为椭圆形轨迹的短轴；而垂直方向相当于椭圆形轨迹的长轴。水平方向的往复运动通过另一套偏心轮机构完成，可以进行无级调节，与针刺机步进量相适应。为确保刺针与纤维网一起运动，针刺机的剥网板和托网板上的孔眼都被加工成沿针刺机纵向排列的狭长腰圆孔。

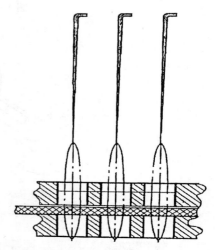

图 5 - 32　刺针的椭圆形运动轨迹

②椭圆形针刺优点。针梁的椭圆形轨迹运行可提高生产速度。补偿了纤网的停留时间从而保证生产速度和产品质量。这种针刺技术可以大大减少拉伸和断针现象，使纤维获得更好

的缠结，降低针刺非织造布的不匀性；同时减小刺痕，改善了产品的表观平整性。

圆形运动针刺机是迪罗公司开发的一种新型针刺设备，采用四针板双针区组合设计。通过四针板带椭圆轨迹运动形成一个圆形的组合型运动（图5-33）。该设备一般由6~8台针刺机组成生产线，生产轻薄型产品，线速度达100m/min。

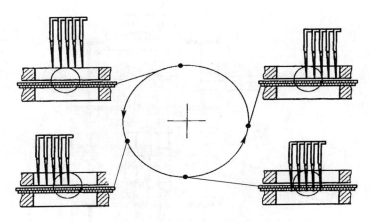

图5-33　圆形运动的针刺机工作原理

五、输出机构

输出机构即牵拉机构，由一对牵拉辊组成。牵拉辊靠摩擦运动，表面包有摩擦系数较大的粒面橡胶层，其作用是握持、输送针刺加固后的纤网。牵拉辊是积极式传动，其表面速度必须与喂入辊表面速度相配合，牵拉速度太快会增大附加牵伸，影响产品质量，严重时引起断针。

牵拉辊和喂入辊、送网帘的传动方式一样，有间歇式和连续式两种。一般当针刺频率超过800次/min时，可采用连续式传动。连续式传动与间歇式传动相比，不仅机构简单，而且机台运转平稳，减少振动，有利于高速。

花纹针刺机的输出速度可因花纹结构的需要而改变。

六、针刺机和针刺工艺流程

（一）针刺机

图5-34为德国迪罗公司的DI-LOOMOUG-II型双面针刺机，该机既可作为预针刺机，又可用做主针刺机，工作幅宽为2.5~6m，针刺频率为1500次/min。主轴系统采用双轴反向驱动，机上四块针板可任意组合使用，也可以仅使用一块或两块针板。两对上下对刺的针板，最高植针密度可达32000枚/m，但刺针在纤网中停留时间要加倍，针刺运程不小于60mm。

图5-35为NL 11/SE型花纹针刺机，由奥地利菲勒公司制造。该机工作幅宽为1.0~4.8m，布针密度最大可达7000枚/m，针刺频率1200次/min，针刺动程为30mm。该机配有

主辅轴机构，辅轴主要用来控制针刺深度，由电子花纹装置控制。根据花纹要求，辅轴作正转或反转，刺针就相应地刺入或不刺入。同时，纤网喂给速度也配合作快慢调节，这样就可以刺出与针板上布针图案相对应的花纹图案。

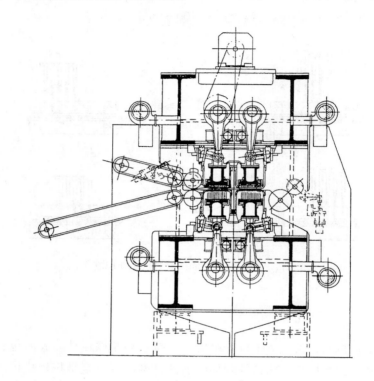

图 5 – 34　DI – LOOMOUG – II 型双面针刺机

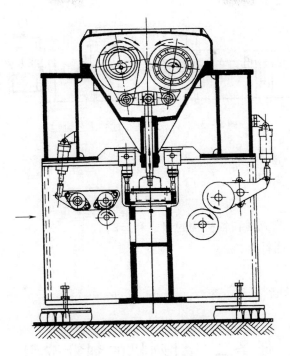

图 5-35　NL II/SE 型花纹针刺机

（二）针刺工艺流程

在针刺法非织造布生产中，常常由数台针刺机组成一条流水线，这对于连续化生产，减小纤网成卷次数，提高生产效率是必需的。这种流水线的组合非常灵活，不仅适应干法成网的设备，也可与纺丝成网等配合组成生产线。

图 5-36 是迪罗公司推荐的土工布针刺工艺流程。蓬松的纤网由短纤维经交叉铺网或纺粘法直接成网后再由压缩式喂入装置送入预针刺机进行预针刺。通过牵伸装置可使部分纤维从横向转成纵向，以适应主针刺，牵伸装置有 3~4 个牵伸区。主针刺机进一步加固产品，采用四针板双面针刺机，这种上下针板交替的针刺方式可缩短流程，生产出密度较高的产品。

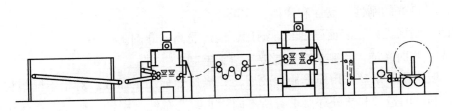

图 5-36　土工布针刺工艺流程

图 5-37 是迪罗公司推荐的合成革基布工艺流程。该流程采用了四台针刺机，首先是一台带有一块针板的预针刺机，接着是两台带有两块针板的针刺机（一台上刺式，一台下刺式），最后是一台四针板双面针刺机，保证产品上下两面的一致性。

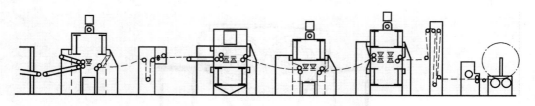

图 5 - 37　合成革基布针刺工艺流程

技能训练

一、目标

1. 观察针刺机的工艺流程和各机构的组成和运动。

2. 初步学会操作普通针刺机。

二、器材或设备

普通针刺机和花纹针刺机。

任务二　针刺机的刺针选用

知识准备

一、刺针的基本要求

刺针是针刺机的重要部件，是针刺生产的尖兵。刺针的型号、规格、布针方式及在加工过程中的针刺深度对产品的结构、质量和性能都有很大影响。对针刺机的产量和质量起着关键作用。

优质刺针的基本要求如下。

（1）精：几何尺寸要精确，针杆平直，刺尖对纤网具有良好的穿刺能力，钩刺能有效地带动纤维。

（2）刚：良好的刚性、韧性和弹性，"宁断不弯"。

（3）耐：耐磨性好，表面硬度高。耐用，能经受高速穿刺。

（4）光：表面光洁，钩刺切口边缘要平滑无毛刺。

刺针一般由优质钢丝采用模具冲压成型，并经热处理加工而成。对于不同规格和用途的非织造布，刺针的造型和热处理要求有所不同。非织造布针刺用针一般要求在使用中"宁断不弯"，即刺针宁可折断，不可弯曲过大，否则弯曲的刺针会损坏剥网板、托网板和纤网。

二、刺针的形状和规格

刺针由带有弯头的针柄、针腰（有的和针柄合在一起）、针叶和针尖四部分组成。针柄上弯头的作用是使刺针定位在针板表面针槽中。带有针腰的刺针在换针时容易从针板上拔起，可减少对针板的磨损；而无针腰的刺针则因取消了变细的腰部，采用了针腰、针柄合在一起的形状，从而使刺针强度好，使用寿命长。针叶为刺针的工作段，是刺针直接接触纤维网的主要区段，针叶的截面有三角形、正方形、菱形、圆形等，一般以三角形截面为多。

刺针按针叶的截面及外观形状分为四种，如图5－38所示。图5－38（1）为普通刺针，针叶为三角形截面，它的三条棱边上各有三个倒钩，且互相错开，主要用于一般的针刺非织造布的加工；图5－38（2）为单刺针，每条棱边上仅有一个倒刺，用于成圈加工；图5－38（3）为侧向叉形针，集中了普通针与叉型针的优点，单侧开有一叉，可用于长绒毛型花色生产；图5－38（4）为叉形针，在针头上有一倒叉口，可带取大量纤维而形成毛圈。

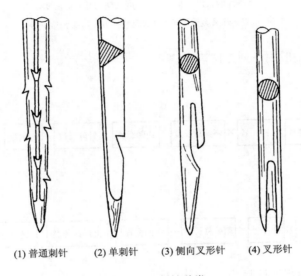

(1) 普通刺针　　(2) 单刺针　　(3) 侧向叉形针　　(4) 叉形针

图5－38　刺针种类

三角形刺针如图5－39所示，其针柄和针腰为圆形截面，刺针总长度一般为76.2～114.3mm。叉形针如图5－40所示，其总长度为62～76mm。

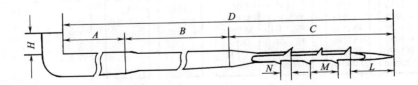

图5－39　三角形刺针的形状与尺寸

A—针柄长度　B—针腰长度　C—针叶长度　D—刺针总长度

L—第一个钩刺到针尖的距离　M—同一棱上相邻钩刺间距

N—两棱相邻钩刺间距　H—弯头长度

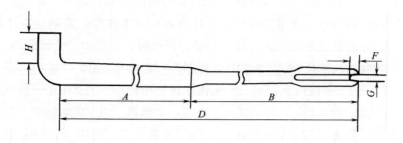

图 5–40　叉形针的形状与尺寸

A—针柄长度　B—针叶长度　D—刺针总长度

G—开叉宽度　F—开叉深度　H—弯头长度

刺针的规格尺寸一般用下列方法表示。

1. 三角形刺针

| 针柄号 | × | 针腰号 | × | 针叶号 | × | 刺针总长度 | 钩刺距离 | 针叶长度 | — | 钩刺数 | 钩刺型号 |

2. 叉形刺针

| 针柄号 | × | 针腰号 | × | 针叶号 | × | 刺针总长度 | — | 弯柄位置 | 叉形针种类 | 叉口宽度 | 叉口深度 |

如某三角形刺针的规格标号为：

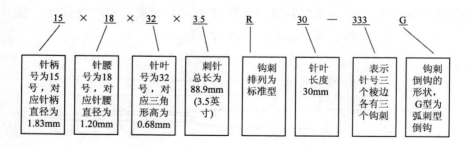

| 15 | × | 18 | × | 32 | × | 3.5 | R | 30 | — | 333 | G |
| 针柄号为15号，对应针柄直径为1.83mm | | 针腰号为18号，对应针腰直径为1.20mm | | 针叶号为32号，对应三角形高为0.68mm | | 刺针总长为88.9mm（3.5英寸） | 钩刺排列为标准型 | 针叶长度30mm | | 表示针叶三个棱边各有三个钩刺 | 钩刺倒钩的形状，G型为弧刺型倒钩 |

　　针叶是刺针的工作区。标准三角形针叶的三条棱边上分别有三个钩刺（也有些特殊刺针是一个棱边或两个棱边带钩刺）。三个棱边上的钩刺并非在同一水平面上而是相互错开，这样在进行针刺时，钩刺带动的纤维可以处在纤维网的不同高度，且使不同方向的纤维束发生位移、互锁、缠结，从而有利于纤维网的加固。

　　三角形针叶截面的高 H 与对应的刺针号数关系见表 5–1。

表5-1　三角形针叶截面的高 H 与针号的关系

针号	H（mm）	针号	H（mm）	针号	H（mm）	针号	H（mm）	针号	H（mm）	三角形针叶截面
13	2.45	17	1.40	22	0.95	32	0.68	40	0.48	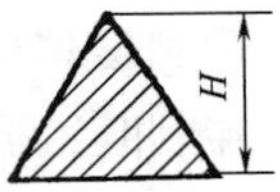
14	2.15	18	1.25	23	0.90	34	0.63	42	0.43	
15	1.85	19	1.10	25	0.85	36	0.58	43	0.38	
16	1.60	20	1.00	30	0.73	38	0.53	46	0.33	

除了三角形针叶以外，针叶的截面形状有圆形、三叶形、正方形、菱形（图5-41）、十字星形（图5-42）、水滴形等。

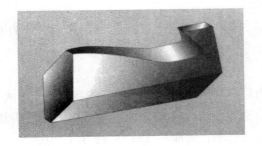

图5-41　菱形刺针

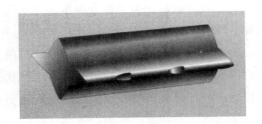

图5-42　十字星形刺针

水滴形刺针（图5-43）只有一个棱边，其针叶截面好似一个水滴形的造型。这种刺针在穿刺纤维网时，圆形棱边可将纤维或纱线推向一侧而不受损伤。与其他截面的单棱边刺针比较，水滴形刺针更能有效地保护被针刺的纤维材料。水滴形刺针一般选择较细的针号（36～38号），可用来加工高精度过滤材料等产品。

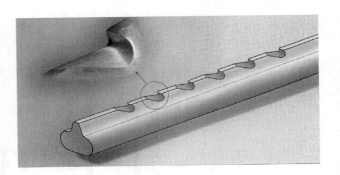

图5-43　水滴形刺针

针尖的作用是针刺时顺利刺入并穿透纤网。针尖形状可以有多种变化，如图5-44，根据不同纤网应用不同针尖形状。如预刺

PP磨光　　RSP圆角　　LBP小球形　BP球形　　HBP大球形　SNP剪截
针尖　　　　针尖　　　　针尖　　　　针尖　　　　针尖　　　　针尖

图5-44　针尖形状

用针，因纤网疏松易刺，可用 PP 磨光针尖或 BP 球形针尖，主刺针，修面针因纤网密度较大，可采用小球头针尖，易于穿透纤网。在加工有底布或有纱线层的产品时，一般用球形针尖，而不用尖锐形针尖，以减少对纱线的损伤。

钩刺是刺针钩带纤维的主要部位，针叶在纤网上下穿刺时，通过钩刺使纤网中的纤维互相缠结和抱合。钩刺的结构如图 5 - 45 所示。钩刺的结构变化多样，一般有齿深 l（钩口深度）、齿突 h（翘起高度）、下切角度 α 和齿槽等参数。

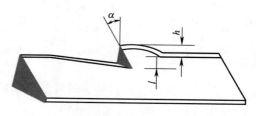

图 5 - 45　钩刺结构

钩刺的形状直接反映带纤维量的多少，与纤维的损伤程度和产品外观效应密切相关。一般下切角度越大，刺突越高，带纤维量越多，针刺效率越高，同时针刺时的针刺力也越大，刺针的磨损和纤维的损伤也越严重，织物孔痕越大。

钩刺的加工分为两种：冲齿钩刺和模压钩刺。

冲齿钩刺刺入纤网时时带纤维多，但其钩刺边缘锋利而粗糙，易损伤纤维，产品孔痕大；而模压钩刺是优良齿型，该钩刺边缘圆滑呈弧形，能减少纤维损伤，无齿突或低齿突，齿槽大，呈弧状，对纤维损伤小，带动纤维均匀；产品孔痕小；表面平整度佳，针体较耐磨损。

钩刺的距离也各有不同，一般分为标准型（R）、中密型（M）、加密型（C）和高密型（F），如图 5 - 46 所示。

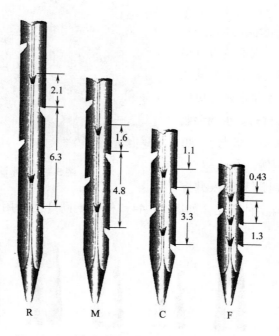

图 5 - 46　钩刺排列间距

图 5 - 47 为普通三角形刺针弯头的偏转方向和角度，刺针弯头嵌在针板背面的凹槽内。弯头的方向和角度不同，棱边钩刺的方向和位置也不同。

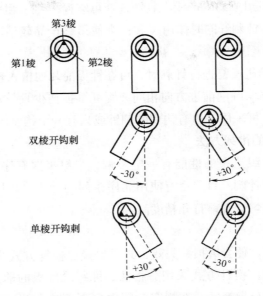

图 5 – 47　三角形刺针的弯头偏转方向和角度

　　花色针刺工艺对叉形针的针槽方向有规定，因此，刺针的针柄弯头方向有一定的要求（图 5 – 48）。铺设基布的针刺工艺为减轻基布的损伤，也有类似的要求。

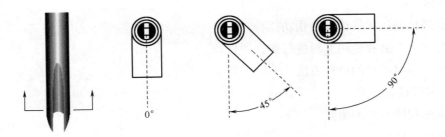

图 5 – 48　叉形针针槽的弯头偏转方向和角度

三、刺针的选用和调换

　　刺针选用是否适当，直接关系到产品的质量和刺针的使用寿命。

（一）选择方法

　　（1）针号表示刺针的粗细，即针叶截面的大小。可以根据加工纤维的粗细和刚度来选择针号，一般加工较细纤维如细毛、细合成纤维时使用 25 ~ 42 号针，加工粗纤维时使用 16 ~ 25 号针。麻纤维因纤维的刚度较大，用较粗的 12 ~ 25 号针。加工棉纤维、黏胶纤维时一般在 30 ~ 42 号范围内选择。

　　（2）R 型针适应于大部分产品的预刺和部分产品的主刺；M 型针适应加工厚度稍低或纤维长短不一的产品；C 型针用作精轧，适用于较薄型的产品；F 型针则适合较细的纤维和薄型但强度要求较高的产品，如纺丝成网法非织造布。

（3）对于数台针刺机组成的生产线，刺针选择可掌握"细—粗—细"的原则，即预针刺可选择较细的刺针，初步针刺纤网时作用缓和；为使最终产品较洁净无条痕，最后一台选择较细的刺针。

（4）使用同一台针刺机反复进行针刺时，可在针板前几列植入较细的刺针。

（5）刺针的钩刺方向与纤网前进方向相同，则纤维损伤少且外观质量好，如生产合成革基布时为提高外观质量，可采用一边有钩刺的刺针或只有一个钩刺的刺针。

（二）刺针在针板上的排列方法

刺针的排列方法对非织造布的性能有一定影响，一般采取有序排列，如人字形排列等，但这种排列容易产生重复针刺。目前也有使用无序排列的针板，采用电子计算机控制及数控机床打孔的方法使布针均匀合理，打孔精度高。

（三）换针方式

刺针使用一定时间后，便会磨损、失效，必须更换。换针方式是否合理，对产品外观质量和均匀性都有重要影响。换针方式采用分批法，即每块针板的前排至后排分成几个区域。例如分 3 个区域，按区域分批换针，在规定时间内先更换整个针板全部刺针的 1/3，再过一段时间更换 1/3，依此类推，以减少大批量更换新针所引起产品质量的突然改变。

技能训练

一、目标

1. 观察刺针的形状结构和使用功能特点。
2. 根据加工产品和使用原料进行刺针的选择。
3. 观察、学习刺针的更换方法。

二、器材或设备

1. 三角形刺针和叉型刺针。
2. 针刺机、针板。

任务三　针刺机工艺参数的设计与调整

知识准备

一、针刺主要工艺参数

（一）针刺深度

针刺深度是指刺针针尖向下（或向上）通过托网板上表面的距离，即刺针穿过纤维网后伸出网外的长度，如图 5－49 所示。当刺针规格一定时，针刺深度大，刺动纤维多，纤维之间的缠结充分，产品的强力提高。但针刺深度须适当，过深的针刺，会使纤维断裂增多，同时引起针刺力的增加，甚至造成断针。过浅的针刺，也会造成缠结不良，影响产品强力。在确定针刺深度时，应掌握如下原则：

（1）加工粗、长纤维组成的纤网时，针刺深度可深些，反之则浅些。

（2）加工单纤强度较高的纤维时，针刺深度可深些，反之则浅些。

（3）加工平方米克重较大的纤网时，针刺深度可深些，反之则浅些。

（4）加工较蓬松的纤网时，针刺深度可深些，反之则浅些。

（5）对于要求硬实的产品刺得深一些，反之则浅些。

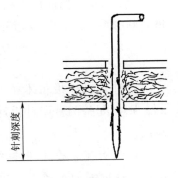

图 5-49　针刺深度

（6）对于针刺密度要求较高的产品，开始时刺得深些，最后刺得浅些。

（7）预针刺比主针刺深度大些。

（8）如果连续几道针刺机，则前几道针刺深度比后几道大些。

针刺深度一般在 3~17mm 内调节。在一定范围内增加针刺深度，可有更多的纤维参与缠结，因为刺入纤维网的钩刺数增加了。这说明针刺深度还与钩刺的排列密度有关。不同型号、规格的刺针，即使相同的针刺深度，其刺入纤网的钩刺数也不同（表5-2）。

表5-2　针刺深度与刺入纤网内的钩刺数

针刺深度（mm）	刺入纤网内的钩刺数			
	标准型（R）	中等型（M）	加密型（C）	高密型（F）
7	1	1	1	1
9	2	2	3	7
11	3	3	5	9
13	4	5	7	9
15	5	6	8	9
17	6	8	9	9

针刺深度可通过托网板和剥网板的升降来进行调节。

（二）针刺密度

针刺密度是指单位面积纤网内所受到的针刺数，它是针刺工艺的重要参数。设针刺机的针刺频率为 n（次/min），纤网输出速度为 v（m/min），植针密度为 N（枚/m），则针刺密度 D_n（刺/cm²）为：

$$D_n = \frac{N \cdot n}{v} \times 10^{-4}$$

例1：某针刺机针刺频率 1000 次/min，针板每米长度植有 4000 枚针，若需要针刺密度 160 刺/cm²，则纤维网输出的速度应为多少？

$$v = \frac{N \cdot n}{D_n} \times 10^{-4} = \frac{4000 \times 1000}{160} \times 10^{-4} = 2.5（m/min）$$

例2：生产仿麂皮产品，针刺频率1200次/min，纤网的输出速度1.2m/min，要求针刺密度4000刺/cm²，求针板每米植针数多少？

$$N = \frac{D_n \cdot v}{n} \times 10^4 = \frac{4000 \times 1.2}{1200} \times 10^4 = 40000（枚/m）$$

以针刺机针板每米植针4000枚计算，4000×10=40000（枚/m），需经10块针板针刺，则可配备两台四针板针刺机和一台二针板针刺机串联起来，亦可采用重复针刺的办法解决。

针刺密度是随针刺频率与植针密度的提高而增大，随纤维输出速度增加而减小。通常植针密度是不变的，通过调节针刺频率和纤维输出速度来调节针刺密度。在一定范围内针刺密度提高，有利于纤网中纤维互相缠结，使产品密实，强力提高。针刺密度越大，产品越坚实硬挺；但针刺密度过大，刺针刺进纤网时，钩刺带动纤维阻力增大，针刺力剧增，易损伤纤维或造成断针，使产品强力反而下降（图5-50）。因此，必须选择一个最佳工艺针刺密度。

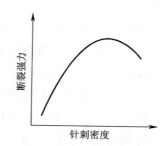

图5-50 针刺密度与产品断裂强力的关系

在生产过程中，应根据不同的原料、不同的产品要求、不同刺针型号，通过试验得出最佳工艺针刺密度。如生产针刺地毯，其针刺密度一般在130~240刺/cm²。如果提高针刺密度，强力随之提高，且随着针刺密度提高，手感粗硬，地毯所应具备的弹性和丰满感大大减少，因此，密度不能太高。又如加工针刺土工织物，其针刺密度取250~360刺/cm²，而合成革基布针刺密度为650~1200刺/cm²，使纤维充分缠结，满足较高的强力要求。

预刺后再主刺的产品，预刺密度必须适度，既不能使密度过大，造成牵伸困难，又不能使密度过小，造成纤网意外牵伸。

一般对较轻的产品，针刺密度可选择稍大些，反之，则小些。

（三）针刺频率

针刺频率是每分钟针刺的次数，它反映了针刺机的技术综合水平，针刺频率越高，说明技术水平越高。目前，针刺机针刺频率一般在800~1200次/min，最高可达3500次/min，一般可根据产品的要求与产量及投资与产出比等因素来选择针刺频率。如玻璃纤维可选用针刺频率较低的，而与纺丝成网机配套的针刺机，要达到配套的产量，必须用针刺频率较高的针刺机。

（四）植针密度

植针密度是指1m长针板上的植针数。植针密度越高，针刺效率也越高，但高密度的植针对针板用材及剥网板，托网板上的孔径小、要求高。一般预针刺机的针板植针密度较低，在1000~4000枚/m，主针刺机在3000~7000枚/m，修面针刺密度大于7000枚/m。主刺机植针密度的较高配置已达20000枚/m。植针密度还与所用原料有关，一般纤维越粗，植针密度越少，对于针刺生产线，则要求植针密度从原料进口到出口逐渐加密。

（五）步进量

针刺步进量（mm/次）是指针刺机每进行一个针刺循环，纤网前进的距离。

$$步进量 = \frac{v \times 1000}{n}$$

式中：v——纤网输出速度，m/min；

　　　n——针刺频率，次/min。

一般短纤维非织造布的步进量为 3~6mm/次。

当针板的植针方式确定后，针孔的行距就不能接近步进量或步进量的整数倍，否则产品就会出现横条针痕。

一定植针密度的针刺机，针刺密度是靠调节针刺频率或输出速度控制的，而这两者的调整都涉及步进量，对产品质量有很大影响。

生产中为保证加工针刺密度一致的产品，而又要提高纤网输出速度 v 即增大产量时，必须以提高针刺频率加以弥补，这就改变了步进量。

步进量是我们研究和评判植针可用性的重要依据和参数。假设纤网在针刺时无牵伸，采用计算机来模拟针刺机的工作，可得到不同植针方式、植针密度、纤网步进量的针迹图。

在确定了针板植针形式后，就可显现在不同步进量下的布面效果。从图 5-51 中可以看出，人字形植针的效果图中针迹明显，会影响布面的光洁性和平整度。而后两种植针采用杂乱，效果就好多了。

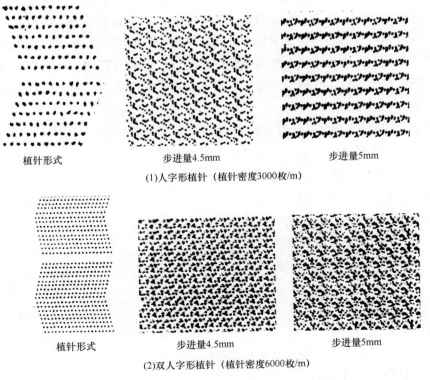

植针形式　　　　步进量4.5mm　　　　步进量5mm

(1)人字形植针（植针密度3000枚/m）

植针形式　　　　步进量4.5mm　　　　步进量5mm

(2)双人字形植针（植针密度6000枚/m）

图 5-51

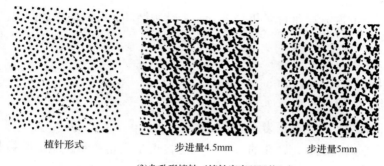

| 植针形式 | 步进量4.5mm | 步进量5mm |

(3)杂乱形植针（植针密度6000枚/m）

图5－51　三种不同植针的电脑模拟针迹效果

理论上和实践证明，任何合理的植针都有理想的步进量。生产中可依据布面效果来确定走布速度，确定最佳步进量。

二、针刺力

针刺力是针刺过程中刺针穿刺纤网时所受到的阻力，是钩刺握持一部分纤维移动时，被握持的纤维与周围仍留在纤维网内的纤维接触、摩擦而产生的一种动态变化的力。它的变化过程可间接反映出针刺过程中，刺针对纤维的转移效果和损伤程度。通过针刺力的测试，可进一步研究针刺的频率、针刺深度及针刺密度等工艺参数的合理性。可通过在针刺机上安装测力传感器来测出刺针的针刺力动态曲线（图5－52）。当刺针开始刺入纤网时，纤网尚不紧密，针刺力增加得缓慢。当刺针逐渐深入，进入纤网的钩刺数也逐渐增加，钩刺握持纤维穿刺纤网时受到摩擦阻力增大，加上纤网结构逐渐变紧，针刺力剧增，达到最大值。当针头和钩刺逐步穿透纤网底部后，纤网对刺针的阻力减小，针刺力以波动的形式逐渐下降。

影响针刺力的因素如下。

（1）纤维长度、线密度、摩擦系数。当加工长而细的纤维时，针刺力增大；当纤维摩擦系数较大时，针刺力亦较大。

（2）当纤网密度较大时，针刺力增大。

（3）当纤网定量较大或纤网中有基布时，针刺力增大。

（4）针刺力一般随针刺频率的提高而增大。

（5）针刺力随针刺深度的增加而增大。

（6）针刺力随针刺密度的增加而增大。

技能训练

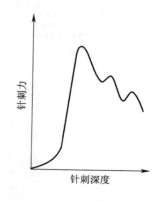

图5－52　针刺力

一、目标

1. 设计、选择针刺机的针刺深度和针刺密度。

2. 根据设计的工艺计算相关工艺参数。

3. 设计针刺地毯或土工布的工艺参数。

二、器材或设备

针刺机。

思考题

1. 试述针刺加固纤网的原理。
2. 预针刺机的送网机构有哪些主要形式？有何特点？
3. 试述针刺机构的技术要求。
4. 花纹针刺机是如何实现花纹针刺的？
5. 选用刺针的原则是什么？
6. 什么是针刺密度和针刺深度，对产品质量有何影响？

项目六　水刺法生产工艺技术

✱学习目标

1. 掌握水刺固结原理和水刺产品的特点。
2. 熟悉水刺机的机构和工作原理。
3. 学习水刺机主要工艺参数设计与调整。

任务一　水刺固结原理与水刺产品特点

知识准备

水刺固结法又称射流喷网法，是一种新型的非织造布加工技术。水刺法在非织造布纤网固结方法中起步较晚但发展迅速，于 20 世纪 70 年代中期由杜邦（Dupont）公司和契科比（Chicopee）公司开发成功，1985 年实现了工业化生产。尽管水刺法发展较晚，但已成为增长速度最快的工艺方法之一，水刺非织造布工艺是通过高压水流对纤网进行连续喷射，在水力作用下使纤网中纤维运动、位移而重新排列和相互缠结，使纤网得以加固而获得一定的力学性能。水刺法产品吸湿性和透气性好，手感柔软，强度较高，悬垂性好，不掉毛，且无黏合剂，不污染环境，故又被称为"绿色产品"。

一、水刺固结原理

（一）工艺原理

水刺法固结纤网的原理与干法工艺中针刺法较为相似，是依靠水力喷射器（水刺头）喷出的极细高压水流（又称水针）来穿刺纤网，使短纤维或长丝缠结而固结纤网。

水刺法非织造布的工艺过程为：

纤维成网→纤网预湿→水刺→烘燥→卷绕

↑　　　↑

水处理循环

用于水刺法加工的纤网可以是干法成网，也可以是湿法成网，还可以使用纺丝成网的长丝网和熔喷法成网的超细纤维网。纤网在进入水刺区前须进行预加湿处理，预湿的目的在于纤网在水刺过程中能更充分利用水力喷射的能量。

图 6 - 1 为水刺工艺原理图。经过预湿的纤网进入水刺区后，由水刺头喷水板小孔喷射出

多股极细的高压集束水流，垂直射向纤网，使纤网中一部分表层纤维发生位移，垂直向网底运动。当水针穿透纤网后，受到输送网帘对高压水流的反弹，以不同方向散射到纤网的反面。

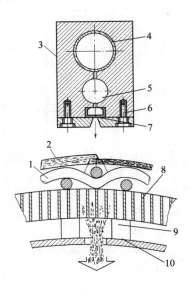

图 6-1 水刺工艺原理图
1—输网帘 2—纤网 3—水刺头 4—动态水腔 5—均流腔
6—密封腔 7—喷水板 8—滚筒 9—密封装置 10—真空吸水箱

纤网在水刺冲击力和反射作用力的双重作用下，纤维间发生移动、穿插、缠结、抱合，形成无数个柔软的缠结点，从而使纤网得到固结。水刺后的余水在真空吸水箱的负压作用下，从滚筒上的孔隙进入滚筒内腔，然后被抽至水处理系统。纤网经过正面、反面多次水刺后，就形成了具有一定强度的湿态非织造布，再经烘燥装置烘干后，就制成了水刺法非织造布。

（二）水针射流分析

高速流体从喷水孔射出属自由射流现象，其流动状态一般为紊流。水针射流介质是水，空间介质是大气，根据流体力学，称为非淹没性自由紊流射流。

图 6-2 为水针射流的结构。水针射流由喷水孔喷出后，由于紊流射流的横向脉动和空气对流束的摩擦阻力，从集束的射流逐步转变为分散的水滴。从孔口喷出的水流束，在距喷口很短的距离内，流束表面分子的内聚力尚可平衡流束的横向脉动，因此流束只是表面呈波浪状。随着流束高速运动，其边界层与空气摩擦阻力逐渐加大，形成旋涡。其表面张力已不能与摩擦阻力相平衡，流束表面开始出现断裂、破碎，并掺入空气，流束就成了水片，并由大水片变成小水片，小水片变为水滴。这种变化由流束的外边界向流束轴心进行，使核心区逐渐缩小，到了某一截面，只有轴心处的一点速度仍保持原出口（喷口）速度，此处至过渡截面的距离 S 称为起始段长度，起始段射流由轴心附近圆锥形的等速核心区和包围的掺气区组成。出过渡截面后，流束的水片继续破碎成由大到小的水滴。射流由 AB 至 CD 截面的这一段称为主体段 L，在这里，流束的整体连续性虽然被破坏，但仍具有比较紧密的圆锥形掺气区，

掺气区以外包围着分散的水滴区。出 CD 截面后，流束完全由水滴组成。

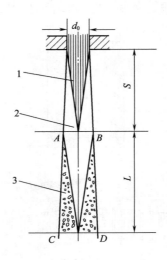

图 6-2　水针射流的结构
1—核心区　2—掺气区　3—水滴区

水刺法利用水针射流能量集中的起始段和主体段，把喷水孔至托网帘的水刺工艺距离设在上述起始段和主体段范围内。起始段和主体段的长度由水针射流的压力、喷水孔的孔径和结构等因素决定，可由工程流体力学实验来确定。一般起始段和主体段长度越大，水流的集束性越好，有利于水针能量充分作用于纤网。

（三）水刺固结特点

1. 水刺的优点

（1）水针属柔性缠结，不影响纤维原有特性，不损伤纤维。

（2）产品手感柔软，强度较高，透气性、悬垂性、吸湿性好，且具有低起毛性。

（3）水刺布外观比其他非织造布更接近传统纺织品。

（4）水刺过程一般不使用黏合剂，产品具有良好的卫生性。

2. 水刺缺点

（1）生产流程较长，占地面积大。

（2）设备复杂，水质要求高。

（3）能耗大。

每吨耗电量为：水刺 2000~2500kW·h，针刺 300~350kW·h。

（四）水刺产品的应用

（1）医疗卫生用品，产品一般具有网孔，如纱布、绷带等（图 6-3）。

（2）家用和工业用擦布。如擦拭手机、相机、眼镜等（图 6-4）。不掉毛、不起球、不损伤清洁物表面。

（3）服装及衬布。

（4）合成革基布和过滤材料。

（5）服装用和传统织物的修饰，如水刺修饰整理后织物表面孔隙变小、手感更加柔软（图6-5）。

分裂型纤维铺网后，经水刺处理易分离成单纤维状态（图6-6）。

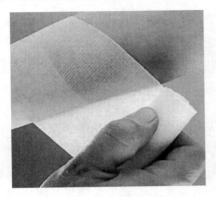

图6-3　水刺医用绷带　　　　　　　　图6-4　擦布

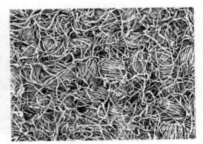

(1)整理前　　　　　　　　　　(2)整理后

图6-5　水刺修饰整理机织物

图6-6　分裂型纤维水刺后分离情况

技能训练

一、目标

分析水刺法非织造布的结构特点。

二、材料

水刺法非织造布。

任务二 水刺机的机构与工艺原理

知识准备

水刺系统主要由预湿器、水刺头、输送网帘、脱水装置、烘燥装置及水处理系统等组成。

一、预湿器

经成网后的纤网在进入水刺区前须进行预加湿处理，由一个预湿器完成。预湿器由预湿水刺头和脱水箱等组成。预湿的目的：压实蓬松的纤网，排除纤网中的空气，使得纤网将能更有效地吸收水针能量，加强水刺过程中纤维的缠结效果。纤网的预湿工艺应根据不同纤维的表面张力和润湿效果来确定，关键是要选择合适的预湿水刺头的流量、水压强和抽吸真空度等参数。纤网的面密度、纤维吸湿性、纤维截面形状和纺丝油剂等影响预湿效果，在预湿时必须加以考虑。预湿工艺水压强，一般在 0.5~6.0MPa 之间。

图 6-7（1）所示是一种带孔转鼓与输网帘夹持式预湿装置，机械构造简单。在输送纤网进入预湿区过程中，预湿水刺头产生的水针射流通过带孔转鼓使纤网被迅速而充分的润湿。图 6-7（2）和图 6-8 是双网夹持式预湿装置，该装置特点是可减少纤网在预湿过程中产生

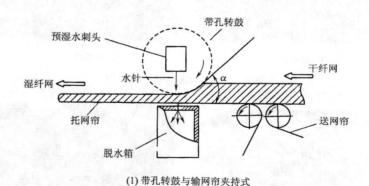

(1) 带孔转鼓与输网帘夹持式

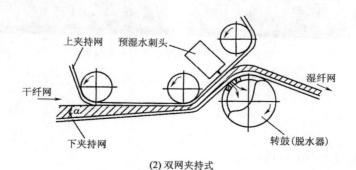

(2) 双网夹持式

图 6-7 水刺预湿装置示意图

意外的位移，有效地压缩蓬松纤网输入预湿区。双网夹持式预湿装置与带孔转鼓与输网帘夹持式预湿装置适合不同面密度的纤网层。当喂入纤网层密度增加时，带孔转鼓与输网帘夹持角 α 增大，纤网层与带孔转鼓接触弧长增大，当接触弧长过大时，造成无法有效对纤网层握持，形成对纤网表面纤维摩擦打滑，破坏纤网的表面结构。所以对于高面密度纤网喂入宜采用双网夹持式预湿装置。

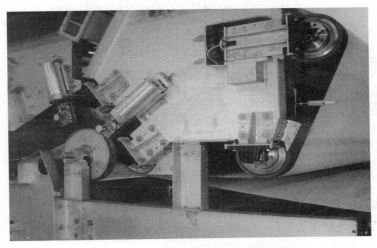

图 6 – 8　双网夹持式水刺预湿装置

二、水刺头

（一）水刺头的构造

水刺头是产生高压集束水流的主要部件之一，它由内部带有进水孔道的进水管腔和下部的喷水板及高压密封装置组成（图 6 – 9）。水刺头采用优质不锈钢材料制造，其结构如图 6 – 10 所示。高压水通过喷水腔体一侧的进水管导入上水腔即动态水腔，再从均流孔均匀进入下水腔。下水腔又称均流腔，即静态水腔，经均流后，使水刺头系统内水流更均匀分布，以保证水针射流质量的一致性。高压水通过喷水板上的小孔射向纤网，使纤网吸收水针能量，得到固结。

图 6 – 9　水刺头

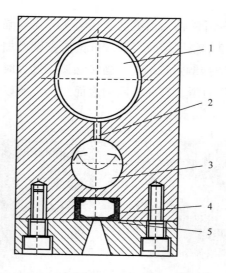

图 6 - 10　水刺头的结构

1—动态水腔　2—均流孔　3—均流腔　4—密封腔　5—喷水板

　　喷水板（水针板）是一块长方形薄片（图 6 - 11），厚度为 0.8 ~ 1.5mm，宽度为 20 ~ 30mm，多用优质不锈钢制成。其上开有单排或双排相隔间距很小的细孔，孔径一般为 0.08 ~ 0.15mm，如果需要改变水刺密度，则需要换此钢片。为防止钢片上的小孔被堵塞（图 6 - 12），在使用一段时间后，需抽出钢片做清洁处理。因此对钢片的要求是既要对腔体有良好的密闭性，又要抽换方便。

　　喷水板（水针板）的性能要求如下。

　　（1）几何尺寸正确，平直度好。

　　（2）喷水孔孔径一致，喷水孔出口应保持锋利的状态，无毛刺，孔与板面的垂直性好。

　　（3）良好的强度和韧性，耐磨性好。

　　（4）良好的耐腐蚀性。

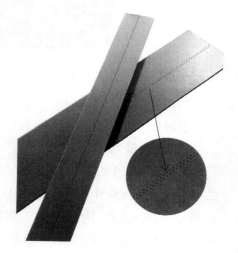

图 6 - 11　喷水板

(1) 正常小孔

(2) 被杂质堵塞的小孔截面

图 6 - 12　喷水板上的小孔

（二）水刺头的排列

一般在水刺时，纤网的正反面都需配置多个水刺头。水刺头的排列方式分为平网式排列、转鼓式（圆周式）排列和转鼓加平网式排列。

1. 平网式　平网式水刺头排列如图6-13所示，水刺头位于输网帘上，输网帘下方配置着各水刺头对应的脱水箱，经输网帘输送的纤网作平面运动，接受水刺头的水针喷射能量固结纤网。输网帘的织物组织结构可根据产品外观等要求进行设计或更换，平网式水刺机机构简单，便于维护，但占地面积大。

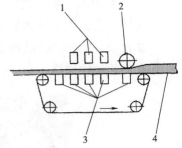

图6-13　平网式水刺头排列
1—水刺头　2—预湿装置
3—脱水箱　4—纤网

平网式水刺机在运行过程中要求输网帘有一定的张力，而且张力大小可调节。当输网帘被牵引运动时，存在一种朝横向移动的倾向。网帘编织松边、张力变化以及导辊不平行等都是致使输网帘走偏的原因，因此要用纠偏装置来保持网帘在横向居中运动。

2. 转鼓式　转鼓式水刺机中，水刺头沿着转鼓圆周排列，如图6-14所示。转鼓表面开有随机排列或有规律排列的微孔（图6-15），转鼓内胆对应每个水刺头装有各自固定的悬壁式真空脱水器。输送网帘金属套在真空脱水器的外面并随着转鼓而转，纤网在负压的作用下吸附在网帘上并附网帘一起运动，接受来自呈圆周排列的水刺头中的高压水针喷射能量。

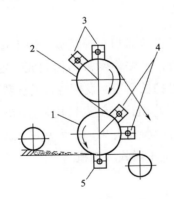

图6-14　转鼓式水刺头排列
1、2—转鼓　3、4—水刺头　5—预湿水刺头

图6-15　转鼓的蜂巢网孔结构

水刺头与转鼓如图6-16所示。

（1）转鼓式水刺机的优点。

①转鼓呈圆周运动，不存在跑偏现象，有利于高速生产。

②纤网呈圆弧状弯曲，形成圆弧外圈放松、体积密度较小，而圆弧内圈受压缩、体积密度较大的纤网结构，有利于水针在纤网中的穿透，致使纤维有效缠结。

③转鼓表面呈微孔结构，转鼓的金属材料参与水刺加固，起到水针的反弹作用。真空脱水箱的真空度也会对纤网缠结加固产生一定的影响。

④转鼓式水刺机可在较小空间位置内完成对非织造材料多次正反水刺，只要配置适当的

转鼓和水刺头即可。在相同水刺头数量情况下，平网式水刺机占地面积是转鼓水刺机的两倍多。

（2）转鼓式水刺机的缺点。

①转鼓更换比平网式更换输网帘困难，尤其是宽幅套鼓拔出时容易损坏。

②转鼓表面的微孔结构十分适合加固纤网，但不能像平网式输网帘那样，形成平纹、斜纹等类似的织物风格。

图 6-16　水刺头与转鼓

3. 转鼓加平网式　转鼓式水刺机具有水刺效果好、占地面积小等优势，但不适应花纹水刺，且更换转鼓比较困难；而平网式则更换输网帘方便，可按输网帘结构制成一定风格的产品。因此，在水刺工艺中，将转鼓式与平网式技术组合可扬长避短，发挥各自的优势。图6-17为转鼓加平网式水刺工艺流程，转鼓16为预湿和加固工艺用，水刺头和其对应的转鼓组成了多级转鼓式水刺加固，即对纤维网进行多次正反面水刺，水刺头9、10为平网式水刺，主要用来加工网孔非织造材料或表面修饰。图6-18为转鼓加平网式水刺机。

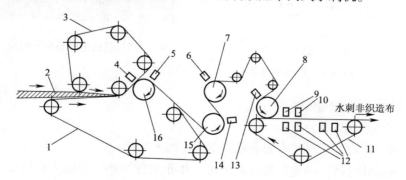

图 6-17　转鼓加平网式水刺工艺流程

1—F 夹持网　2—干纤网　3—上夹持网　4—预湿水刺头

5、6、9、10、13、14—水刺头　7、8、15、16—转鼓　11—输网帘　12—脱水箱

图 6 – 18　转鼓加平网式水刺机

三、输网帘

（一）输网帘的作用

输网帘是用高强聚酯或聚酰胺长丝按所要求的网孔规格编制的，也有采用不锈钢金属丝的，一般用织造方法制得。其作用如下。

（1）托持并输送纤网进入水刺区。

（2）水刺时，网帘对高压水针反射，参与纤网加固。

（3）能有效地滤水、排气。

（4）通过输网帘结构的目数和花纹变化，使成品形成一定的外观效应。

（二）输网帘的性能要求

（1）有足够的强度，能耐高压水流的冲击。并防止在纤网输送过程中产生变形。

（2）表面结构均匀，输网帘应该是"无接头网"。

（3）耐磨性和耐腐蚀性好，使用寿命长。

（三）输网帘结构

一般输网帘采用高强度聚合物材料编织定形处理而成（图 6 – 19）。而转鼓式水刺机的输网帘采用多层结构组成，外层为耐冲击金属镍微孔圆网或目数较大的金属丝编织网，内层为多层金属丝编织网，目数由外向里逐渐减小。

图 6 – 19　输网帘

采用一定组织规格的网帘，使产品形成与网帘相同的网格状结构。图6-20为网帘组织结构。输网帘的常用结构有平纹、斜纹、缎纹组织和微孔圆网结构。

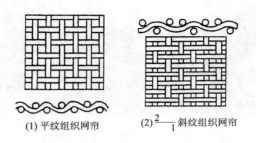

(1) 平纹组织网帘　(2) $2\frac{}{1}$斜纹组织网帘

图6-20　网帘组织结构

水刺提花工艺是在常规的水刺后，增加一道提花水刺装置，即用一个滚动式圆网（滚筒）。滚筒的材质为金属镍，滚筒表面的花纹图案采用照相雕刻制得。水刺头安装在滚筒内，高压水针通过滚筒上的花纹孔眼，把花纹复制在纤网上。图6-21为滚筒式花纹水刺组件。

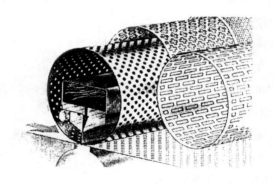

图6-21　滚筒式花纹水刺组件

四、脱水装置

脱水目的是及时除去纤网中的滞留水，以免影响下道水刺时的缠结效果。当纤网中滞留水量较多时，将引起水射流能量的分散，不利于纤维缠结。水刺工序结束后将纤网中水分降至最低，也有利于降低烘燥能耗。

真空脱水机理：靠纤网两面压力差挤压脱水及空气流穿过纤网层时将水带走。

平网水刺加固的每个水刺头采用独立的脱水箱，而转鼓水刺加固中，数个水刺头共用一个转鼓内胆进行脱水。脱水箱或转鼓内胆与气水分离器相连，内部真空度由与气水分离器相连的风机形成（图6-22）。

五、水处理系统

（一）水处理的目的

水刺非织造布生产的用水量很大，一般一条中等产量水刺生产线每小时需水量达200m³，为节约用水，需把其中约95%的水经处理后循环使用。由于生产用水的水源含有一些杂质，

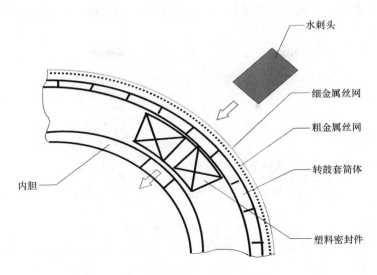

图 6 - 22 转鼓式水刺脱水箱

高压水针对针网冲击时会发生纤维脱落，尤其是棉纤维和木浆纤维。而水刺头钢片的孔径仅为 0.08 ~ 0.15mm，脱落的短纤杂质很容易将喷水小孔堵塞，影响生产的正常进行，因此水的循环过滤系统是水刺生产的一个重要部分。

（二）水刺生产用水的质量指标

水刺工艺用水必须保证一定的质量，对于达不到质量要求的水，应给予必要的水处理。同时，需考虑水处理的经济性。

水刺工艺用水标准：pH 为 6.5 ~ 7.5，水中固体含量小于等于 $5 \times 10^{-4}\%$，颗粒尺寸小于等于 $10\mu m$，氯化物含量小于等于 100mg/L，碳酸钙含量小于 40mg/L。如果水质硬度（以碳酸钙计）过高，应安装水软化装置，如有较大杂质，可在进水口安装 $5\mu m$ 精度的预过滤装置。

（三）水处理的过程

水处理系统主要是将水刺用过的水回收、过滤、增压，再循环使用。

水刺工艺中，水的循环量很大，因此充分回收和利用工艺水，可以减少新鲜水的补充量，减轻直接排放污染，降低生产成本，有重要的经济效益和社会效益。

由于水中的杂质和污染物不同，使用单一的处理方法和单元不可能把所有的污染物除尽，往往需要通过由几种方法和几个处理单元组成的处理系统处理后，才能达到水刺工艺的用水要求。

图 6 - 23 为一种水过滤系统的示意图，水刺后的水被吸至下方的水箱中，然后送至水气分离器。空气由真空泵抽出，回用水由循环泵 P_1 送至第一过滤器——滚筒式连续过滤器过滤。过滤后的水和补充的新鲜水一起进入水箱后，通过水泵 P_2 送至砂过滤器，再由水泵 P_3 送至袋式过滤器（图 6 - 24）过滤。然后由水泵 P_4 将水送至芯式过滤器，通过滤芯过滤。经上述四次过滤处理后的水已达到生产用水要求，被送入储水池，再由高压水泵抽送至各水刺头循环使用。由于所加工的原料不同，对水处理系统的要求也有所不同，既要保证水处理效

果，又要考虑经济成本，必须合理选用与配置水处理系统来达到水的净化质量。

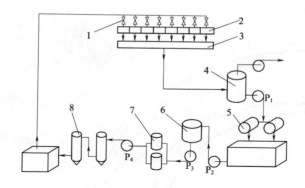

图 6-23　水过滤系统的示意图

1—高压泵　2—水刺头　3—集水器　4—水气分离器　5—滚筒式过滤器

6—砂过滤器　7—袋式过滤器　8—芯式过滤器　P_1、P_2、P_3、P_4—水泵

图 6-24　袋式过滤器

六、烘燥装置

经水刺加工处理后的纤网，含有大量水分。当纤网离开水刺系统时，先经过一个脱水装置，用脱水辊和抽吸装置把大部分水抽吸掉，然后输入烘燥装置。由于水刺后纤网含湿量极高，且水刺生产速度高，因此采用了热风穿透式烘燥装置。该装置的烘燥滚筒采用开孔率极高的蜂窝式结构，热风穿透面积大，极大地提高了烘燥效率。

图 6-25 所示为专用水刺生产的热风穿透式烘箱。与其他烘燥机相比，该装置将干、湿区分离，排湿性能好，干燥效率高。圆鼓直径为 1500~5400mm，开孔率达 92% 左右。水刺非织造纤网包覆在圆鼓上方的筛网上，热气流自外向里穿透。设计包覆角度为 270° 呈 Ω 形，极大地提高了烘燥效率。

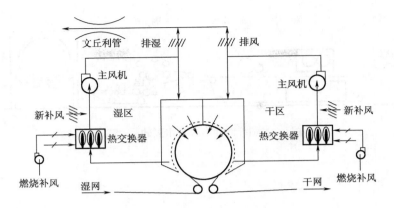

图6-25　热风穿透烘箱示意图

七、水刺生产线简介

目前工业化生产的水刺生产线种类较多，这里介绍两种。

（一）JETLACE2000型水刺生产线

该生产线由法国珀福杰特（Perfojet）公司与美国洪奈科姆（Honeycomb）公司合作研制，如图6-26所示。

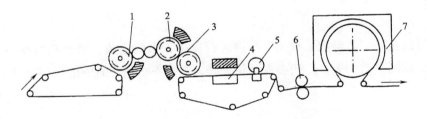

图6-26　JETLACE2000型水刺生产线

1、2、3—圆周式水刺头　4—平网式水刺区　5—提花水刺　6—轧液辊　7—滚筒式烘箱

该装置的圆周式第一水刺区和平网式第二水刺区构成较为完善的水刺系统。纤网进入第一水刺区，首先受到三个圆周式水刺头分别进行正反面水刺，使纤网内纤维充分缠结，然后进入第二水刺区着重进行改善外观的修饰水刺。经脱水装置后，湿纤网导入热风穿透式烘燥装置进行烘燥，然后卷绕成卷。

该生产线适用于纤网定量为20～400g/m²的水刺非织造布，工作宽度3.5m，水压40MPa，最高生产速度可达300m/min，并由计算机进行生产全自动控制。

（二）水刺纤网加木浆再水刺的复合工艺生产线

首先将梳理成网的涤纶纤网作为底层衬网，上面均匀地加上木浆纤维，再覆盖一层涤纶纤网，形成"三明治"结构材料，然后一起经过正面、反面的多道水刺给予固结，形成三层复合产品，如图6-27所示。

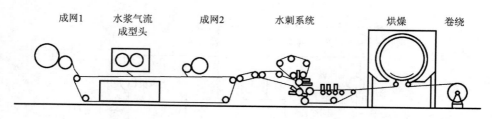

图6-27 水刺纤网加木浆再水刺的复合工艺流程

技能训练

一、目标

1. 观察水刺机的工艺流程和各机构的组成和运动。
2. 了解水处理系统。

二、器材或设备

水刺机。

任务三 水刺机主要工艺参数的选择

知识准备

水刺固结的主要工艺参数是水压、纤网运行速率、水刺道数、喷水孔的规格、水刺头到纤网的距离、输网帘结构等，这些参数互相关联，影响着水刺产品的结构和质量。

一、水压

水压是水刺法的重要工艺参数，在纤网运行速率和面密度、喷水板规格、水针作用距离不变的情况下，水的压力越高，产生的水刺能量就越大，单位纤维网吸收的能量就越多，纤维的冲带量和纤网缠结效果就越好。但水压的提高，带来能量消耗增大，产品成本增加。水压过高，会损伤纤维，造成产品强度降低。

生产工艺对水压的选择，一般根据纤网的单位定重。平方米克重越大，则压力就越高，反之，则越低。一般在水刺系统中，第一个水刺头采用较低的压力，以后逐个递增。这是因为最终进入水刺区的纤网较为蓬松，只需施加较小的能量，随着水刺作用的增加，纤网结构逐渐密实，水压也需逐渐加大。但到最后修面装饰时，压力要降低，以利于表面光洁，手感柔软。对于平方米克重较小的纤网（如低于 $30g/m^2$ ），需要采取较低的压力和较多的水刺头，以达到对薄型产品更好的水刺效果和张力控制。

二、纤网运行速率

纤网运行速率反映了水刺生产速度。要在增加产量的同时保持产品的强度，纤网就必须接受较大的水刺喷射能量，否则会影响产品的力学性能。实际上，水针对纤维的冲带量和纤网的缠结效果，都与纤网在水刺区滞留的时间有关，因为纤维重新排列组合产生相互交缠网络，整个过程需要相应的时间来完成。若速率提高过大，纤网滞留时间减少，纤维就得不到充分缠结。因此必须选择适当的纤网运行速率。

三、喷水孔的规格

1. 孔径　喷水孔的直径一般为 0.08 ~ 0.15mm，生产工艺一般依据纤网的单位克重来选定孔径的大小，纤网单位克重大，则选用较大的孔径，反之亦然。孔径的选择还应考虑产品的结构要求，表面光滑的产品应选用小孔径，而结构较蓬松的产品则选用大一些的孔径。在加工棉纤维和黏胶纤维时，水针孔径宜小些；加工合成纤维时，水针孔径则可大些。

2. 排列密度　水刺头下面钢片上的喷水孔的排列，分单排式和双排式，沿喷水板长度方向的密度为 16 ~ 24 孔/cm。一般针数越密，其孔径越小。当孔径较大时，排列密度降低，以保证水能量够用。

四、水刺头到纤网的距离

水刺头到纤网的距离越近，水针能量越集中，水射流的冲击力和集束性越好。如果水刺头到纤网的距离大，水针集束性变差，空气掺入后水流束表面破碎，水刺能量迅速下降。

五、输网帘结构

输网帘一般由织造而成，其组织结构和网目密度决定了产品的表面形状和纤维的集聚情况，还对产品的风格、强力和伸长带来一定影响，可根据产品的外观、强伸性等要求来选择。

技能训练

一、目标
根据产品要求设计、选择水刺机的工艺参数。
二、器材或设备
水刺机。

☞ 思考题

1. 试述水刺加固纤维网的原理。
2. 试述水刺头的结构和水刺头排列方式。
3. 分析水刺机输送网帘的结构与作用。
4. 水过滤的主要作用有哪些？
5. 水刺工艺参数有哪些？与产品质量有何联系？

项目七　缝编法生产工艺技术

✲学习目标

1. 掌握编缝固结原理。
2. 熟悉编缝机的机构和工作原理。
3. 了解三类编缝机的原理和机构。
4. 学会缝编机主要工艺参数设计与计算。
5. 学习缝编机的操作及调整。

任务一　缝编机的原理及机构

知识准备

缝编法是干法非织造布中的一种机械加固法，它是在经编技术基础上发展起来的一种快速编织技术。这种方法最早由德国的海因里希·毛毫尔斯柏格（Heinrich Mauersberger）博士发明，1954 年第一台缝编机问世并投入生产。

所谓缝编就是对某些加工材料（如纤网、纱线层等）用针进行穿刺，然后用针织中的经编线圈对被加工材料进行编织，形成一种稳定的线圈结构。可以认为缝编是由经编派生而来的，在工艺上多处与经编类同。就缝编技术的编织方式和采用的缝编纱线而言，将它视为传统纺织的生产方法更为合适，但它作为一种固结方法，用来固结纤网，可以认为它是一种非织造布的固结技术。

缝编生产工艺可以将占成品重量很大比例的纤维直接制成坯布，还可以将传统纺纱无法加工的劣质纤维原料或机织、针织难以加工的纱线制成非织造布。随着缝编技术的发展，现在还出现了复制缝编或修饰性缝编，它不以加固成布为目的，而是为了在底基材料上取得某种效应，例如在机织物、针织物、缝编法非织造布等底布上加入线圈结构，使其产生毛圈效应，制成毛圈底布型缝编法非织造布。甚至还可以用缝编方法来获得花色效应纱，这就大大地扩大了缝编产品的品种和应用范围。

一、经编基本知识

由于缝编是由经编派生而来的，在学习缝编之前必须了解经编的一些基础知识，有助于掌握缝编工艺技术。

（一）经编的概念

针织生产分为纬编和经编两大类，经编的产量高于纬编。经编生产就是将经向平行排列的一组或几组纱线喂入到针织机的工作针上同时进行成圈，并使相邻或相近的纱线所形成的线圈相互穿套而形成针织物的过程。图7-1所示为钩针经编机上编织经编织物时的情况。可以看出，经编织物的每一个横列中的线圈是由许多根纱线同时形成的，纱线先在左侧纵行生成一线圈，再在邻近的右侧纵行生成一线圈，这样一左一右地用一种曲折状态进行编织。任何一根经纱在每一个横列中只形成一个线圈，然后从一个纵行移到另一个纵行，在下一个横列中再形成线圈。因此，经编织物的每个线圈纵行是由几根纱线轮流形成的，各根纱线由线圈所形成的横向联合即成为经编织物。

（二）缝编机构

经编机采用的织针有四种类型：钩针、舌针、管针和槽针。缝编机所采用的织针除少量机型是管针外，绝大多数机型都是槽针。管针和槽针的形状结构如图7-2所示。管针因为针芯在其内部的往复抽取运动，易使尘屑进入内部，发生堵塞，而且针芯与管针壁的摩擦很大，在缺少润滑剂的条件下很易发热，实践证明坏针率较高。槽针是由管针发展而来，它去掉了管针的缺点，因此更利于高速。

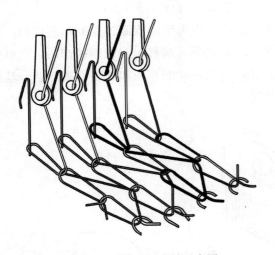

图7-1　经编织物编结示意图

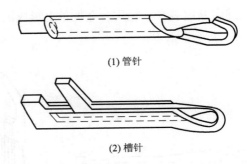

(1) 管针

(2) 槽针

图7-2　槽针和管针形状示意图

成圈机件由槽针、导纱针、沉降片和挡板组成。槽针又分为针杆和针芯两部分，针芯在针杆的槽内作相对滑动。槽针和其他的织针比较起来，制造简单，且有利高速。缝编机的槽针由于要穿刺纤网和底布，因此和一般经编机用槽针不同，针头形状呈尖形。

1. 槽针　槽针由针杆和针芯两部分组成。

槽针针杆由针头1、针杆2、针钩3、针胸4和针槽5组成，如图7-3所示。槽针针杆以单针形式直接插在针床的槽板上，也可以和针床铸为一体，如有损坏可单独调换。

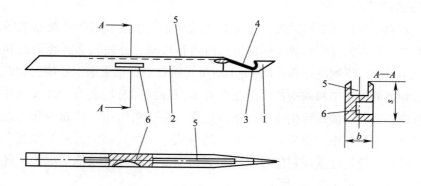

图7-3　槽针的基本结构

1—针头　2—针杆　3—针钩　4—针胸　5—针槽　6—铸针缺槽

b—槽针宽度　s—针杆高度

2. 导纱针　导纱针如图7-4示，它由薄钢片冲压而成。纱线穿在导纱针上，被导纱针带动，作前后摆动并作上移和下移运动，将纱线垫到槽针的针钩上。针头处有穿纱孔眼，较薄，便于带引纱线在针间摆过。数枚导纱针同铸于一块合金基座上，许多基座装在一轻质合金板条上形成梳栉。单梳栉组织只有一排导纱针，双梳栉组织有两排导纱针。

3. 沉降片　沉降片如图7-5所示，由薄钢板制成，用来保证成圈过程的顺利进行。片鼻和片喉一起握持旧线圈，使其不随针一起上升。片喉还具有推移牵拉线圈的作用，它可以握持和控制旧线圈，同时在新线圈形成时起牵拉作用。沉降片的片头和片尾均铸于合金基座上，许多基座装在一轻质合金板条上形成沉降片床。

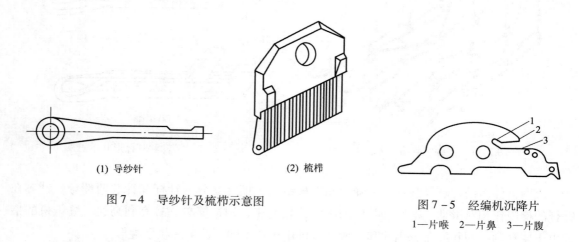

(1) 导纱针　　　　(2) 梳栉

图7-4　导纱针及梳栉示意图

图7-5　经编机沉降片

1—片喉　2—片鼻　3—片腹

（三）缝编组织及表示方法

经编组织有很多种，但应用于缝编生产主要是经编的基本组织，如单梳栉的编链组织、经平组织，双梳栉的经绒组织、经缎组织和衬纬组织等。

缝编组织常用垫纱运动图（即导纱针在针前、针后的横移）来表示，如图7-6所示。图中每个点表示一个针点，点的上方表示针钩的前面，点的下方表示针背的方向。横向点表示线圈的横列方向，用Ⅰ、Ⅱ、Ⅲ、…标记；纵向点表示线圈的纵列方向，用0、1、2、3、…标注于针隙间，按顺序记下编织各横列时导纱针在针前横移的情况，图中为0—1，0—1。由此可见，导纱针的垫纱方式不同，就形成不同的经编织物。

1. 编链组织　每根经纱总在同一根针上垫纱成圈而形成的组织称为编链组织，制成单独的、彼此并不相连的纵行。根据导纱针的垫纱运动不同，编链组织又分为闭口编链组织和开口编链组织。图7-6为闭口编链组织，组织记录为0—1，0—1；图7-7为开口编链组织，组织记录为0—1，1—0。

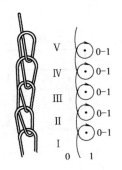 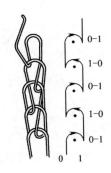

图7-6　闭口编链组织　　　　图7-7　开口编链组织

2. 经平组织　每根经纱轮流在相邻两根针上垫纱成圈而形成的组织称为经平组织。当相邻导纱针都穿纱时，则每个纵行的线圈由相邻的经纱轮流形成。经平组织分为闭口经平组织和开口经平组织，非织造布使用的都是闭口组织。图7-8为经平组织，组织记录为1—2，1—0。

3. 经绒组织　导纱针的垫纱方式与经平组织相同，但两针不相邻，中间隔一纵行，所得的组织为经绒组织，又称三针经平组织，组织记录为1—0，2—3。图7-9所示为经绒组织。

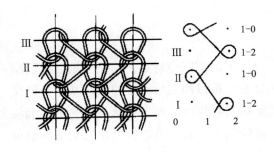 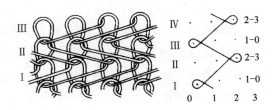

图7-8　经平组织　　　　　　　图7-9　经绒组织

4. 经缎组织　经缎组织的每根经纱总是在相邻的针上，起先向一个方向逐渐移动若干针距，而后向相反的方向移动相同数量的针距，组织记录为1—0，1—2，2—3，3—4，3—2，2—1。图7-10为经缎组织的组织记录图。

5. 衬纬组织　在经编针织物的全部或部分横列中的圈干和延展线之间周期性地衬入一根

或几根纱线的组织称为衬纬组织。衬纬组织常用图7-11表示，这种表示方法不能反映出地组织，而且也看不出导纱梳栉的实际运动路线，但是简单易画。图7-11表示的是两针衬纬。

在纱线层—毛圈型缝编法生产中，缝编纱编织编链组织对纬纱层进行加固形成底布；毛圈纱采取只在针背进行横移的垫纱方式，即分段衬纬，形成隆起的毛圈。

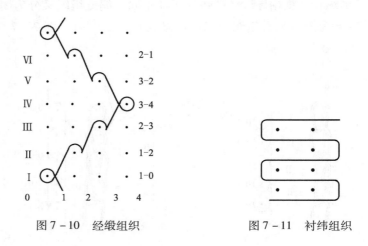

图7-10　经缎组织　　　　　　图7-11　衬纬组织

6. 单梳栉织物和双梳栉织物　只用一排导纱针织成的织物称为单梳栉织物，用两排导纱针织成的织物称双梳栉织物。

单梳栉缝编生产只采用编链组织和经平组织。其他组织用在双梳栉缝编中，可以在缝编法非织造布表面获得特殊花纹。一般为了获得稳定的织物结构，常用编链组织和经平组织结合或编链组织与衬纬组织结合。这类组织经印花、起绒等后整理加工，可做服装面料和装饰织物。

缝编法常利用经平线圈的延展线形成毛圈或利用衬纬组织形成毛圈。

二、缝编工艺的特点和类型

（一）缝编工艺的特点

缝编法具有工艺流程短、产量高、能耗低、原料适用范围广等特点。由于采用纱线固结纤网，因此可以加工如玻璃纤维、石棉纤维等用黏合方法难以加工的纤维原料。从产品的风格上讲，缝编产品的外观和特性非常接近传统的机织物和针织物，而不像其他工艺生产的非织造布那样呈网状结构，而且其强度也较高。从产品的用途上看，由于缝编法非织造布的外观和特性，使它比其他非织造布更适合用来制作服装材料和家用装饰材料，如衬衫、裙子、外衣、长毛绒、床单、窗帘、台布、贴墙布、毛毯、棉毯、浴巾、毛巾、椅套及毛圈地毯等，也可用来做人造革底布、土工布、传送带基布、过滤材料、绝缘材料等产业用途产品。

（二）工艺类型

缝编法根据固结的对象不同，可以分为纤网型、纱线层型以及毛圈型三大类，其相应有代表性的缝编工艺是马利瓦特（Maliwatt）、马利莫（Malimo）和马利颇尔（Malipol）。用于非织造布固结的主要是马利瓦特工艺，属于这种类型的工艺还有捷克的阿拉赫涅（Arachhe）、阿拉贝伐（Arabeva）、德国的马利伏里斯（Malivlies）等。

三、缝编过程

缝编过程就是利用外加纱线或化学纤维长丝对纤网、纱线层及非纺织材料进行穿刺（无纱线缝编是织针从纤网中钩取纤维束进行编织），在织物的一面形成线圈，另一面形成延展线，利用线圈和延展线将纤网、纱线层、非纺织材料夹在中间，形成一种加固后的稳定结构，如图 7-12 所示。其中图 7-12（1）为加固纤维网的线圈所在的一面，图 7-12（2）为加固纤维网的延展线所在的一面。

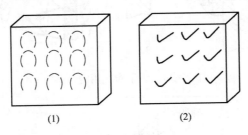

(1)　　　　　　　(2)

图 7-12　缝编加固示意图

现以德国马利莫系列缝编机为例，讲述纱线层型缝编过程。

1. 缝编机件名称及其相互配置　缝编机成圈机件的相互配置如图 7-13 所示。针杆 1 的水平往复运动以及它和针芯 2 的配合，可用来穿刺纱线层和钩取缝编纱以形成新线圈。缝编纱穿在导纱针 3 的针孔里，导纱针将缝编纱往槽针的针钩上套，即进行垫纱。缝编区除了槽针和导纱针外，还有脱圈沉降片 4 和右下方的挡板 5。

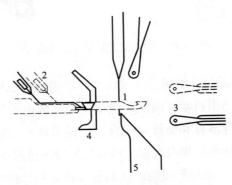

图 7-13　缝编机成圈机件的相互配置

脱圈沉降片和下挡板都是固定不动的；槽针的针杆和针芯作前后水平运动。导纱针不停地摆动和横动，将缝编纱喂入。由于缝编机件的相互配合作用，使缝编纱形成经编线圈，将纱线层进行机械加固，形成缝编布。

值得提出的是，如果织平布，使用退圈针（即挡板针），如图 7-14 所示；但织毛圈产品，退圈针应改为毛圈沉降片，如图 7-15 所示。

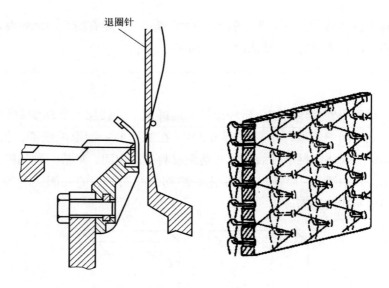

图7-14 织平布使用的退圈针

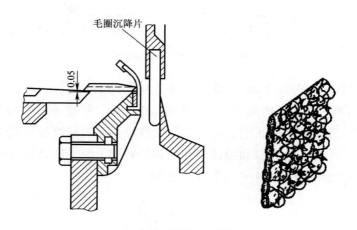

图7-15 织毛圈产品使用的沉降片

2. 缝编过程 这种被加固的纱线层可以仅由纬纱层组成，也可以由经纬纱层组成。纬纱由安装在缝编机上方的铺纬器沿机幅横向往复铺放，经纱则由安装在缝编机机后的经轴或纱架上引出。缝编过程是由于导纱针和槽针的配合，使得槽针上旧线圈被新线圈所代替，反复进行，不断形成新线圈，使纱线层得以加固。纱线层型缝编过程如图7-16所示。

图7-16（1）表示在上一循环形成的旧线圈挂在槽针的针钩中，此时槽针的针杆1和针芯2同时向前移动。但针杆运动较快，已穿过纬纱层4；针芯的运动滞后于槽针。

在图7-16（2）中，挂在槽针针钩中的旧线圈被纱线层挡住，纱线层又被下挡板的挡板针挡住，因此旧线圈5便从针钩移至针杆，实现退圈。当槽针伸到最外位置时，针芯2的头端完全没入针槽中，针口开启，导纱针3在针前横移与向下摆动的复合运动中将缝编纱垫入针钩，此时针杆开始后退，针芯仍向前运动。

在图7-16（3）中槽针后退，针芯也后退，但针芯后退的速度比槽针慢。当针钩带住新垫上的纱线将要从纱线层中退出时，针芯已封闭含有纱线的槽针针口，使槽针的针钩从纱线层中退出时不带纱线。当槽针退到最后位置时，旧线圈由于沉降片的阻挡从槽针针杆的上部滑向针尖，导纱针新垫入槽针针钩的纱线从旧线圈中穿过并使旧线圈从针尖上落下，将旧线圈脱落在纱线层的另一侧。当旧线圈从针尖上落下后，新垫的纱线就成为新线圈6，这也是下一循环的旧线圈。这时导纱针已摆向右方并向上移动了一段距离，针芯仍在继续后退。在脱圈沉降片的帮助下，纬纱层便被夹在线圈的主干与延展线之间，再经牵拉、卷取便形成缝编法非织造布。到此为止，完成了一个循环的缝编过程。

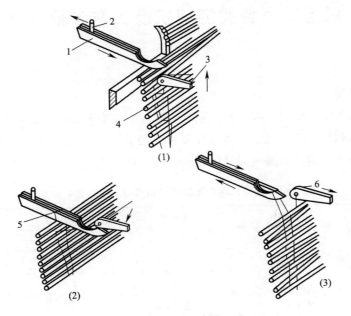

图7-16 纱线层型缝编过程

1—槽针针杆 2—针芯 3—导纱针 4—纬纱层 5—旧线圈 6—新线圈

如果纱线层是由经纱与纬纱两种纱线组成，则经纱被夹在线圈延展线与纬纱之间。如图7-17所示为纱线层型缝编法非织造布的结构。

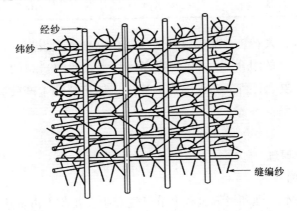

图7-17 纱线层型缝编法非织造布的结构

技能训练

一、目标

用编链组织手工模拟缝编机生产原理。

二、器材或设备

钩针、纱线层或纤维网、外加缝编纱。

任务二　各类缝编机及工艺参数设计

知识准备

一、缝编机的基本情况

目前世界上使用的缝编机主要有三大系列，即马利莫系列、阿拉赫涅系列以及符帕系列。其中又以马利莫系列使用最广泛，占世界缝编机总数的一半以上。我国引进的缝编机主要是马利莫系列。国外几种主要缝编机以及使用织针类型见表7-1。

表7-1　国外几种主要缝编机机型以及使用织针类型

基本类型	工艺分类	典型机型	制造国家	使用针型
纤网型	纤网—缝编纱	马利瓦特	德国	槽针
		阿拉赫涅	捷克	管针
		符帕	前苏联	槽针
	纤网（无纱线）	马利伏里斯	德国	槽针
纱线型	纱线层—缝编纱	马利莫	德国	槽针
	衬纬纱—缝编纱	阿鲁特克斯（Arutex）	捷克	槽针
毛圈型	底布—毛圈纱	马利颇尔	德国	槽针
	纱线层—毛圈纱	舒斯波尔（Schusspol）	德国	槽针
	纤网—底布	伏尔特克斯（Voltex）	德国	槽针

缝编机正向高机号、大卷装、阔幅以及增加花色品种方向发展，使用的织针目前也大多采用复合针（槽针和管针的组合）。机号的提高使缝编法非织造布的外观得到改进，同时提高了经向、纬向强力。复合针可提高缝编机的速度，使机器的生产效率大幅提高。阔幅和大卷装也能提高劳动生产率。

二、各种缝编机的工作原理

（一）纱线层型缝编

纱线层型缝编的基本原理和缝编过程上节已经介绍，在此不再赘述。

（二）纤网型缝编

1. 纤网—缝编纱型缝编　这种缝编工艺由于只用少量缝编纱，构成产品的主要材料是纤网，因而成本低。而且纤网可采用的原料广泛，一些难以用黏合法加固的纤维，如玻璃纤维、石棉纤维等，都可以用这种方法加固。因此，这种方法是非织造布缝编工艺的一种主要方法。

纤网—缝编纱型缝编机有很多种，马利莫系列中的马利瓦特缝编机就是典型的纤网—缝编纱型缝编机，也是世界上使用量较大的一种，其他机型有捷克的阿拉赫涅型、前苏联的符帕型以及我国的 DWJ1 型、DWJ2 型。

纤网—缝编纱型缝编就是将一定厚度的纤网喂入缝编区，通过成圈机件的作用，由缝编纱形成线圈结构将纤网加固而形成织物。其缝编过程与纱线层型缝编相似。图 7-18 所示为马利瓦特缝编机的缝编过程示意图。

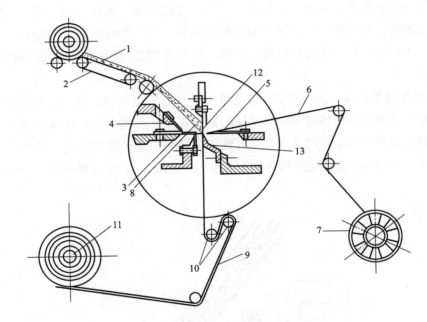

图 7-18　马利瓦特缝编机工艺流程

1—纤网　2—输网帘　3—针杆　4—针芯　5—导纱针　6—缝编纱　7—经轴　8—脱圈沉降片
9—坯布　10—牵拉辊　11—卷布辊　12—挡板针　13—下挡板

马利瓦特缝编机采用卧式排列，即针床水平安装，纤网 1 以近 45°角从机器上方由输网帘 2 倾斜地喂入缝编区域，缝编纱 6 从设备前方经导纱针 5 喂入，生成的坯布 9 垂直向下牵拉出缝编区。槽针的针杆 3 和针芯 4 以及导纱针的运动与纱线层型缝编相同。具体的缝编过程与纱线层型相似，这里不再赘述。

阿拉赫涅系列缝编机与马利瓦特缝编机的生产方法区别在于，前者使用的是管针，它也是卧式排列，但针钩向下。纤网是由下引出向上喂入缝编区域，加固后形成的坯布倾斜向上输出。

纤网—缝编纱型缝编要求喂入纤维呈横向排列，用气流成网机生产的杂乱纤网不如交叉折叠纤网好。因为交叉折叠纤网的纤维呈横向排列，而缝编加固又是将纤网在纵向进行加固，这样产品的横向强力和纵向强力都很好。

纤网—缝编纱型缝编法非织造布的纱线用量不超过坯布全重的15%，缝编纱可用棉、短纤纱或黏胶长丝、合成纤维长丝等。合成纤维长丝很适合作缝编纱，因为它具有高强力和高伸长，最常用合成纤维长丝是涤纶丝和锦纶丝。影响纤网型缝编法非织造布力学性能的因素，除缝编纱的特性、数量外，纤网的均匀度、重量、纤网中短纤维的性质等都是重要参数。

纤网—缝编纱型缝编法非织造布较粗厚，主要做保暖材料。近年来机号提高后，产品适于制作童装、女装、家用装饰布、保暖衬布、涂层底布等，因为它和涂层材料的黏合强度高，制成的布厚实、弹性好。用涤纶长丝作缝编纱、棉纤维或黏胶纤维作纤网制成的产品，可经印花、烂花处理等制成装饰布，用作窗帘、台布和床罩等。

一般采用单梳栉生产涂层底布、揩布等，原料可用下脚纤维作纤网，棉、黏胶纤维、涤纶短纤维作缝编纱；用双梳栉生产服装面料和装饰布，用化学纤维作纤网原料，合成纤维长丝作缝编纱。工业用产品是用玻璃纤维、石棉纤维作纤网原料，化学纤维长丝作缝编纱，采用单梳栉生产。

2. 无纱线纤网型缝编 这种缝编工艺与纤网—缝编纱型缝编不同，它取消了缝编纱，因而也不需要导纱针和经轴送纱等系统。槽针的针钩直接从纤网中勾取纤维束而编织成圈。因此，无纱线缝编要求喂入的纤网必须是以纤维横向排列为主，以便针钩容易从纤网中勾取纤维。马利伏里斯型缝编机即为无纱线纤网型缝编机，图7-19为马利伏里斯型缝编机的工艺方法。

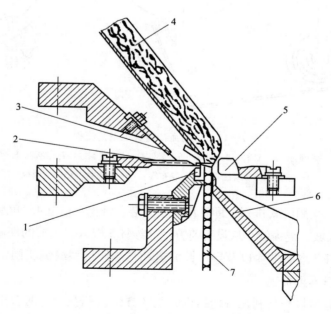

图7-19 马利伏里斯型缝编机的工艺方法

1—脱圈沉降片 2—槽针 3—针芯 4—纤网 5—垫网梳片

6—下挡板 7—经过缝编的非织造布

无纱线纤网型缝编机针床呈水平安装，纤网以近似45°的角度从上向下倾斜地喂入缝编区，槽针2和针芯3做水平前后往复运动。当槽针向前运动时，槽针针杆上的旧线圈被脱圈沉降1挡住，纤网被下挡板6挡住，因此旧线圈由针钩移至针杆。在导纱针的位置上装上一排垫网梳片，以帮助将纤维垫入针钩。当槽针从纤网中退出时，针钩直接从纤网中钩取纤维束，针钩钩取纤维束后槽针针芯才将针口封闭，接着完成脱圈、弯纱、成圈、牵拉等以形成非织造布。另外，槽针的针杆和针芯的运动时间配合关系必须改变，应推迟针芯封闭针钩的时间，因为针钩刺入纤网钩取纤维束编织成圈的时间较长。所用槽针的针钩强度必须加强，以承受钩取纤维时的较大阻力。

无纱线纤网型缝编法非织造布的强力不及有纱线的，因此需要通过恰当的后整理工艺，例如涂层、叠层、热收缩、黏合等方法来提高强力。这类非织造布适于做人造革底布、贴墙布、擦布、抛光布及纤网型缝编法人造毛皮的底基等。

（三）毛圈型缝编

1. 底布—毛圈纱型缝编 这种缝编工艺与纤网—缝编纱型缝编原理相似，不同之处是：喂入的不是纤网而是底布；缝编纱被毛圈纱取代，毛圈纱也像缝编纱一样成圈，但不是为了加固，而是为了在底布上形成毛圈结构；挡板针被毛圈沉降片取代，可使线圈的延长线加长，形成隆起的毛圈。

毛圈沉降片形状如图7-20所示。图7-20（1）所示的毛圈沉降片高度小于5mm，图7-20（2）所示的毛圈沉降片高度等5mm，图7-20（3）所示的毛圈沉降片高度大于5mm。

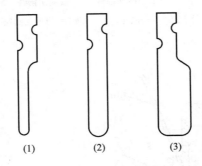

(1)　　　　(2)　　　　(3)

图7-20　毛圈沉降片的基本结构

马利波尔型缝编机就是一种底布—毛圈纱型缝编机，图7-21为马利波尔型缝编工艺示意图。该缝编过程和纤网—缝编纱型缝编一样，但是缝编组织只采用经平针组织。

还有两种改进的马利波尔型缝编方法，用一台缝编机可同时生产两块绒面缝编布。第一种是：缝编机件基本类似于马利波尔型，将下挡板改成类似脱圈沉降片，其成圈过程与马利波尔型一样。如图7-22所示，两块底布同时喂入，在两块底布的中间形成毛圈9，下机后或机上安装一套毛圈割断装置，就可得到两块绒面缝编布（图7-23）。绒面缝编布的结构与簇绒产品极为相似，但是大大地提高了生产效率。第二种是：两块底布都从毛圈沉降片与脱圈沉降片之间喂入，编上毛圈后在坯布向下牵拉时毛圈被楔形2扩张，两块底布亦被分开，然后毛圈被一条回转的带形刀1割断，分开两块成布，形成两块绒面缝编布，分别从两个方向牵拉至卷绕辊，如图 7－24 所示。

底布—毛圈纱型缝编方法，其底布一般采用机织底布或纤网型、纱线层型缝编底布，毛圈纱一般使用腈纶纤维，也可使用羊毛或毛粘混纺纱。生产人造毛皮类产品，一般使用粗细纤维混纺的毛圈纱。底布—毛圈纱型缝编产品，有腈纶毛毯、驼绒、人造毛皮等。

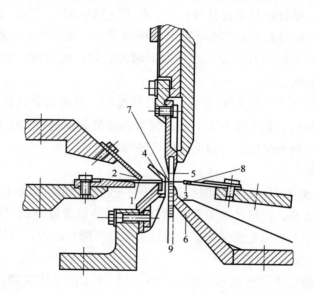

图 7－21　马利波尔型缝编工艺示意图

1—槽针　2—针芯　3—毛圈纱导纱针　4—脱圈沉降片　5—毛圈沉降片

6—下挡板　7—底布　8—毛圈纱　9—毛圈坯布

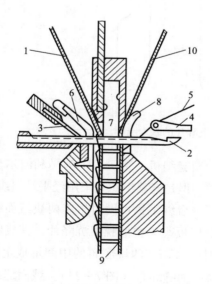

图 7－22　马利波尔型缝编工艺之一

1、10—底布　2—槽针　3—针芯　4—毛圈纱导纱针　5—毛圈纱

6—脱圈沉降片　7—毛圈沉降片　8—下挡板　9—毛圈

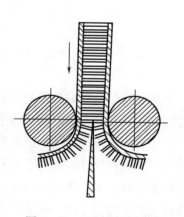

图 7－23　毛圈割断装置

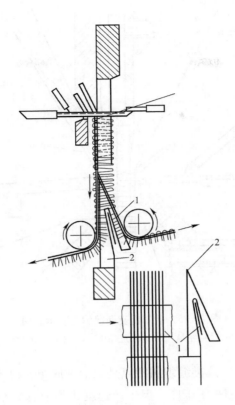

图 7 - 24 马利波尔型缝编工艺之二

1—带形刀 2—楔形

2. 纤网—底布型缝编 这类缝编工艺将纤网型和毛圈型缝编结合起来，用纤网代替毛圈纱，由槽针从纤网中勾取纤维束形成毛圈。这类缝编机称为伏尔特克斯型，它的运动情况与无纱线纤网型缝编类似。如图 7 - 25 所示，槽针穿刺底布向前至最前位置，依靠垫网毛刷 4 将纤网带到针钩上，槽针在后退时便勾住一束纤维，犹如钩住垫入的纱线。由于毛圈沉降片 3 的作用，使线圈延长线加长，最后在底布 1 上形成毛圈。

因为毛圈是直接由纤网中的纤维形成，因此对纤维的长度、细度要求较高，必须选用较长的纤维。这种方法形成的毛圈不是那么清晰，有些像经过轻度拉绒的产品。为加强毛圈的固着牢度，常在纤维原料中混入少量高收缩腈纶。如果用这种方法生产驼绒产品，几乎可以不经起绒加工。

纤网—底布型缝编要求喂入纤网中纤维呈纵向排列，因此必须是梳毛机下来的薄网直接输入缝编机，最好采用梳理和缝编联合的流水线生产形式。如果产品的面密度较大，可采用双道夫两层薄网并合；面密度再增大，则采用两套双联梳毛机串联排列。

这类缝编布由于纤维形成毛圈，故可制成蓬松保暖的产品，如衬绒、毛毯、人造毛皮等。

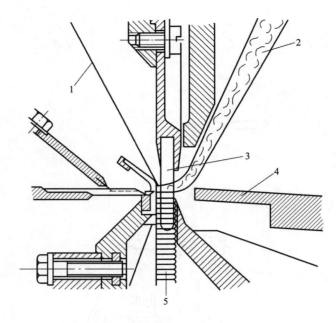

图 7 - 25　伏尔特克斯缝编工艺示意图
1—底布　2—纤网　3—毛圈沉降片　4—垫网毛刷　5—坯布

3. 纱线层—毛圈型缝编　这类缝编的特点是取消了底布，由缝编纱对纬纱层进行加固来形成底布。由于不用底布，缩短了工序，但生产速度比不上有底布的毛圈型缝编。这种缝编工艺称为舒斯波尔型（图 7 - 26），它有两根导纱针，即缝编纱导纱针和毛圈导纱针。缝编纱编织编链组织，对纬纱层进行加固形成底布。毛圈纱由毛圈纱导纱针喂入缝编区，它只在针背进行横移垫纱，即进行分段衬纬，并不形成线圈。由于纱被搁在毛圈沉降片上，因此形成隆起的毛圈，从而形成自编底布的毛圈缝编布，如图 7 - 27 所示。

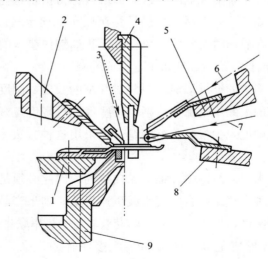

图 7 - 26　舒斯波尔型缝编工艺示意图
1—槽针　2—针芯　3—纬纱层　4—毛圈沉降片　5—毛圈纱导纱针
6—毛圈纱　7—缝编纱　8—缝编纱导纱针　9—胶圈沉降片

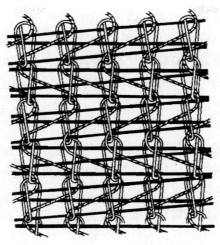

图 7 - 27　自编底布的毛圈缝编布结构

三、缝编机的主要机构

（一）成圈机构

缝编机成圈机构的组成与经编机相似，同样是由织针、针芯、导纱针及沉降片等机件组成，其中织针是成圈机构中最关键的部件。马利莫系列和符帕系列使用槽针，阿拉赫涅系列使用管针。

缝编机所用槽针要穿刺纤网或纱线层，因此针头形状是尖的，这是缝编机和一般经编机所用槽针的根本区别。

（二）传动机构

缝编机基本上都采用偏心连杆传动机构，其优点是有利于机器的高速。缝编机采用的偏心连杆传动机构有几种形式：一种是单轴单偏心连杆传动机构，以马利莫系列为代表；一种是双轴双偏心连杆传动机构，以符帕系列为代表；其他尚有单轴单偏心多连杆传动机构以及几种形式的组合应用。从动力学观点分析，马利莫系列缝编机采用的单偏心连杆传动机构最合理，最有利于高速及减小机器的振动。但双梳栉的马利莫系列缝编机不能采用单偏心连杆传动机构，改用单偏心多连杆传动机构，以满足双排导纱针垫纱的要求。

（三）送网机构

纤网送入有两种形式：一种是将成网机输出的纤网做成纤网卷进行喂入；另一种是将成网机和缝编机直接相连，成网机形成的纤网直接送入缝编区。两者都是采用送网帘输送。

（四）送纱机构

送纱机构的作用是将缝编纱、毛圈纱、经纱或纬纱送入缝编区。

缝编纱的送纱机构有两种形式：一种是采用经轴送纱；另一种是在单位长度的纱线根数不多的情况下，采用纱架送纱，可省去整经工序，省去换经轴的时间。一般采用双辊积极送纱形式，采用无级调速，速度大小视针迹长度或线圈长度而定。

毛圈纱在机号低的情况下采用纱架送纱。因为毛圈纱粗，同样幅宽的纱线根数较少，采用经轴送纱由于要经常调换经轴，反而降低了机器的生产效率，又增加了接头疵布。

（五）底布喂入装置

马利莫缝编机底布喂入装置允许各种底布附加喂入，如机织布、非织造布等。底布通过安装在纬纱层下面的一种阔幅器喂入缝编区域，底布应以布卷的形式喂给，布卷的直径不得超过 500mm。

（六）切边装置

马利瓦特型缝编机对纤网进行加固，要求喂入的纤网宽度应大于工作幅宽，因此在缝编后，必须剪去两边未被加固的纤网，所以这类缝编机上都安装切边装置。切边装置的主要部件上下圆环刀依靠压簧相互紧压，产生剪切力，纤网从它们中间通过而被剪开。

这种切边装置在机上左右两侧对称地安装两套，对于同时织两幅或三幅织物的宽幅缝编机，则需要在机上的传动轴与长轴上再安装一套或两套切边装置。

（七）牵拉、卷取机构

牵拉机构对缝编过程具有重要意义，坯布全靠牵拉作用才能离开缝编区。因此，缝编机多采用一根包覆砂皮纸或粒面橡皮的牵拉辊，再配一根或两根导布辊，以保持坯布在牵拉时有足够的包围角，不致造成对坯布控制失灵。

卷取机构可分为机上卷取和机外卷取两种，机上卷取在坯布厚度较大时卷取容量很小。除符帕系列缝编机采用机上卷取外，其他缝编机全部采用机外卷取。

四、缝编工艺参数

影响缝编非织造布质量的工艺参数主要有机号、梳栉数、针迹长度、线圈长度 、纤网定积重量（定量）、纤维长度与线密度、底布规格等。不同的缝编方法，其工艺参数的侧重点不同。

（一）纱线层—缝编纱型缝编工艺参数

1. 机号 机号表示针排列的稀密程度，它以配置在针床上单位长度内的织针数表示，代号为 F。机号的大小反映了针距（两相邻织针间的中心距）的大小。计算缝编机机号的单位长度，我国采用的是 24mm 和 30mm 两种，德国以 25mm 为单位，捷克以 100mm 为单位，英国以 1 英寸为单位。机号高则成圈机件的尺寸小，机件的相互间隙小，所采用的缝编纱的线密度亦小。

2. 针迹长度 针迹长度是指织针连续两次穿刺之间的距离，相当于相邻两线圈横列的距离。针迹长度和线圈长度成正比。当其他工艺参数不变时，针迹长度长，则缝编法非织造布的产量高，缝编纱的消耗量少。纱线层型缝编法针迹长度和机号的关系见表 7 - 2。

表 7 - 2　纱线层型缝编法针迹长度和机号的关系

机号 F（针/25mm）	纱线层型缝编法针迹长度（mm）
3.5 ~ 14	1.3 ~ 3
18	0.9 ~ 2
22	0.6 ~ 1.2

3. 铺纬器隔距　铺纬器隔距是指铺纬器每一英寸中纬纱出口线的数目，代号 E，有 $E4 \sim$ $E32$ 共 12 种不同隔距。

4. 纬纱钩隔距　指输纬链条上 12.7mm（1/2 英寸）中纬纱钩的数目。

（二）纤网型缝编工艺参数

1. 纤网—缝编纱型缝编工艺参数　纤网—缝编纱型缝编要求采用纤维横向排列的交叉折叠纤网，纤网的面密度应和机号相配。机号高，线圈的纵行数就多，表示对纤维束的握持点增多，因而产品的横向强力提高。纤网型缝编法非织造布的针迹长度小，则织物横向承受外力的缝编纱根数多，同时又因线圈长度小，对纤维的紧压力大，纤维间相互滑移的阻力大，这样就提高了非织造布的横向强力。但针迹长度过小，缝编困难，针迹长度过大，则产品质量低劣。纤网面密度、缝编纱最大线密度以及针迹长度和机号的关系见表 7-3。

表 7-3　纤网面密度、缝编纱最大特数以及针迹长度和机号的关系

机号 F（针/25mm）	纤网面密度（g/m²）	缝编纱最大线密度（tex）	针迹长度（mm）
8 以下	200 ~ 400	50	2 ~ 5
10	150 ~ 300	40	1.2 ~ 3.5
12	120 ~ 250	36	1 ~ 3
14	100 ~ 200	30	0.9 ~ 2.5

2. 无纱线纤网型缝编工艺参数　无纱线纤网型缝编要求喂入的纤网必须是以纤维横向排列为主，增加纤网的定积重量可提高布的强力。但是纤网的定积重量过大，会使刺针在穿刺纤网时阻力增大，致使缝编困难。它的主要工艺参数以及采用织针规格见表 7-4 和表 7-5。

表 7-4　无纱线纤网型缝编机号与纤网面密度的关系

机号 F（针/25mm）	纤网面密度（g/m²）	机号 F（针/25mm）	纤网面密度（g/m²）
3.5、7	150 ~ 500	18	100 ~ 220
10、14	150 ~ 400	22	80 ~ 180

表 7-5　无纱线纤网型缝编针迹长度和织针规格

机号 F（针/25mm）	针迹长度（mm）	织针规格
3.5、7	1 ~ 2.5	细、中粗
10	1 ~ 2.5	细、中粗
14	1 ~ 2	细
18	1 ~ 1.8	细
22	0.9 ~ 1.4	细

无纱线纤网型缝编是依靠刺针在缝编区域勾取纤维束编结成圈从而将纤网加固，纤维的长度较长能保证刺针顺利地勾取和编结成圈，因此纤网中至少要有 20% 以上长度超过 60mm 的纤维，才可以用这种方法进行加工。同时，要求纤维的细度为 0.33 ~ 0.88dtex（3 ~ 8 旦），

最粗可达 1.56dtex (14旦)。为了增强产品的横向强力，纤维长度以尽可能长为好。纤维还必须有一定的卷曲度，卷曲度过小，近于伸直配置，易被几枚针同时勾住，造成纤维拉断或针钩损坏。纤网的面密度也应和机号相配。

因无纱线纤网型缝编织物没有缝编纱，全部由纤维网组成，为了提高其强力，通常要经过适当的后整理工艺，如涂层、叠层、热收缩、浸渍黏合、喷洒黏合等。表7-6为一些具有代表性的织物的主要工艺参数。

表7-6 无纱线纤网型缝编部分织物的主要工艺参数

制 品	机号 F (针/25mm)	纤网原料	纤网面密度 (g/m²)
垫衬料	3.5	聚酰胺纤维	190
贴墙布	7	回用纤维原料	370
抛光布	14	黏胶短纤维	200
毛毡	18	黏胶短纤维	270
纤网缝编法人造毛皮底布	22	聚丙烯腈纤维、聚酯纤维	170
人造革底布	22	聚酯纤维、黏胶纤维	170

（三）毛圈型缝编工艺参数

毛圈型缝编有两种是带底布的，因此底布的规格对产品的质量影响较大。底布一般采用机织底布、纤网型或纱线型缝编底布，机织底布织纹以斜纹或缎纹组织最好。合成纤维长丝的机织底布在使用前不经定性处理，在缝编加固以后再经热处理，可使底布收缩且毛圈固着坚牢。

毛圈型缝编布的强力主要由底布决定，当机号过高反而使产品的强力下降，因过密的织针穿刺会引起底布的强力降低。

1. 底布—毛圈纱型（马利颇尔型）

（1）主要工艺参数见表7-7。

表7-7 马利颇尔型主要工艺参数

机号 F (针/25mm)	针迹长度 (mm)	毛圈高度 (mm)	毛圈纱 (tex)	底布克重 (g/m²)
10	1.6	4	棉：30×2	$\frac{3}{3}$—破斜纹、棉：135
14	1.5	3	棉：50	$\frac{3}{3}$—破斜纹、棉：135
14	1.5	3	棉：17×2	$\frac{3}{3}$—破斜纹、棉：135

（2）两种主要产品的工艺参数见表7-8。

表 7 - 8　两种马利颇尔型织物主要工艺参数

种　类	长毛绒、人造毛皮	室内装饰织物
机号 F（针/25mm）	10	12
针迹长度（mm）	1.8	1.8
毛圈高度（mm）	7	5
毛圈纱（tex）	100tex 腈纶纱 （30%7tex、70%15dtex）	56tex 聚酰胺长丝纱
底布规格（g/m²）	平纹聚酰胺长丝纱布：50	缎纹$\frac{2}{2}$黏胶纤维纱：118
坯布定量（g/m²）	550	430

2. 纤网—底布型（伏尔特克斯型）

（1）底布规格见表 7 - 9。

表 7 - 9　伏尔特克斯型底布规格

品　种	衬　绒	人造毛皮	毛　毯
底布规格	60g/m² 的锦纶长丝机织布、160g/m² 的棉黏交织机织布、60g/m² 的锦纶长丝经编织物	60g/m² 的锦纶长丝机织布、160g/m² 棉黏交织机织布	160g/m² 黏胶机织布、180g/m² 纱线型缝编布及无纱线纤网型缝编布

（2）主要工艺参数见表 7 - 10。

表 7 - 10　伏尔特克斯型的主要工艺参数

机号 F（针/25mm）	针迹长度（mm）	毛圈沉降片高度（mm）	坯布面密度（g/m²）
10 ~ 14	0.7 ~ 5.0	1 ~ 5、7、9、11、15、20、23	300 ~ 800

（3）纤网形式与定量。纤网—底布型毛圈缝编要求喂入纤网中纤维呈纵向排列，纤维长度范围为 40 ~ 100mm、细度为 0.33 ~ 11.1tex（3 ~ 100 旦），原料多为腈纶、腈氯纶。

恰当增加纤网的定积重量能使刺针易于勾取纤维束提高线圈的成圈度，从而提高纤网型缝编布的强力。

3. 纱线层—毛圈型（舒斯波尔型）

（1）机号与纱线线密度的关系。不同的机号加固不同特数纬纱的纬纱层，所使用的毛圈纱和缝编纱特数亦不相同，机号与原料特数的关系见表 7 - 11。

表 7 - 11　舒斯波尔型机号及原料选择

机号 F（针/25mm）	纬纱（tex）	缝编纱（tex）	毛圈纱（tex）
5	340	143	500
7	200	100	500
10	125	100	200

（2）纬纱的选择。可以是精梳纱、粗梳纱及转杯纱，可选天然纤维、化学纤维或化学纤维长丝。

（3）几种舒斯波尔型缝编织物的主要参数见表7-12。

表7-12　几种舒斯波尔型缝编织物的主要参数

种　类		毛圈型地毯	轻型化纤毯	装饰及服装织物
机号 F（针/25mm）		5、7	7	10
针迹长度（mm）		3、2.5	2.5	1.6
毛圈高度（mm）		5、7	7	4
原料	缝编纱	76～94tex 锦纶丝	95tex 锦纶丝	16.5tex 涤纶丝
	毛圈纱	250～334tex 锦纶变形长丝或丙纶变形长丝	165tex 锦纶丝	27.8tex 棉纱
	纬纱	200～300tex 棉或黏胶纤维纱	135tex 丙纶丝	27.8tex 棉纱
织物组织	缝编纱	开口编链	开口编链	开口编链
	毛圈纱	2针衬纬	2针衬纬	2针衬纬

技能训练

一、目标

1. 观察纤网型和毛圈型缝编机的工艺流程和各机构的组成和运动。

2. 初步学会操作毛圈型缝编机。

二、器材或设备

纤网型和毛圈型缝编机。

☞ 思考题

1. 试述缝编技术工艺特点。

2. 缝编技术为什么能对纤网、纱线层以及非纺织材料进行加固？

3. 缝编法有哪几种工艺类型？

4. 喂入纤维呈纵向排列的平行纤网、横向排列的交叉折叠纤网或杂乱纤网，哪一种喂入纤网更适应纤网型缝编的质量要求？

5. 无纱线纤网型缝编的工艺特点是什么？

项目八 化学黏合法生产工艺技术

✲学习目标

1. 熟悉化学黏合机理及黏合剂分类和性能。
2. 掌握浸渍法工艺流程及工艺控制。
3. 掌握喷洒黏合法应用场合及工艺流程。
4. 了解其他化学黏合法，如泡沫、印花等工艺过程。

任务一 黏合剂的基本概念及黏合理论

知识准备

化学黏合法加固是非织造生产中应用历史最长、产品使用范围最广的纤网加固方法之一。

以化学黏合剂将纤维基体—纤网黏合在一起而形成非织造材料的方法，称为化学黏合法加固。纤维、黏合剂是这种非织造材料的两种基本成分，它们的结构和性能及两者相互作用是化学黏合法非织造材料的核心内容，也是非织造材料结构和性能的决定因素。

一、黏合剂的黏合条件

凡是能把同种的或不同种的、连续的或分散的固体材料界面连接在一起的媒介物质，统称黏合剂，亦称胶黏剂，又称胶接剂。

把黏合剂涂在两个固体表面上，由于它很容易流动，把固体表面凹凸不平的部分填充得较为平坦，从而使两个固定表面牢固地结合起来。由此可见，作为黏合剂必须具备下列三个基本条件。

（1）是容易流动的物质。

（2）能充分浸润被粘物的表面，从而有利于填平凹凸不平的部分。

（3）通过化学或物理作用发生固化，使被粘物牢固地结合起来。

在黏合剂的分类中，虽然某些黏合剂的外观状态是粉末状或者是颗粒状、薄膜状等固体物质。但在实际应用时，仍然要经过流动态才能达到黏合目的。通过加水或溶剂溶解成溶液，或者加热熔融成流动性液体。

二、黏合剂的黏合机理

黏合剂的黏合机理有很多种，主要有吸附理论、扩散理论、机械理论、静电理论、相互扩散理论、极性理论、弱界面层理论、化学键理论等。每种理论各有其优点，但都只能解释一部分粘接现象。

1. 吸附理论 吸附理论是把胶黏剂粘接归于胶与被粘物之间分子间力的作用。这种相互作用包括化学键力、范德华力和氢键力。固体或液体表面的分子和内部的分子不同，表面分子存在着剩余作用力。当气体或溶液与固体或液体接触时，由于剩余作用力的作用，使得固体或液体的表面或界面上浓度增大的现象叫吸附。认为黏附是来自界面上的原子或分子的作用力，把黏附现象和吸附现象联系起来，把固体表面对黏合剂的吸着看成是黏合的主要原因，这就称为吸附理论。

吸附理论也存在着某些不足，它不能解释聚合物自固体表面剥离时所消耗的巨大能量，也不能解释实际上存在的极性黏合剂在非极性表面上黏合等问题。

2. 扩散理论 扩散理论认为，高分子材料之间的粘接是由于胶黏剂与被粘物表面分子或链段彼此之间处于不停的热运动引起的相互扩散作用，使胶与被粘物之间的界面逐渐消失，形成相互交织的牢固结合，粘接接头的强度随时间延长而达到最大值。

扩散理论能解释黏度、时间、温度、分子量、聚合物类型等因素对黏合强度的影响。但不能解释高分子材料对金属、玻璃或其他硬性固体的黏合，因为大分子难以向这些材料扩散。

3. 机械理论 机械理论是胶黏剂对两个被粘物的接触面机械附着作用的结果。以固体表面粗糙、多孔为基础，胶黏剂流动、扩散、渗入被粘物表面，固化或胶凝后，与被粘物表面通过互相咬合连接起来，形成"钩键"、"钉键"、"锚键"等，将两个被粘物牢固结合在一起。

这种微观的机械连接对于多孔性材料，如纸张织物、皮革等的黏合强度的确是有显著贡献。但不能解释非多孔性的，表面十分光滑的某些物体的黏合（如玻璃），更无法解释由于材料表面化学性能的变化而形成的黏合现象。机械因素的确是形成黏合强度的基本因素之一，但并不能用它单独解释黏合现象。

4. 静电理论（电子理论） 静电理论又叫双电层理论，在胶黏剂与被粘物接触的界面上形成双电层，由于静电吸引而产生粘接。

静电作用仅存在于能够形成双电层的黏合体系，因此不具有普遍性。静电理论不能解释同性聚合物具有高的黏合强度和低的电位势的矛盾，温度、时间和湿度对剥离强度的影响，电荷密度实测值与理论计算相差太大等问题。

5. 相互扩散理论 该理论是由前苏联科学家提出的理论，认为当黏合剂涂敷在被粘物表面时，若被粘物是可以被它溶解的高分子材料，则相互之间会越过界限而扩散交织起来。这种理论以高分子链具有柔顺性为条件，当然也只能适用于与黏合剂相溶的链状高分子材料的黏合。

6. 极性理论 该理论认为黏合作用与材料及黏合剂的极性有关，极性材料要用极性黏合剂黏合；非极性材料要用非极性黏合剂黏合。

7. 弱界面层理论 妨碍粘接作用形成并使粘接强度降低的表面层，称为弱界面层。发生胶黏剂和被粘物之间黏附力破坏，即弱界面层破坏。

从黏合部分被破坏的情况来分析，黏合剂层与被粘物表面间形成的弱界面层会影响黏合，必须尽可能除去弱界面层，以增加黏合强度。

8. 化学键理论 粘接的化学键理论认为，黏合剂与被粘物通过化学反应形成化学键而牢固连接。由于化学键的强度比范德华力高许多倍，因而形成化学键的连接是最强的连接，这是最理想的粘接连接。

以上各种理论对黏合机理都有其正确的一面，但都解释得不完善，尤其是实际使用的黏合剂，其组成都比较复杂，更难以用某一理论进行圆满地解释。

三、黏合剂的分类

1. 按主要成分分类 按主要成分分类的黏合剂见表8-1。

表8-1 黏合剂按主要成分的分类

有机物	合成类	树脂型	热固性	酚醛树脂、间苯二酚甲醛树脂、脲醛树脂、环氧树脂、不饱和聚酯、聚异氰酸酯、丙烯酸双酯、有机硅、聚酰亚胺、聚苯并咪唑
			热塑性	聚醋酸乙烯酯、氯乙烯-醋酸乙烯酯、丙烯酸酯、聚苯乙烯、聚酰胺、醇酸树脂、纤维素、氰基丙烯酸酯、饱和聚酯、聚氨酯
		橡胶型		再生橡胶、丁苯橡胶、丁基橡胶、氯丁橡胶、氰基橡胶、聚硫橡胶、硅橡胶、聚氨酯橡胶
		混合型		酚醛—聚乙烯醇缩醛、酚醛—氯丁橡胶、酚醛—氰基橡胶、环氧—酚醛、环氧—聚酰胺、环氧—聚硫橡胶、环氧—氰基橡胶、环氧—尼龙
	天然类	葡萄糖衍生物		淀粉、可溶淀粉、糊精、阿拉伯树胶、海藻酸钠
		氨基酸衍生物		植物蛋白、酪朊、血蛋白、骨胶、鱼胶
		天然树脂		木质素、单宁、松香、虫胶、生漆
		沥青		沥青酯、沥青质
无机物				硅酸盐类、磷酸盐类、硫酸盐类、金属氧化物凝胶、玻璃陶瓷黏合剂及其他低熔点物

2. 按外面形态分类 按黏合剂的外面形态，又可分为溶液型、乳液（胶乳）型、泡沫型和固体型等（表8-2）。

表8-2 黏合剂的外面形态分类

状态	特 点	黏合剂品种
溶液	大部分黏合剂属于这一类型。主要成分是树脂或橡胶，在适当的有机溶剂或水中溶解成为黏稠的溶液。如干燥快，初期黏合力就大。如果是化学反应型，是不含溶剂的，在加入固化剂前，也是液态	热固性树脂：酚醛树脂、密胺树脂、脲醛、环氧、丙烯酸双酯 热塑性树脂：醋酸乙烯、丙烯酸酯、纤维素、氰基丙烯酸酯、饱和聚酯 橡胶：丁苯橡胶、氯丁橡胶、腈基橡胶
乳液或乳胶	它是水分散型，树脂在水中分散称为乳液，橡胶的分散物称为乳胶。乳状的分散物与均相的溶液是有区别的	热塑性树脂：醋酸乙烯、丙烯酸酯、环氧 橡胶：丁苯橡胶、氯丁橡胶、天然橡胶

续表

状态	特　　点	黏合剂品种
泡沫	它由空气引入黏合剂而成，主要用于表面密度黏合法非织造布，耗能少，黏合后纤网呈多孔性结构	溶液、乳液或乳胶型，黏合剂加入发泡剂而成，最好的发泡剂是表面活性剂
固体	主要是热熔型黏合剂，以热塑性高聚物为主要成分，是不含水或溶剂的粒状、圆柱状、块状、纤维状或网膜状的固体聚合物，是随涂层设备发展起来的一种黏合剂，通过加热熔融黏合，随后冷却固化发挥黏合力	热塑性树脂：醋酸乙烯、醋酸乙烯、醇酸树脂、纤维素 橡胶：丁基橡胶 天然物：松香、虫胶、牛皮胶 其他：石蜡、微晶石蜡、聚乙烯、苯骈吡喃茚树脂、萜烯树脂、聚丙烯

四、非织造布常用黏合剂

在非织造布中应用的黏合剂主要有两大类：一类是水分散型黏合剂，它一般是乳液或乳胶；另一类是热熔型黏合剂。化学黏合加固中应用最多的是水分散型黏合剂，该类黏合剂以水为介质，它比其他溶剂型黏合剂具有较多优点，如不溶性、无毒性、成本低等，常见的种类有聚丙烯酸酯类、聚醋酸乙烯酯类、丁二烯共聚乳胶、氯丁胶、聚氯乙烯、聚氨酯等。

1. 聚丙烯酸酯类　由于聚丙烯酸酯耐气候性、耐老化性能优良，同时抗紫外线老化、耐热老化性能较好，因此其黏合剂在非织造布应用最多，用量最大。用它作为黏合剂，纤网粘接强度高，耐水性好，还具有良好的柔软性和弹性，产品如衬布、喷胶棉、卫生材料、屋顶防水膜等。

聚丙烯酸酯类黏合剂包括聚丙烯酸及其酯以及在分子结构上包含有丙烯酸酯类的大量化合物。聚丙烯酸酯的分子结构式为：

$$\left[\mathrm{CH_2-\underset{\underset{R'OOC}{|}}{\overset{\overset{R}{|}}{C}}}\right]_n$$

其中 R 为 H 或 CH_3，R′为 H 或 CH_3，CH_5，C_3H_7……n 为单体丙烯酸酯数目，如当 $n=100$ 时，上式表示有 100 个相同的丙烯酸酯组成的聚丙烯酸酯。当 R 和 R′同时为 H 时，为聚丙烯酸；当 R 为 CH_5，R′为 H 时，为聚甲基丙烯酸甲酯即有机玻璃。

用于非织造材料化学黏合成形的聚丙烯酸酯乳液黏合剂，必须满足非织造材料的强度、弹性、白度、耐热、耐溶剂及耐洗性等多方面的要求。一般聚丙烯酸酯的分子量控制在 1 万~5 万的范围内；聚丙烯酸酯共聚物中，其单体或功能性单体的加入量一般为单体总量的 1.5%~5%。

目前，国内外大量使用的聚丙烯酸酯类黏合剂主要为共聚乳液黏合剂，它们适用于不同的产品。如醋酸乙烯—丙烯酸酯共聚乳液黏合剂，所得纤网柔软、粘接强度高，适用于在装饰领域用聚酯非织造材料的生产；丙烯酸酯—羧甲基丙烯酰胺共聚乳液，如丙烯酸乙酯（或丁酯）—羧甲基丙烯酰胺共聚物，则具有较高的耐热、耐光、耐臭氧的降解性能。以酸为自交联剂的共聚物黏合剂，其非织造材料的用途为汽车、室内装饰用布；丙烯酸酯—甲基丙烯酸酯共聚乳液黏合剂，耐变色性优良，粘接力强，耐溶剂性强，产品柔软，多用于高级服装内衬的非织造材料的生产。常见的聚丙烯酸酯类的品种和性能见表8-3。

表8-3 聚丙烯酸酯类特性

聚 合 物	伸长率（%）	抗张力（%）	玻璃化温度（%）
丙烯酸甲酯	75	1005	+6
丙烯酸乙酯	1800	33	-24
丙烯酸丁酯	2000	3	-54
甲基丙烯酸甲酯	4	9000	-107
乙基丙烯酸甲酯	17	10000	+28
丁基丙烯酸甲酯	23	5000	-55

2. 聚醋酸乙烯酯类 聚醋酸乙烯酯乳液黏合剂也是化学黏合加固应用较多的黏合剂之一。它具有性能优良、黏度小、无易燃溶剂、使用简便安全、粘接力强且稳定好的特点，用途十分广泛。其分子结构式为：

$$\left[CH_2-CH\right]_n$$
$$H_3COCO$$

它的单体为醋酸乙烯，可通过本体、溶液、乳液、悬浮液等聚合反应制成聚醋酸乙烯酯，所得产物各具特色。目前，聚醋酸乙烯酯的工业产品主要由溶液聚合和乳液聚合反应获得。纯组分的聚醋酸乙烯酯乳液即市售的白胶或称白乳胶，它对纤维素材料、木材及多孔性材料有很好的粘接强度。

非织造的化学黏合主要使用聚醋酸乙烯酯的共聚物溶液，根据不同的非织造材料的用途和性能的要求，聚合成不同种类的醋酸乙烯酯共聚物。醋酸乙烯酯的反应活性很强，可与之反应的共聚单体相当多，如乙烯酯类、不饱和羧酸酯类、不饱和酰胺化合物类、不饱和腈类、不饱和羧酸类、丙烯基化合物类、含氮化合物类、不饱和磺酸类、碳氢化合物类以及含卤化合物类等。

目前，国内外用于非织造化学黏合的醋酸乙烯酯共聚物主要有以下几个品种。

（1）醋酸乙烯酯—丙烯酸酯共聚乳液。醋酸乙烯酯共聚物的单体分子结构式为：

$$-CH_2-CH-CH_2-CH-$$
$$O-C-CH_3\ C=O$$
$$O\qquad OR$$

结构式中 R 为 C_2H_5，C_4H_9，C_8H_{17} 等，即丙烯酸乙酯、丁酯、异辛酯等。可根据产品的需要采用不同的酯基。

黏合剂中由于丙烯酸酯的加入，增加了分子链的柔性，它的玻璃化温度较均聚的聚醋酸乙烯酯降低，提高了产品粘接强度，改变了原均聚乳液粘接非织造材料手感发硬、伸长率低、弹性差的性能。

（2）醋酸乙烯酯—甲基丙烯酸共聚乳液。醋酸乙烯酯—甲基丙烯酸共聚物的单体分子结构式为：

$$\begin{array}{c} & & & & CH_3 \\ -CH_2-CH-CH_2-C- \\ & | & & | \\ & O-C-CH_3 & C=O \\ & \| & | \\ & O & OH \end{array}$$

甲基丙烯酸在共聚物中的含量为5%左右，通过改变它的含量或调节乳液的pH，可以控制乳液的粘接强度。加入甲基丙烯酸后，乳液共聚物分子发生分子交联，有利于提高非织造材料的耐水性和耐热性，交联基团的加入还可提高乳液的稳定性。

（3）醋酸乙烯—羟甲基丙烯酰胺共聚乳液。醋酸乙烯—羟甲基丙烯酰胺共聚物的单体分子结构式为：

$$\begin{array}{c} -CH_2-CH-CH_2-CH- \\ | & | \\ H_3C-C-O & C=O \\ \| & | \\ O & NH-CH_2OH \end{array}$$

羟甲基丙烯酰胺是分子交联反应性共聚单体，它可通过加热反应发生交联固化，也可在酸性催化剂作用下受热缩合，形成自交联反应。羟甲基丙烯酰胺在共聚物中的含量为10%左右，共聚反应后，所得黏合剂的耐化学性、耐水性、耐热性和粘结强度均有提高，其非织造材料适合做卫生用布、擦拭布，也适合于人造革、皮革的粘接。

（4）其他三元共聚乳液。为进一步提高产品的性能，简化非织造材料加工工艺，降低成本，可对醋酸乙烯的三元（即第三组分）共聚物进行研究开发。如醋酸乙烯—丙烯酸酯—氯乙烯共聚乳液，醋酸乙烯—乙烯—氯乙烯共聚乳液，醋酸乙烯—丙烯酸酯—羟甲基丙烯酰胺共聚乳液等，以满足不同档次产品的需求。

总之，聚醋酸乙烯酯乳液黏合剂的用量仅次于聚丙烯酸酯类，主要用于黏合衬底布、用即弃产品、擦品和过滤产品。

聚醋酸乙烯酯共聚物及其性质见表8－4。

表8－4　聚醋酸乙烯酯共聚物及其性质

与聚醋酸乙烯酯共聚的单体	酯化度	玻璃化温度
马来酸二丁烯	20%	10
乙烯	20%	−5
丙烯酸乙酯	50%	0
丙烯酸丁酯	50%	−20
丙烯酸己酯	80%	−40

3. 丁二烯共聚乳胶

（1）丁苯乳胶。它是丁二烯与苯乙烯的共聚物。随着丁二烯与苯乙烯配比的不同，可以得到一系列的丁苯乳胶，手感从软到硬。其分子结构式为：

$$+CH_2-CH=CH-CH_2 \mathrel{\rlap{}}_n + CH-CH \mathrel{\rlap{}}_n$$

当苯乙烯的含量为 23.5% 时，所得产品手感好；大于该值时，手感硬且缺乏弹性，原因是侧链上的苯环阻碍了链段的内旋转。

这类产品价值低廉，存放稳定，缺点是黏合性能较差，一般不单独使用。在非织造布生产中，主要用于厚型非织造布的黏合加固或涂层产品，如汽车内衬材料、衬里等。

（2）丁腈乳胶。它是丁二烯—丙烯腈的乳胶，其分子结构式为：

$$+CH_2-CH=CH-CH_2 \mathrel{\rlap{}}_n + CH_2-CH \mathrel{\rlap{}}_n$$
$$|$$
$$CN$$

该产品黏合性好、弹性好、柔软、耐磨、耐油、成胶强度高，在非织造布生产中主要用于人造革的底布、衬布和高蓬松的材料。其缺点是在光或热的作用下，颜色容易变黄，而且价格高。

（3）氯丁胶乳。它是 2 氯 – 1，3 丁二烯的加成聚合物，由于分子中含有较强的极性基团，所以黏合性能好，有较好的耐气候性、耐溶剂性、耐氧化性和耐燃性，缺点是价格昂贵。

（4）聚氯乙烯。它是氯乙烯的均聚物，具有很高的玻璃化温度和模量，所以手感较硬，黏合力差，抗氧性差，但具有优良的阻燃性能。因此，往往通过改性来发挥其长处，如氯乙烯与乙烯共聚，所得的产品具有较好的黏合性和柔软性。

（5）聚氨酯。聚氨酯黏合剂包括多异腈酸酯和聚氨酯，聚氨酯是由多异腈酸酯与多元酸（如二元酸）反应而成，因此，聚氨酯也是异腈酸酯的加聚物。不同类型的异腈酸酯与多羟基化合物反应后能生成不同的聚氨酯，从而得到不同性能的聚氨酯黏合剂或其他聚氨酯高分子材料。如人造革的涂层材料、纤维、橡胶等。

聚氨酯黏合剂常有三种类型。

①多异腈酸酯黏合剂。

②端基为异腈酸酯聚氨酯预聚体黏合剂。

③树脂黏合。

聚氨酯是一种新材料，生产成纤维是氨纶；生产的涂层材料是 PU 革。它主要涂层到针刺、水刺非织造布或其他针织、机织布上，所得产品弹性好、耐热塑、耐溶剂、耐热、耐寒、耐油、耐氧化、耐臭氧。

4. 其他水基黏合剂　除了以上常用黏合剂以外，根据非织造材料的产品性能和用户的特殊要求，还可使用能够在水中溶解的天然高分子，如动物胶、淀粉、糊精、松香等；合成的水溶性高分子材料，如聚乙烯醇、聚乙烯醇缩醛、聚丙烯酰胺、聚环氧乙烷等；可溶于水中的热固型高分子材料如酚醛树脂、尿醛树脂、间苯二酚—甲醛树脂等。这些高分子材料都能够粘接纤维，或者单独使用，或者混合复配使用，从而丰富了黏合剂的选用范围。

五、黏合剂的辅助成分

黏合剂的主要成分大都是高分子物质，如树脂、橡胶等。为了满足不同使用要求，同时为了适应运输、储存等方面的要求，同一类型的黏合剂还会有不同的牌号。一般说来，不同的产品中，除了主要成分外，还可含有不同的辅料。如溶剂——与主要成分相溶或相混的有机溶剂或水；增塑剂——改善主要成分柔软性的物质；填料——改进黏度，增加干燥特性的物质（主要是粉末状的无机物）；固化剂——催化或促进主要成分固化的试剂；防老剂——增加耐大气或光老化性的物质（橡胶型中应用更多）；增黏剂——增加表观黏度的物质（水溶性黏合剂中常用）；防腐剂——防止细菌霉变作用的添加剂；消泡剂——在易产生泡沫产品中的添加剂；显色剂——为区别不同类型或牌号而加入的有机或无机显色物。

对于一个特定的黏合剂，往往加入上述某一种或几种辅料以便于使用。但也有例外，如氰基丙烯酸酯等，可以只用其单体作为黏合剂使用。然而作为商品出售的黏合剂，添加适当的辅料则是必须的。

1. 溶剂　它是一种能够溶解其他物质的物质，如有机溶剂或水。选择溶剂，需从性能、成本、毒性三个方面考虑。

2. 增塑剂　它是一种能降低主要成分的玻璃化温度和熔融温度的物质，它可以有效改善胶层的脆性，增进树脂的流动性和柔软性。常用的增塑剂有邻苯二甲酸丁二酯以及磷酸二酚酯。

3. 乳化剂　它是能使两种及两种以上互不相溶的液体形成稳定的分散体系的物质。它属于表面活性剂的范畴，是水分散型黏合剂不可缺少的助剂。

4. 增稠剂　它是能增加黏合剂的表观黏度，减少流动性的物质。常用的增稠剂有羟甲基纤维素等。

5. 交联剂　它是指能够帮助线型或轻度支链型的大分子转变为三维网络结构的物质，它能有效改善黏合剂的综合性能。常用的交联剂有过氧化物、多异腈酸酯化合物、环氧化合物、多元羧酸化合物等。

6. 偶联剂　它是能同时与极性物质和非极性物质产生结合力的物质，即可以将两种不同的材料黏合在一起。常用的偶联剂有机硅烷及其衍生物、有机铬化合物、有机钛化合物等。

7. 分散剂　它是能使黏合剂组分均匀分散在介质中的物质。

8. 促进剂　它是又称催化剂，能促进化学反应，缩短固化时间，降低固化温度。

9. 络合剂　它是能与被黏合材料形成电荷转移的配位键，从而增加黏合性能的物质。

10. 引发剂　它是在一定温度下分解并产生游离基的物质。

11. 填料　它是一些非黏合性的固体物质，可以起到增稠的作用，可以控制流动性，并降低固化过程中的放热量，降低热压力，减少收缩率，提高成模的强度和韧性，还可以降低生产成本。常用的填料有金属氧化物、金属粉末、矿物质等无机物。

此外还有显色剂、消泡剂、发泡剂、防腐剂、防老化剂等。

六、黏合剂的性能表征

1. 含固量　含固量是指在规定的条件下测得的黏合剂中非挥发性物质的重量百分数，一般为40%～50%，增加含固量可以提高运输的效率。但含固量过高，乳液不稳定，含固量一般不超过50%。

2. 黏度　又称黏性，滞性，内摩擦，它是流体内部阻碍其相对运动的特性，单位为 pa·s。

3. pH　pH 反映了黏合剂的酸碱程度，一般控制在 2～10。丙烯酸酯类 pH 控制在2～5（偏酸性）。其目的是使黏合剂稳定，并且固化时易发生交联，而丁腈乳胶略显碱性。

4. 离子的属性　一般采用阴离子型乳化剂，它的使用面广。同一个离子属性的黏合剂可混合使用。

5. 平均粒子直径　黏合剂中高聚物的粒子直径一般为 $0.1～3\mu m$。如果粒径较小，则黏合剂的外观呈淡黄色。加工出来的非织造布手感柔软。若粒径较大，则黏合剂的外观为黄白色，加工出来的非织造布手感较硬。

6. 玻璃化温度　它是高聚物从玻璃态向高弹态转变的温度，也就是高聚物链段开始发生运动的温度。直接影响纤网与黏合剂成膜以后的手感。玻璃化温度越高，所得非织造布的手感较硬，反之手感越软。

7. 外观　它主要指黏合剂的颜色状态，一般为乳白色或淡黄色。

8. 耐水性　它是指黏合剂固化后的胶膜，浸水 24h 后应该不溶解，不破裂，不膨胀。

七、工作液的配制

在非织造布生产中，不能够直接运用原装的黏合剂、乳液或胶乳。在实际生产中，要将原装的黏合剂加水或其他助剂调配后才能使用，这种调配后的黏合剂通常称为工作液。

八、黏合剂的选用

黏合剂的特性决定了非织造材料的性能与质量，决定了非织造材料的成型工艺以及非织造材料的生产成本。黏合剂的选用原则有以下三点：非织造材料性能对黏合剂的要求，非织造黏合成型工艺以及设备对所选黏合剂的要求，非织造产品的成本对黏合剂的要求。

1. 非织造材料性能与黏合剂的选用　由于化学黏合应用广泛，主要集中在产业用、装饰用等领域，因此产品的用途不同，对黏合剂的性能要求也不同。在选用黏合剂时，应认真分析产品的用途以及对其性能的要求，从而提出选用黏合剂应具有的性能，一般要从产品的强度、弹性、抗皱性、手感、透气性、耐水洗性、耐干洗性、耐老化性等方面出发。如地毯要求强度高，耐老化性好，而在弹性、手感、透气性等方面则要求不太严格。用即弃产品在强度上要求不高，手感要求则很严格。

根据产品性能的要求，黏合剂与纤维之间关系应该满足以下要求。

（1）所选用黏合剂应与纤维表面具有较大的亲和力。当溶剂去除后，黏合剂分子与纤维在黏合界面上形成次键力与化学键力，产生优良的结构，获得较佳的黏合效果。

（2）黏合剂应具有较高的综合性能，如强度、模量、柔韧性、弹性、耐老化性、耐化学药品性。

（3）一些特殊非织造材料要求黏合剂具有相应的特殊性能。如一次性产品，要求黏合剂与纤维可降解、可回收，而阻燃、抗静电材料，则要求黏合剂有阻燃和抗静电性能。

2. 生产工艺对黏合剂的要求 一般认为，生产工艺对黏合剂有三点要求。

（1）能够对纤维表面产生良好的润湿作用，能够自发的铺展在表面，并填平表面上的凹处，产生最大面积的紧密接触。

（2）能在黏合剂与纤维表面起扩散作用，形成分子的缠结与交联，得到较高的黏合效果。

（3）形成界面黏合后，能够迅速的凝结、固化。

饱和浸渍工艺中建议采用含固量高，黏度高的乳液型黏合剂。喷洒法、泡沫法、印花法的黏合剂含固量一般低于饱和浸渍工艺。

3. 产品成本与黏合剂的选择 普遍原则是采用价格较低、通用性较高的黏合剂，一般采用水基黏合剂。其中乳液黏合剂使用最多，如醋酸乙烯共聚物，其优点是耐气候性强、价格低，其缺点是手感较差，耐湿洗性较差。丙烯酸酯共聚物的优点则是手感好、耐气候性好、耐干湿洗性能好，缺点是价格高。

技能训练

1. 观察黏合剂的流变性、非织造布黏合后性能的变化。
2. 初步学会选择黏合剂和助剂。

任务二 浸渍法加固的设备和工艺

知识准备

浸渍法又称饱和浸渍法，是化学黏合加固中应用最广泛的方法。

一、定义

纤网经黏合剂饱和浸渍后，然后经过挤压或抽吸使黏合剂在纤网中的含量达到工艺要求，这种方法称浸渍法黏合加固。

其基本工艺流程是：铺置成形的纤网在输送装置的输送下，被送入装有黏合剂液的浸渍槽中，纤网在胶液中穿过后，通过一对轧辊或吸液装置除去多余的黏合剂，最后通过烘燥系统使黏合剂受热固化。图8-1为饱和浸渍的基本工艺流程。这种方法由于受到轧辊的表面张力的影响，不易浸渍较薄的纤维网，一般只能加工 $30g/m^2$ 以上的纤网。

二、浸渍法的设备

常用的浸渍设备有三种：单网帘浸渍机、双网帘浸渍机、转移式浸渍机。

1. 单网帘浸渍机　图 8-2 所示为圆网滚筒式浸渍机，它是将双网帘机的上网帘改为圆网滚筒式，故又称单网帘浸渍机，这样可有效减少网帘的损耗。为使产品保持较好的蓬松状态，可用真空吸液代替轧辊的挤压，或经真空吸液后用轧辊轻轧，这种方法可加工定量较轻的非织造布。

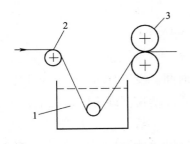

图 8-1　饱和浸渍法基本工艺流程

1—浸渍槽　2—传输辊　3—轧辊

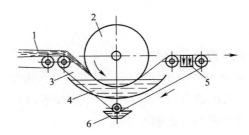

图 8-2　圆网滚筒式浸渍机

1—纤网　2—圆网滚筒　3—帘网　4—浸渍槽

5—真空吸液装置　6—帘网清洗槽

2. 双网帘浸渍机　图 8-3 所示为双网帘浸渍机，它利用上下网帘将纤网夹在中间进行浸渍，再经一双轧辊的挤压，除去多余的黏合剂。这种夹持装置可有效保护纤网结构，防止纤网因自身强力低而受到破坏，产品特点是手感较硬。

轧辊为橡胶辊，夹持压力一般为 $69 \sim 98 \text{N/cm}$，浸渍速度为 $5 \sim 6 \text{m/min}$，浸渍时间约为 5s。

浸渍网帘有不锈钢丝网、黄丝网、聚酰胺丝网、聚酯网等。为了保证正常生产，网帘应定时清洁，定时更换。

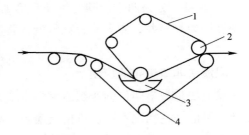

图 8-3　双网帘浸渍机

1—上网帘　2—压辊　3—浸渍槽　4—下网帘

3. 转移式浸渍机　图 8-4 所示为黏合剂转移式浸渍机，该机为美国兰多邦德（RandoBoder）公司制造生产。

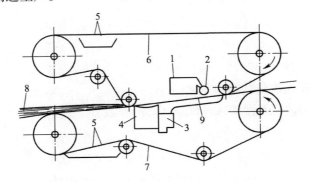

图 8-4　黏合剂转移式浸渍机

1—浆槽　2—转移辊　3—储液槽　4—真空吸液装置　5—喷水洗涤装置

6—上金属网帘　7—下金属网帘　8—纤网　9—托槽

它采用上、下金属网帘6、7夹持纤网8，黏合剂由浆槽1流到转移辊2上，透过上网帘的孔眼浸透纤网中，溢出的黏合剂可经纤网下的托槽9流入储液槽3，纤网经过真空吸液装置4吸掉余液，上下金属网帘都装有喷水洗涤装置5。该机的特点是纤网呈水平运动，并被网帘夹持，故纤网不易变形，车速可达10m/min以上，适宜加工宽幅及定量大于50g/m²的纤网。

三、浸渍法的工艺控制

1. 浸渍时间　浸渍时间是指纤网在浸液槽中的停留时间。浸渍时间一般为5s以内，影响浸渍时间的因素有纤网的行进速度和浸液槽的长度。在浸液槽长度固定的情况下，往往通过纤网的夹持网的行进速度来调节。

2. 浸液浓度　浸液浓度受到产品性能，烘燥设备等因素的影响。产品的性能要求越高，如强度要求高，浸液浓度相应要高。当非织材料透气性要求高时，浸液浓度则要低些。一般浸液浓度控制在40%~50%（即为含固量）。同时注意黏合剂pH的控制。

3. 上胶量　一般控制在10%~20%，要用轧辊来压，轧辊的压力为69~98N/cm。

4. 烘燥　分为两个步骤：烘燥和焙烘。烘燥的温度相对低一点，目的是除去水分；焙烘的温度则要高一些，主要是提高纤网的强度。以PET为例，烘燥温度90℃，焙烘温度110℃。

四、浸渍法非织造布的应用

浸渍法是最早问世的非织造材料生产方法之一，早期的非织造布产品大多采用这一方法生产。目前一些档次不高、价格低廉的产品仍沿用这种方法生产，如一次性材料中的各种揩布、箱包衬里、黏合衬基布、包装材料、农用保温材料等。

随着浸渍法生产工艺的不断进步以及黏合剂、各种助剂等新品种的问世，浸渍法非织造产品拓宽了应用领域。如以黏胶纤维或棉为原料的揩布，采用丙烯酸酯、醋酸乙烯酯及其共聚物为黏合剂，定量在40g/m²左右；农用保温材料多采用较轻的定量，在30g/m²左右，用于种子播下后农田表面的覆盖，用来缩小昼夜温差，抵御突发的降温天气对种芽的袭击。这种产品透气性好，强力适中，可重复使用，成本较低。

技能训练

一、目标

1. 观察浸渍前后非织造布结构的变化。

2. 初步学会操作浸渍机及浸渍液的配制。

二、器材或设备

浸渍机。

任务三　喷洒黏合法的设备和工艺

知识准备

一、定义

利用喷嘴沿纤网横向移动时不断向纤网喷洒黏合剂，然后在烘房中加热、烘干，这种方法称喷洒黏合法。

这种方法多用于生产高蓬松、多孔性的非织造布。产品上的黏合剂分布均匀，产品有喷胶棉、过滤材料、纺丝棉、松棉等。由于喷洒法黏合剂呈雾状喷洒在纤网上，分布均匀，与浸渍法相比，不需要轧液过程。因此产品的蓬松度高，适用于生产高蓬松和多孔性的保暖絮片、过滤材料等。若在原料中加入三维卷曲纤维，或三维卷曲加中空涤纶，则产品的蓬松性、保暖性更好。

二、喷头形式

1. 气压式喷头　采用空气为介质，它与油漆喷枪的原理基本相同，它适用于经过初步加固的纤网进行喷洒和加工，否则压缩空气会破坏纤网的均匀度。

2. 液压式喷头　又称无空气静压式喷头，它采用静压力来控制集中分散的雾粒，因此，雾粒小而均匀，黏合剂的施加效果好，压力一般控制在 $1.37 \sim 2.74\text{MPa}$。喷孔直径为 $0.35 \sim 0.65\text{ mm}$。

三、喷洒方式

喷头的安装和运行形式对黏合剂的均匀分布有很大影响，目前采用的喷洒方式有四种：多头往复喷洒、旋转式喷洒、固定式喷洒、椭圆轨迹喷洒，如图 8 - 5 所示。

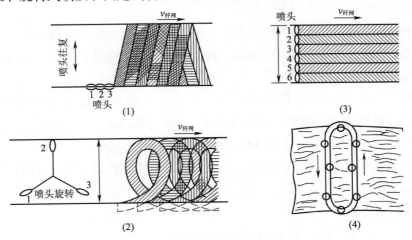

图 8 - 5　喷头的四种运行方式

1. 多头往复喷洒　如图8-5（1）所示，这种装置应用得最为广泛，它将喷头安装在走车上，走车往复横动，喷洒宽度可以调节，在纤网中胶液呈V形轧迹。

2. 旋转式喷洒　如图8-5（2）所示，喷头在喷洒的过程中，不停地旋转，呈扇叶形配置，喷腔运行平稳，喷洒轧迹为连环状，但不容易保证喷洒均匀。

3. 固定式喷洒　如图8-5（3）所示，将喷头固定在纤网幅宽的正上方，有多个喷头同时工作，这种方法简单易行，造价高，但当有一只喷头出现故障时，就会造成很大的浪费。

4. 椭圆轨迹喷洒　如图8-5（4）所示，这种方法是在旋转式喷洒的基础上改进而成的，是一种较合理的喷洒方式，其运行平稳，喷洒均匀，但设备的造价较高。

四、工艺流程及控制

1. 工艺流程　纤维→开松→混合→梳理→铺网→喷胶（正面）→烘燥→喷胶（反面）→烘燥→焙烘→分切→卷绕。

喷洒黏合生产线以双面喷洒机生产喷胶棉为代表，如图8-6所示。

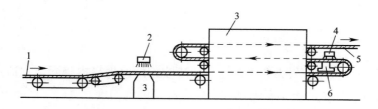

图8-6　典型的双面式喷洒机

1—纤网　2、4—喷头　3—烘箱　5—成品　6—吸风装置

铺叠成的纤网经输网帘输送到喷头下方的送网帘上，往复运动的喷头对其正面喷胶，然后进入烘燥箱的最底层接受烘燥。当行至烘燥箱出口处时，纤网翻转，在烘箱第二层入口处接受喷头对其反面喷胶，接着进入烘燥箱第二层和最上层进行烘燥和焙烘。喷头下方设有负压抽吸装置及多余胶液回收装置，增强了胶液对纤网的扩散和渗透，减少了胶雾逸散，节省胶液。喷胶机送网帘速度为3～15m/min。

烘燥箱用以对正反面喷胶后的纤网进行干燥，使胶固化，最终形成喷胶棉。该烘燥箱为三层穿透对流式结构，占地面积小，烘燥、固化连续完成，穿透对流方式蒸发效率高，有负压吸网，气流作用柔和，分布均匀。

纤网用热空气烘燥，烘箱最底层、第二层和最上层空气温度分别为140℃、150℃、160℃。热气流经换热器获得热量，换热器内通以240～260℃热油，热油由专门加热炉加热。热油压力为0.45～0.67MPa，流量为50～70m³/h。

2. 工艺中容易出现的问题　喷洒法生产中，容易出现纤网烘不干，纤网强度不高。产生这种现象的原因可能有以下几点。

（1）烘箱温度不够。

（2）纤网运行速度过快，使纤网的停留时间短。

（3）黏合剂太稀，水分含量太高。

（4）黏合剂用量过大。

黏合剂的上胶量一般为 15% 左右。

3. 质量考核　喷洒法非织产品质量一般从以下几个方面来考核。

（1）保温性能：表示保温性能的指标，有保温率和保温系数。

（2）上胶的均匀性：表示强度的均匀性，伸度的均匀性。

（3）耐洗涤性：表示黏合的牢固程度，一般要耐洗 20 次以上。

（4）纤网的均匀性。

4. 喷洒量的控制　喷洒量是通过控制喷腔的喷出量来达到喷洒的效果，其大小视产品用途、纤网线密度、黏合剂的种类而有所不同，具体见表 8-5。

表 8-5　部分产品的黏合剂喷洒量

用　途	纤网线密度（g/m²）	黏合剂加入量（g/m²）	纤网类型
被褥用保暖材料	45~165	10~20	平行网
沙发用布	150~600	10~20	交错网
睡衣	165~265	10~30	平行网
枕头	500~1000	1~3	交错网
缓冲衬垫	70~400	15~100	气流成网
滤尘用	100~200	30~40	气流或交错成网

五、产品示例

1. 鞋衬　纤维→开松→梳理→铺网→针刺（1~3 遍）→浸渍→脱水→烘干→焙烘→整理（磨光、磨绒）。

2. 合成革　纤维→开松→梳理→铺网→针刺→浸渍→脱水→烘干→剖层。

3. 黏合衬　纤维→开松→梳理→铺网→双帘浸渍→压榨→烘干→焙烘→卷绕。

4. 卫材　纤维→开松→梳理→铺网→单帘浸渍→压榨→烘干→焙烘→卷绕。

5. 保暖絮片　纤维、热熔纤维、中空纤维→混和→梳理→铺网→正面上胶→烘干→反面上胶→烘干→焙烘→卷绕。

技能训练

一、目标

1. 观察喷头的结构及喷洒方式。

2. 初步学会操作喷洒机。

二、器材或设备

喷洒机。

任务四　泡沫黏合法和印花黏合法

知识准备

化学黏合法加固中，除了浸渍法和喷洒法应用较为广泛外，泡沫浸渍法和印花黏合法也有较大的发展。

一、泡沫浸渍法

（一）定义

利用涂刮、轧涂等方式将制作好的泡沫状黏合剂均匀的施加到纤网中，待泡沫破裂后释放出黏合剂，然后烘干加固，这种方法叫泡沫黏合法加固。

（二）黏合剂的施加方式

泡沫黏合剂的施加方式有涂刮式、轧涂式两种（图8-7）。涂刮式是利用刮刀把泡沫黏合剂涂敷在纤网上，在刮刀的刮压作用下，泡沫发生破裂，黏合剂均匀渗入纤网中。轧涂式则是利用一对轧辊对纤网进行挤压，使泡沫破裂的。

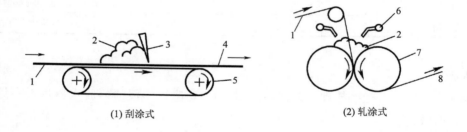

(1) 刮涂式　　　　　　　　(2) 轧涂式

图8-7　施加黏合剂的方式

1—干纤网　2—泡沫黏合剂　3—刮刀　4—湿纤网　5—输网帘
6—泡沫施加装置　7—轧辊　8—湿纤网

（三）泡沫黏合加固设备及工艺流程

1. 单面泡沫施加设备　泡沫黏合剂对纤网可以单面施加，也可以双面施加。图8-8所示为单面施加方式，泡沫黏合剂由导管3导入由轧辊2、5组成的轧涂工作区，拦板4起防止黏合剂渗流的作用，纤网一面施加黏合剂后，被送网帘6送入烘燥装置。两轧辊的间距可根据纤网的定量及涂胶量进行调节，这种方式适合加工定量100g/m² 以内的产品。

2. 双面泡沫施加设备　图8-9为双面施加方式，位于纤网两侧的导管3，分别把泡沫黏合剂导入纤网两侧，在轧辊6、7的作用下对纤网两面施加黏合剂，这种方式适合加工定量大于120g/m² 的纤网。

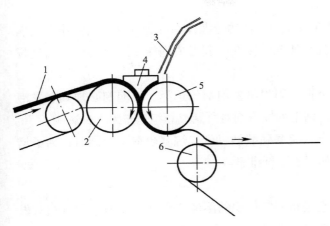

图 8-8　单面施加泡沫黏合剂

1—纤网　2—刻花轧辊　3—导管　4—拦板

5—光轧辊　6—送网帘

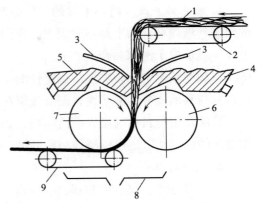

图 8-9　双面施加泡沫黏合剂

1—纤网　2—纤网喂入帘　3—导管　4—泡沫黏合剂槽

5—泡沫黏合剂　6、7—轧辊　8—溢流槽　9—送网帘

3. 刮/轧涂双用泡沫浸渍机　图 8-10 所示为刮/轧涂双用泡沫浸渍机，它采用了刮涂与轧涂结合的方式。其工艺过程是：纤网 1 被输网帘 5 送至刮涂作用区，在刮刀 6 的作用下泡沫黏合剂 4 涂敷在纤网一面，之后进入三层式烘箱 7 的最下层进行烘燥。在轧涂工作区，纤网被导辊输送并翻转后，在轧辊 9 的作用下将黏合剂 8 涂于纤网的另一面，再进入烘箱中层和上层，完成烘燥固化。

4. 泡沫转移式涂层机　图 8-11 为泡沫转移式涂层机，它利用刮刀先将泡沫黏合剂均匀地涂在具有一定透气性的橡胶输送带上。随着橡胶输送带的回转，纤网与涂布的泡沫黏合剂接触，并紧贴压在真空滚筒的表面，在真空作用下，泡沫黏合剂破裂并渗透纤网内部。这种方式由于真空滚筒的作用，能够使黏合剂在纤网中的分布更加均匀，可提高中厚及厚重纤网的浸渍效果。

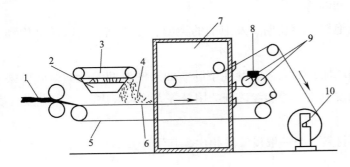

图 8-10　刮/轧涂双用泡沫浸渍机

1—纤网　2—泡沫胶槽　3—发泡装置　4、8—泡沫黏合剂　5—输网帘

6—刮刀　7—三层式烘箱　9—轧液辊　10—卷绕装置

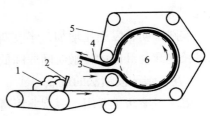

图 8-11　泡沫转移式涂层机

1—泡沫黏合剂　2—刮刀　3—干纤网

4—湿纤网　5—橡胶输送带　6—真空滚筒

（四）发泡原理

1. 泡沫的产生 将不溶性的气体分散在液体中形成的分散体系称为气泡。当液体中发生的很多气泡浮在液面上而不破裂时，它们就会彼此连接在一起形成泡沫。这时将黏合剂代替液体，就形成了泡沫黏合剂。

在制泡技术中，影响泡沫稳定性的一个重要因素是发泡剂的选择，发泡剂必须具有发泡性以及与其他成分的混溶性，而且残留在纤网上的发泡剂对所制成非织造布无不良影响。

目前常用的发泡剂是界面活性剂，如十二烷基磺酸钠、十二烷基硫酸钠。同时，为了增加泡沫的稳定性，还可以添加一些助剂，如羟乙基纤维素。

2. 泡沫特征

（1）发泡率：又称发泡比，发泡度。它是指一定体积的溶液或乳液在发泡前的重量对发泡后相同重量的比，或者说发泡后体积与原溶液体积之比。

随着发泡率的增加，泡沫的密度下降，黏合相应提高。因此必须根据纤维的种类、纤网的定量、产品的要求来选择最佳的发泡比，一般控制在 5∶1～25∶1，发泡一般通过直接称重来求得。

（2）半衰期：是指一定的泡沫容积内所含的液体流出一半所需的时间，它表示了泡沫的稳定性。生产中要严格控制半衰期，使它在施加到纤网上之前很少或者不产生排液，而一旦施加到纤网上，便立即排液。半衰期一般通过加入稳定剂来控制，稳定剂可以用羟乙基纤维素、月桂醇或十二醇等。

半衰期要根据泡沫施加的路径来确定，一般为 2～12min。

（3）泡沫的大小：对稳定性起决定作用的是泡沫的大小，一般认为，泡沫越小，泡沫越稳定，一般要求泡沫直径＜100μm，一般为50μm。在选择泡沫大小时，要保证泡沫处于亚稳定状态。亚稳定状态是指泡沫的稳定程度介于稳定泡沫与不稳定泡沫之间，它在施加到纤网之前是稳定的，而施加到纤网以后则易破裂。

（4）润湿性：又称泡沫的排液性，泡沫在施加到纤网之前必须处于稳定状态，但施加到纤网表面以后，则要迅速破裂、润湿和渗透。

润湿性受诸多因素的影响，如发泡比、半衰期、发泡剂的类型、渗透剂、纤网的结构和前处理等。

实践证明，发泡比增加，半衰期增加，则泡沫润湿性下降。如果泡沫润湿性差，就要采取延长泡沫与纤网的接触时间或降低发泡比，增加渗透剂的用量等方法来解决。

（五）泡沫浸渍法的优点

泡沫浸渍法主要用于薄型非织造材料，与一般浸渍法相比，其优点如下。

（1）结构蓬松、弹性好。

（2）浸渍以后，纤网含水量低，烘燥时能耗小，比饱和浸渍低33%～40%。

（3）黏合结构在纤网的交叉点上，成为点状黏合粒子。

（4）黏合剂水分少，质量分数高，烘燥时避免产生泳移现象。

（5）漏水少，污染小。

（6）生产速度高（大于80m/min）。

二、印花黏合法

印花黏合法是从染整工艺中借鉴过来的技术，这种方法常用于针刺、水刺的后整理。

（一）定义

采用花纹滚筒或者圆网印花滚筒向纤网施加黏合剂的方法称印花黏合法。

（二）印花黏合法的工艺

印花黏合法如图8－12所示。在印花黏合法中，黏合剂的施加量及其在纤网上的分布完全由印花辊的刻花图形、刻纹深度及黏合剂的浓度来决定，因此只用少量黏合剂，就能有规则地分布在纤网上，即使黏合剂的覆盖面积小，也能使纤网得到一定强度。印花黏合法具有黏合剂用量小，黏合面积较小，产品手感柔软，透气性好等优点，但产品强度不太高，不适合加工厚型产品。其产品主要用于医疗卫生用品及揩布等。印花黏合的黏合剂可用丙烯酸酯、纤维素黄原酸酯或羟基纤维素，若在黏合剂中加入染料，还可在黏合加固的同时形成印花效果。

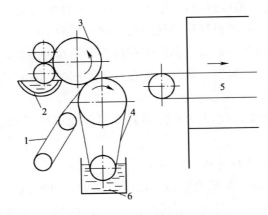

图8－12 印花黏合法示意图

1—纤网 2—黏合剂槽 3—印花滚筒 4—输送帘 5—烘燥室 6—水洗槽

（三）印花黏合法设备

印花黏合设备主要有滚筒式、圆网式两种。下面介绍一下圆网式设备。圆网的规格一般用目来表示，单位是目数/平方英尺，印花黏合法常用的目数有40、60、80、100、120、125、155、255等，网孔的形状有六边形、菱形以及其他形状。目数越大，表示开孔率越小；目数越小，表示开孔率越大。开孔率是指孔的总面积占网的总面积的百分比。

生产中要求厚型非织造布用目数较小的圆网，薄型的用目数较大的圆网。若黏合剂的流动性越好，目数越大；车速越高，目数越小。

本方法用少量的黏合剂就能有规则的、均匀的将黏合剂施加到纤网上，产品的手感好，柔软性好。但该法对纤网要求较高，要求它能承受较大的张力，往往对纤网采取一定的预加固手段，如热轧、针刺等。若在黏合剂中加入一定比例的颜料，可以在加固同时，得到有色非织造产品。

技能训练

一、目标

1. 观察泡沫的形成及印花黏合剂与其他黏合用黏合剂的区别。

2. 学习操作发泡机。

二、器材或设备

发泡机、转移印花机。

任务五　烘燥工艺与设备

知识准备

一、对化学黏合加固烘燥的要求

1. 合适的热固化温度　温度选择的主要依据是，黏合剂的交联，固化温度与纤维的熔点、软化点，生产速度等。一般根据烘燥与固化温度所需的时间来确定，尽可能减少黏合剂的泳移。泳移是指在烘燥过程中高聚物黏合剂在加热时随水分蒸发，一起移向纤网表层，从而使烘燥后纤网表面黏合剂含量多，导致纤网内部黏合剂减少，非织造材料得不到均匀加固，产生纤网分层、强度不匀等现象。

2. 烘燥工艺要求　烘燥温度以及黏合剂乳液的性能等因素对黏合剂的泳移都有显著影响。

生产中一般从以下几个方面来控制烘燥工艺。

（1）在烘燥的第一阶段，即烘燥阶段，温度过高时，纤网进入烘燥区，水分便急骤蒸发，引发泳移现象。因此该阶段温度不宜过高，最好没有预烘工序或控制好该阶段温度。

（2）黏合剂颗粒较大时或颗粒较小时都会引起泳移现象。解决方案是可使用热敏性黏合剂，这种黏合剂在 $40 \sim 60 \, ℃$ 时，即使纤网中还含有大量的水分，黏合剂也能凝聚。

（3）黏合剂与纤网的接触力。若接触力较小，得到的纤网强度不够，解决方案是增加喷洒的黏合剂的压力，或加装真空抽吸装置。

（4）严格控制温度的均匀性，使纤网各处温度偏差在 $\pm(1 \sim 2) \, ℃$ 范围内。

3. 防止纤网的均匀度在烘燥过程中遭到破坏　施加黏合剂的纤网，在进入烘房的初始阶段，强度极低，因此热气流的导入方式、张力和速度如果控制不当，就会破坏纤网结构，纤网中纤维会发生位移、牵伸、收缩和定形，导致非织造材料的不均匀。

4. 选择烘燥的方式和工艺条件　烘燥工艺条件必须考虑以下因素：所用黏合剂的类型、加工特性以及含量，烘燥前纤网的定量，纤网中纤维的排列方式、纵横向强力比，纤网密度，纤维的热性能，最终产品的性能与柔软性等方面。

5. 减少黏合剂对网帘的污染　在烘燥过程中，最棘手的问题是纤网中黏合剂对网帘的污染，因此，要在生产的间隙进行反清洗，以保证生产的连续和稳定。

二、烘燥工艺与设备

目前用于化学黏合热烘燥的方式有对流式、辐射式、接触式等。

1. 对流式　这种方法运用最多，它是应用空气作为热载体将热能转移到纤网或非织材料上，使水分蒸发，黏合剂凝聚、交联固化而得到黏合的目的。按照空气流动方式，它又分为平流式、喷射式和穿透式。喷射式要注意防止轻薄纤网出现波状皱纹；平流式一般不用于厚型纤网的烘燥，否则易造成纤网内外质量的差异。图8-13为平网穿透对流式烘燥机。图8-14为双排喷嘴、两面送风喷射对流式烘燥机。

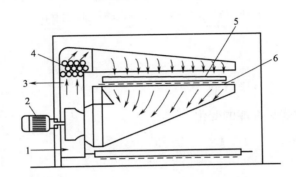

图8-13　平网穿透对流式烘燥机

1—补风　2—风机　3—排湿　4—热交换器　5—纤网　6—帘网

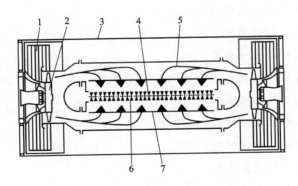

图8-14　双排喷嘴、两面送风喷射对流式烘燥机

1—热交换器　2—风机　3—箱体　4—喷嘴　5—热气流　6—纤网　7—均风板

2. 辐射式　辐射式烘燥主要是指红外、远红外辐射的烘燥，其原理是利用某些材料的辐射能力发出一定波长的射线。被烘燥物能够吸收这种特定波长的红外线或远红外线，并转变为热量，从而对纤网进行烘燥。

3. 接触式　接触式是一种传统的烘燥方式，利用热传导的原理进行烘燥，一般分为单面接触和双面接触两种。双面接触式烘燥如图8-15所示。

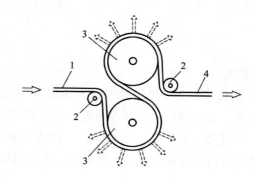

图 8 - 15　接触式烘燥
1—湿纤网　2—导辊　3—烘筒　4—非织造材料

技能训练

一、目标

1. 观察非织造布烘燥后性能的变化。

2. 学习操作烘燥机。

二、器材或设备

烘燥机。

☞ 思考题

1. 阐述非织造布常用黏合剂的性能与应用。

2. 常用黏合剂的辅助材料有哪些？

3. 对黏合剂的选用应满足什么要求？

4. 饱和浸渍的设备有哪些及各种设备的特点是什么？

5. 阐述饱和浸渍的工艺流程及控制。

6. 喷洒黏合的喷头形式及喷洒方式有哪几种？

7. 泡沫是如何产生的？泡沫的特征是什么？

8. 化学黏合对烘燥有什么要求？

9. 纤维黏合有哪几大理论，各有哪些特点和不足？（选做题）

项目九 热黏合法生产工艺技术

✱学习目标

1. 掌握热黏合加固特点。
2. 掌握热轧黏合及热熔黏合的加固原理。
3. 熟悉热轧黏合和热熔黏合设备及特点。
4. 学会热轧和热溶工艺参数设计。
5. 学习热轧黏合和热熔黏合设备的操作及调整。
6. 了解超声波黏合工艺及其原理。

任务一 热黏合的原理与分类

知识准备

热黏合法生产技术是随着合成纤维的发展而得到广泛应用，并获得迅速发展，成为固结纤网的一种重要方法。该方法改善了环境，提高了生产效率，节省了能源，尤其是利用低熔点聚合物取代化学黏合剂，使产品更加符合卫生要求。因此，现在已有很多热黏合法产品取代了化学黏合法产品，使热黏合法成为一种很有前景的生产工艺。

一、热黏合原理与分类

（一）热黏合原理

合成高分子材料大都具有热塑性，即加热到一定温度后会软化熔融，变成具有一定流动性的粘流体，当温度低于其软化熔融温度后，又重新固化，变成固态。热黏合技术就是充分利用热塑性高分子材料的这种特性，使纤网受热后部分纤维软化熔融，纤维间产生粘连，冷却后使纤维保持粘连状态，纤网得以加固。根据热黏合加固纤网的方式，可分为热轧黏合、热熔黏合及其他黏合方式。

（二）热黏合材料

热黏合材料可以是热熔纤维，也可以是热熔粉末，一般多用热熔纤维。目前应用较多的是低熔点热熔纤维，如聚丙烯、聚乙烯、聚氯乙烯、共聚酯、共聚酰胺和双组分纤维等。随着非织造布工业的发展，双组分纤维和其他复合纤维应用越来越多。可用于热黏合材料的还有热熔粉末，如聚氯乙烯、聚乙烯、共聚酯、共聚酰胺、乙烯与醋酸乙烯共聚物等，粉末的颗粒直径为 $200 \sim 400 \mu m$。

在热黏合生产过程中，热熔纤维或热熔粉末必须均匀地分布在纤网中。热熔纤维在纤网准备阶段（开松、混合）与主体纤维充分混和，经开松、梳理和成网制成均匀的纤网。而热熔粉末一般在成网阶段或在纤网喂入加热装置之前，通过撒粉装置均匀地施加到纤网上。

（三）热黏合分类

热黏合法按加热方式分为热熔黏合法、热轧黏合法和超声波黏合法。热熔黏合又分热风穿透式黏合和热风喷射式黏合；热轧黏合又可分为电加热黏合、油加热黏合和电磁感应加热黏合。

热风穿透式热黏合机与热风穿透式烘燥机基本相似，一种为圆网热风穿适式，另一种为平网热风穿透式。热风喷射式热黏合机基本可采平幅烘燥机，只需稍加改动即可。热轧黏合式常用一对钢辊或者由一只钢辊与一只棉辊（铜辊上包覆一层棉层）组成的一对热轧辊。

热熔黏合与热轧黏合的最大区别在于：热熔黏合适合于生产薄型、厚型、蓬松型产品，产品定量为（15～800）g/m^2 或更重；热轧黏合只适用于薄型产品，产品定量大多在（15～80）g/m^2 或更轻，布面平滑，手感较硬。

超声波黏合是一种新型热黏合技术，由动力源、能量转换器、振幅放大器和超声波发生器组成。工作原理是利用高频转换器把低频电流转换成高频电流，再通过电能—机械能转换器转换成高频机械能（超声波），然后传送到纤网上，使纤维内部分子运动加剧并释放出热能，导致纤维软化、熔融，从而使纤维黏合。超声波黏合适合于生产透松、柔软的产品。

（四）热黏合加固的特点

1. 生产速度高 热轧黏合一般生产速度在 60～200m/min 或更高。热熔黏合生产速度与产品的定量有关，在生产 $50g/m^2$ 的薄型非织造布时，速度也可达 100m/min。因此，热黏合工艺技术适应了非织造布生产高速化的发展需要。

2. 能耗低 作为热黏合基本材料的低熔点纤维或双组分纤维，尽管其成本高于一般的黏合剂，但就其总的能耗而言，要比化学黏合法低。据统计，用丙纶热黏合加固，每千克非织造布耗能 $2.4 \times 10^5 J$，而采用浸渍法黏合加固，每千克的能耗为 $3.9 \times 10^6 J$。随着低熔点纤维、双组分纤维生产技术的改进，生产成本的降低，热黏合技术的这一优点会更加显著。

3. 产品的卫生性好 热黏合产品不带有任何化学试剂，因此卫生性好，非常适合于医疗卫生用品的生产和使用，而且生产过程没有三废产生，更符合环境保护。

4. 工艺灵活性大 热黏合即可作为主要的纤网加固手段，直接生产出非织造布，又可作为辅助加固，改善其他加固方法的不足。例如，在针刺加固的纤网中混入少量的热熔纤维，在针刺后再经热处理，可显著提高强力和改善布的纵横向强力比。

（五）热黏合加固的适应性

由热塑性合成纤维构成的纤网都可以采用热黏合加固，如目前非织造布生产中常用的聚酯、聚酰胺、聚丙烯等纤维。棉、毛、麻、黏胶纤维等不具有热塑性，但在热塑性纤网中可加入少量的棉、毛等纤维，可以改善非织造布的某些性能，但一般不宜超过50%。例如，棉/聚酯以30/70混合比制成的热轧黏合非织造布，可明显改善吸湿性、手感和柔软性，非常适合于做医疗卫生用品。棉纤维含量增加，非织造布的强力会下降。但是对于完全由非热塑性纤维组成的纤网也可以考虑用撒粉热黏合的方法加固。

技能训练

一、目标

1. 观察热轧黏合和热熔黏合设备，掌握热黏合原理。

2. 掌握热黏合加固工艺特点。

二、器材或设备

热轧黏合和热熔黏合设备。

任务二　热轧黏合的设备和工艺参数设计

知识准备

热轧黏合法是热黏合法中应用最广的方法之一，它同样利用热塑性聚合物受热后熔融、流动和凝聚来达到黏合纤网的目的。但与热熔黏合法不同的是，它以热轧辊取代热熔黏合法的烘箱或烘筒来实现对非织造布纤网的热黏合。热轧黏合是将疏松的纤维网输送到一对加热的轧辊之间，随着纤网从轧点通过，纤维受到轧辊的加热和压力作用，发生熔融，并在纤维间的交叉点处形成粘结，从而实现纤网的固结。

一、热轧黏合加固原理

（一）热轧黏合过程分析

热轧黏合是指用一对热轧辊对纤网进行加热，同时加以一定压力的热黏合方式，如图9－1所示。当含有热熔纤维的纤网喂入到由热轧辊系统组成的黏合作用区域时，在轧辊的温度和压力的作用下，纤网中纤维部分熔融产生黏合，纤网走出黏合区域后经冷却加固成布。实际上热轧黏合是一个非常复杂的过程，其中发生了很多变化过程，包括纤网被压紧和加热，纤网产生形变和熔融，熔融的聚合物的流动过程和冷却成型过程等。

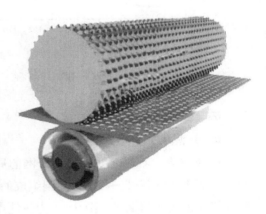

图9－1　热轧黏合示意图

（二）热轧黏合对纤网和纤维结构的影响

利用电子显微镜可以清楚地看到热轧黏合后纤网上的黏合情况，在黏合点处纤维的完整性并没有破坏，但发生了一定的变形。变形的程度与热轧温度和压力有关。同时，在黏合的过程中有一定数量的纤维被剪断。这主要与热轧温度和压力的配合有关。低的温度和高的压力会增加被剪断纤维的数量。

对聚丙烯纤维的热黏合过程的研究表明，大约有10%的晶体——最不稳定的结晶部分和非晶态部分产生熔融，变得能流动。稳定的晶体部分在温度和压力的作用下被韧化。因此，不熔融的稳定结晶越多，热轧黏合后纤维的完整性保持越好。

经热轧黏合后，黏合只发生在纤维交叉点或刻花辊轧点处，未黏合处保持了纤维原有的形态和性能，所以热轧黏合的非织造布具有很好的柔软性、透气性和弹性等。

在热黏合过程中，由于纤维受到热和机械的作用，其微观结构将发生一定的变化，纤维的性能必然产生一定程度的变化。对聚丙烯纤维的热黏合过程研究表明，温度在150℃下，纤网就会产生收缩，如图9-2所示，这是纤维中无定形区分子链松弛的结果。在更高的温度时，由于微小的带有缺陷的晶体部分开始熔融，致使纤维产生突然而迅速收缩。无定形区分子链解取向的程度与黏合温度有关。黏合温度越高，分子链解取向的程度越大。

热黏合后纤维结晶度的变化，不仅受黏合温度的影响，而且更主要的是受冷却速率的影响。在低于熔点温度热黏合时，结晶度随黏合温度的升高而增加，如图9-3所示。因为随着黏合温度的上升，无定形区的分子运动变得越来越容易，使得各晶区都有生长，反映在晶面方向的平均晶粒尺寸增大。当黏合温度超过熔点后，在黏合区内的纤维熔融，若再急剧冷却，将导致相对结晶速率减慢，结晶度降低。

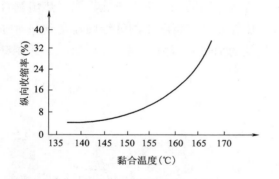

图9-2　黏合温度对收缩的影响

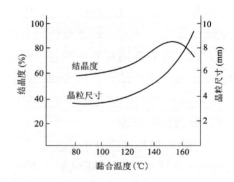

图9-3　黏合温度对结晶的影响

二、热轧黏合工艺

（一）热轧黏合形式

1. 点黏合　点黏合是通过对纤网的局部热黏合而达到固结纤网的热黏合形式。一般采用一只钢质刻花辊与另一只钢质光辊组成的双辊式，也可采用由钢质刻花辊、钢质光辊和棉辊组成的三辊式或四辊式。图9-4为热轧点黏合工艺示意图。当纤网通过热轧辊时，刻花辊表面占有一定比例的花纹凸点与纤网及光辊表面接触。对纤网施热和压力，使纤网在接触点形成黏合点，从而达到固结纤网的目的。

由于纤网只是在凸点接触面上进行局部黏合，未被黏合部分仍保持原有结构，因此，成品具有良好的蓬松性和柔软性。刻花辊的花纹凸点所占比例决定着黏合面积的大小，它直接影响产品的质量。目前，采用的刻花辊点黏合面积一般在30%以下，黏合面积越大，产品强力也越高，但产品手感变差。生产高档热熔黏合衬以采用8%~14%黏合面积较佳、特殊产品甚至可小至0.55%。刻花辊表面常用的图案有菱形、方形和十字形等。

热轧点黏合方式最适宜加工 $15 \sim 80 g/m^2$ 的薄型产品，产品适用于做服装衬布、医疗卫生用品、尿布、鞋衬和电气绝缘材料等。点黏合对纤网原料的要求是，一般只要纤网中混有 $30\% \sim 50\%$ 的热熔纤维即可，常用纤维有纯聚酯纤维、纯聚丙烯纤维、聚丙烯纤维与黏胶纤维混合、聚酯纤维与黏胶纤维混合和 PE/PP 双组分纤维等。

2. 面黏合　面黏合是通过对纤网的整体表面黏合而达到固结纤网的热黏合形式。一般采用一只钢质光辊和一只棉辊。为使产品两面具有光滑平整的外观且提高黏合效果，可以采用两组轧辊进行加工。图 9-5 为两组轧辊的热轧面黏合工艺示意图。当纤网通过热轧辊时，由于受到光辊轧压，其整体表面均匀地受到热和压力的作用，低熔点纤维发生熔融、流动、粘结而成布。由于纤网表面均匀受压，因此，产品具有表面光滑和平整的特点。

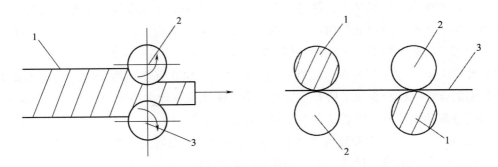

图 9-4　热轧点黏合示意图　　　　　图 9-5　热轧面黏合示意图
1—纤网　2—刻花辊　3—光辊　　　　1—光辊　2—棉辊　3—纤网

热轧面黏合方式一般只适合加工 $15 \sim 25 g/m^2$ 的薄型纤网，特殊产品甚至在 $10 g/m^2$ 以下。这些产品适合制作医疗卫生用品、尿布、药膏基布和胶带基布等。这种黏合方式对纤维原料的要求是，纤网中热熔纤维的含量一般不低于 50%，否则会使产品的强力下降。常用纤维为纯聚丙烯纤维、双组分纤维、聚丙烯纤维与黏胶纤维混合。

（二）热轧黏合设备

1. 热轧辊加热方式　热轧辊加热方式主要有电加热、油加热和电感应加热三种类型。

（1）电加热。电加热方式是最老式的加热方式，它利用电热丝发热使轧辊受热，特点是结构简单，维修方便，升温速度快，但加热均匀性和稳定性较差，温度控制精度较低，尤其不适合用于幅宽较大的轧辊。

（2）油加热。油加热方式是当前最常用的加热方式，它采用导热油作为热媒体给热轧辊加热。导热油加热后输入热轧辊，通过轧辊内的热油回路传递热量，使轧辊表面升温，从轧辊流出的热油经过滤、加温后再输入轧辊。这种加热方式，具有良好的温度均匀性和热稳定性。

（3）电磁感应加热。电磁感应加热是近年来发展的一种新型加热方式，其工作原理是：利用安装在轧辊内的感应线圈形成感应电流来加热轧辊，如图 9-6 所示。感应线圈绕在钢辊的芯轴上，相当于变压器的输入线圈，它固定不转。当感应线圈通过交流电时，就产生了磁场，它使钢辊表面产生感应电流，钢辊自身产生热量。

2. 热轧辊基本要求　热轧机主要由一对轧辊组成，在轧辊两端装有液压加压系统，轧辊内部装有加热部件。轧辊可由多种热源进行加热。为了保证产品性能的均匀一致，一般轧辊两端和中间的温度和压力应均匀一致。一般轧辊两端和中间的温度差控制在 ±1℃，以避免中部和两边所得到的黏合效果不一样。

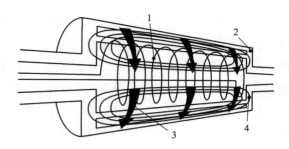

图 9－6　电磁感应加热辊工作原理

1—感应线圈　2—钢辊　3—磁力线　4—感应电流

轧辊压力是在轧辊两端施加的，轧辊会因此而产生弯曲变形，机幅越宽，越易变形。如果弯曲变形不采取补偿措施，则两轧辊间中部的压力会由于轧辊弯曲而低于两端。所以，一般在轧辊结构设计上，采用一定的措施来补偿上述的变形。目前主要有以下几种补偿方式。

（1）中凸轧辊。这是最简单和最有效的方式之一，但它仅仅适用于特定的加压要求，即在中凸轧辊的设计时已经设定了所要施加的压力，依此来设计中凸度的大小。压力大小变化，辊的中凸度也需随之改变。因此这种方法有一定的局限性。

（2）轴线交叉。两轧辊的轴线通过主轴承的侧向位移而相交，可使得轧辊两端的钳口尺寸增大，即大于中间的钳口尺寸，以达到弯曲变形补偿。

（3）内压空心轧辊。用液压支撑芯轴补偿空气轧辊的弯曲，也是一种有效的方法。这种方法提供了应力线上的局部补偿。这种补偿也只能限于一定的范围，不能得到完全补偿。

（4）外加弯矩。这种方法是通过轧辊外端施加弯矩使应力得到补偿。

通过采用以上几种结构，轧辊弯曲变形造成的压力不匀，可得到一定程度的补偿。只有中凸轧辊方法才能得到完全的补偿，然而这种结构仅仅适合于特定的压力。

3. 热轧机的种类及特点　现在各公司生产的热轧机种类型号很多，按其采用的加热方式可分为三类。

（1）电加热型。这是最传统的加热方式，采用在轧辊内腔安装加热管加热。国内生产的窄幅热轧机常用这种加热方式，其特点是结构简单，易于维修，升温速度快，但温度控制精度较低，加热的均匀性和稳定性较差，不适应宽幅热轧度。这种方法应用越来越少。

（2）导热油加热型。导热油加热后通过热轧辊的芯轴的长孔输入热轧辊，热轧辊呈一定壁厚的钢管状，管壁内设有热油导孔，并形成循环的热油回路。导热油通过轧辊内部的热油回路传递热量，使轧辊升温。导热油从轧辊流出后经过滤、加热后再输入轧辊。导热油可由燃油或燃煤锅炉加热，也可直接采用安装在热轧机边上的电加热油锅炉加热。

这种方式温度控制精度较高，整个轧辊温度均匀稳定，温度偏差小，可控制在 ±1℃。这是目前多数采用的加热方式。由于以轧辊端头通入导热油，因此需采用严格的密封，使用或维修不当，易造成漏油。此外，需要配备导热油加热系统。图 9－7 是意大利 Comerio Ercole 公司轧辊热油回路示意图。

（3）电磁感应加热。这是日本东电（TOKUDEN）公司经多年研究，成功制造出的一种

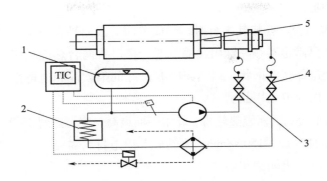

图 9 – 7　意大利 Comerio Ercole 公司轧辊热油回路示意图
1—储油槽　2—加热炉　3—供油阀　4—回油阀　5—轧辊

新型热轧机。由于其轧辊的温控精度高（100～260℃时可控制在±1℃），加热温度范围大（可达400℃），升温快，轧辊表面温度均匀，控温方便等优点，已被许多公司采用。

其工作原理如图9–8所示，电感应线圈7绕在芯轴8上，相当于一次线圈，它固定不动，钢辊体6作为二次线圈通过轴承2套在芯轴外可以转动。当交流电通过电感应线圈产生交变磁场时，钢辊表面就产生了感应电流并产生热能，即成为热轧辊。

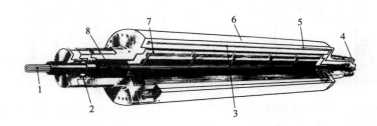

图 9 – 8　电磁感应加热轧辊的结构
1—电源导线　2—轴承　3—轴向长孔　4—轮毂　5—温度传感器
6—钢辊体　7—电感应线圈　8—芯轴

为减小轧辊的表面温差，在钢辊体的圆周方向均匀分布了数十个轴向长孔3，并在长孔内真空注入热媒（主要为纯水），利用热媒的流动性和储热、放热特性补偿温差。其中，一部分长孔的两端封闭，以补偿轴向温差；另一部分长孔的两端连通，以补偿圆周方向的温差。电感应线圈采用分段供电，如果中部线圈供电加强，则钢辊因热膨胀而呈中凸辊，可有效补偿轧辊线压力的平衡。

由于电感应轧辊不使用蒸汽、导热油，一般不需要维修，但制造成本高。

4. 典型的非织造热轧机　按照热轧机轧辊的数量分有两轧辊式、三轧辊式、四轧辊式等。热轧辊根据产品需要可选用表面刻有花纹的刻花辊或光辊。

（1）刻花辊和光辊组合。在热轧黏合时，只在刻花辊凸轧点处纤维产生热黏点，具有这种结构的热轧黏合非织造布产品较柔软。

（2）光辊和光辊组合。在热轧黏合时，纤维交叉点处都产生黏合，因此黏合点多，产品平整密实，手感较硬挺。

（3）光辊和棉辊组合。在热轧黏合时，形成单面的表面黏合效果，只有靠近光辊的纤维产生黏合。这种产品可满足某些特殊用途的需要。也可将两台热轧机串联使用，在纤网两面形成表面黏合，中间层保持线网状，以达到既有良好的柔软性和通透性，又有平整光滑表面的要求，可用于生产医疗卫生用品。

图9-9为Ramisch公司的两辊热轧机。轧辊表面最高温度可达到250℃，温度误差≤±1℃，轧辊钳口压力调节范围为15～150N/mm。当热轧非织造材料需要不同的轧点花纹时，两辊热轧机必须停产一定的时间更换刻花辊。

图9-10为Ramisch公司的三辊热轧机。一般配置一根点黏合刻花辊和一根复合用刻花辊，其轧辊钳口变换非常迅速，变换工艺时无需花很长时间更换刻花辊。

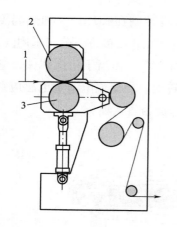

图9-9　Ramisch 公司的两辊热轧机

1—纤网　2—刻花辊　3—光辊

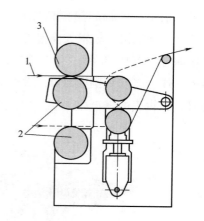

图9-10　Ramisch 公司的三辊热轧机

1—纤网　2—刻花辊　3—光辊

图9-11为küsters公司的热轧机。图9-12为意大利Comerio公司的两辊热轧机。

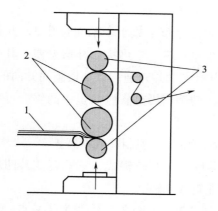

图9-11　küsters 公司的热轧机

1—纤网　2—刻花辊　3—光辊

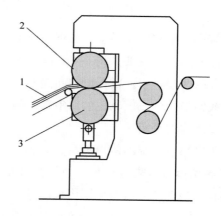

图9-12　意大利 Comerio 公司的两辊热轧机

1—纤网　2—刻花辊　3—光辊

　　根据刻花辊上凸点的形状和排列方式，可在布的表面形成一定的花纹。当生产不同定量或不同性能要求的热轧非织造材料时，应选择不同轧辊花纹和不同轧点高度的轧辊才能保证产品的预期质量。常用的轧点形状如图 9－13 所示。

图 9－13　常用的轧点形状

（三）影响热轧黏合非织造布性能的工艺参数

1. 黏合温度　黏合温度的选择主要取决于纤维的软化熔融温度，它对产品的许多性能有影响。

　　图 9－14 为黏合温度对涤纶热轧黏合非织造布拉伸强力的影响。从图中可看出，随着温度的升高，强力不断增大，当温度升高到 232℃ 左右时，强力达到最大值。温度继续提高，布的强力反而下降。这是因为在温度低时，纤维在黏合作用区尚未完全软化，冷却固化后黏合强力很小，所以布的强度较低。随着温度的升高，黏合作用区中的纤维逐渐完全软化熔融，这时的粘结强力显著上升，所以布的拉伸强力增大。但在温度高达临界点后，继续提高温度，纤维的原有结构遭到破坏，导致布的强力降低。图 9－15 是丙纶热轧黏合布的拉伸强力随黏合温度的变化曲线。

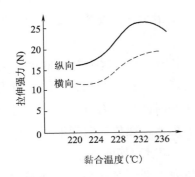

图 9－14　涤纶热轧温度与拉伸强力的关系

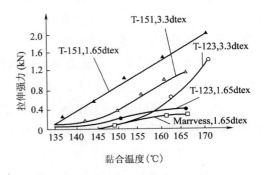

图 9－15　丙纶热轧温度与拉伸强力的关系

　　黏合温度对布的尺寸稳定性的影响（图 8－2）：黏合温度越高，收缩率越大。这主要是纤维无定型区分子链受热后松弛和解取向度的结果。此外，随着黏合温度的增加，布的弯曲刚度也增大。因为超过适宜的黏合温度，大部分纤维熔融，导致粘结面积增加，缩短了粘结点之间的纤维长度，使布的柔软性随之减小，抗弯刚度增大，如图9-16所示。

2. 黏合压力　从黏合过程分析可知，压力对改善轧辊到纤网的热量传递，促进熔融纤维的流动，增加纤维的接触面积有重要作用，是形成良好黏合的必要条件。压力的选择取决于纤网的厚度、纤维种类等因素。在其他条件一定时，轧面压力有一个最佳值。在低于最佳压力时，压力增大，纤网的强力随之增大，达到某一临界值后，继续增大压力，强力反而下降。这是因为过大的压力，会在纤网的黏合区与非黏合区交界处造成纤维的严重损伤，产生弱点，使纤网的强力下降，如图9-17所示。

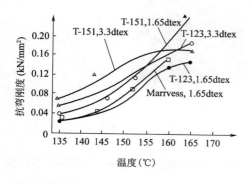

图9-16　热黏合温度对抗弯刚度的影响

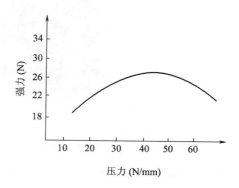

图9-17　压力与强力的关系曲线

在制订工艺时，不能用过高的压力来弥补黏合温度的不足，反之，也不能用过高的温度弥补压力的不足。最佳的压力和温度值取决于所用纤维、纤网厚度、生产速度、轧辊直径和轧辊表面花纹。图9-18所示为丙纶在一定的温度下取得最佳强力时，压力随生产速度的变化情况。它说明，在提高生产速度的同时，必须相应提高压力，才能保证黏合后布的最佳强力值。

3. 纤网定量　纤网定量直接影响到黏合温度和压力的选择。一般来说，纤网定量越大，相应的温度和压力也应越高。如果正确地选择轧辊温度，随着纤网定量的增加，布的强力也明显提高。如果选择不当，可能会在某一定量时，强力达到最大值。此后，随着定量的增加由于黏合不透彻反而强力会逐渐下降。

4. 生产速度　纤网通过轧辊表面时的热传递需要一定的时间。这一时间取决于生产速度、轧辊直径和压力。轧辊直径大，表面曲率小，可增大纤网的预热时间，有利于提高生产速度；压力大，两压辊接触面宽度增大，使纤网与压辊接触时间长，有利于黏合。对于给定的设备，热传递的时间主要取决于速度。随着生产速度的提高，热传递时间缩短，将对黏合效果产生一定的影响。图9-19指出三种不同的温度下生产速度对横向强力的影响。

直线 I 表明，在温度为150℃时，如果要保证布的强力不低于某一值（如横虚线所示）那么生产速度只能低于90m/min。但只要将温度提高4℃，生产速度就可超过120m/min。

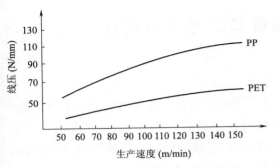

图 9 – 18　压力与生产速度关系曲线　　　　图 9 – 19　生产速度对横向强力的影响

5. 刻花辊轧点尺寸和数目　产品的强力也受到轧辊的花纹的影响，若增加总的黏合面积，横向强力也随之增大；轧点的尺寸还会影响布的柔软性，轧点越大，两轧点间距离越小，布的柔软性越差。

6. 冷却速率　冷却速率的大小会直接影响纤维的微观结构的形式，从而对纤维和布的性能产生影响。当冷却速率适度增大时，纤网的强力增大，达到某一冷却速率值后，如继续增大，强力又呈减小的趋势。

任何给定的纤维，对黏合强度都存在一个黏合和冷却的最佳条件。冷却速率太快，会在纤维和布的结构中产生应力集中，必然导致布的强度降低。黏合温度过高，冷却速率太快，将会导致粘结点周围处的纤维脆化。在实际生产中，若冷却条件不变（室温自然冷却），则黏合温度的提高或降低，都将导致非织造布冷却速率的改变，对非织造布的性能产生影响。

7. 粘结纤维含量及性能　粘结纤维的含量及其性能对非织造布的性能也有影响，也是正确选择黏合温度、压力和速度等工艺参数的依据之一。一般地讲，随粘结纤维含量的增加，非织造布的强度有所增大，但非织造布的强度也受到粘结纤维与主体纤维相对力学性能差异的影响。如果粘结纤维强度低于主体纤维，那么粘结纤维含量有一最佳值，过分增加粘结纤维含量，强力反而会降低。

技能训练

一、目标

1. 熟悉热轧黏合设备及特点。

2. 学会热轧工艺参数设计。

3. 学习热轧黏合设备的操作及调整。

二、器材或设备

热轧机和其他热轧黏合设备。

任务三 热熔黏合的设备和工艺参数设计

知识准备

热熔黏合法是采用烘箱或烘筒烘燥的方式，使纤网中的热熔纤维或热熔粉末受热焙融，熔体发生流动并凝结在纤维交叉点上，达到黏合主体纤维的目的。热熔黏合采用单层或多层平网烘箱或圆网滚筒对纤网加热，在较长的烘箱内纤网有足够的时间受热熔融并产生黏合。在热风黏合生产中，大多要在纤网中混入一定比例的低融点纤维或双组分纤维作为粘结纤维，或采用撒粉装置在纤网进入烘箱前施加一定量的黏合粉末。粉末熔点较纤维熔点低，受热后很快熔融，使纤维之间产生黏合。

一、热风穿透式热黏合

（一）单层平网热风穿透式黏合

平网热风穿透式黏合是一种应用较早的黏合工艺，它与平网穿透对流式烘燥原理基本相同。在这种热风黏合过程中纤网迅速加热，当达到一定温度后迅速降温，然后全面冷却，以保持黏合的纤网有一定的弹性和结构稳定性。平网热风穿透式比较容易控制，所以生产中运用较多，其工艺流程如图9-20所示。热风由烘箱上部吹入，穿过纤网经下部风机抽出后进入加热器，经加热后再吹入烘箱依次循环。这种热熔黏合机采用单帘网，纤维不受加压作用，热黏合后有一段很长的自然冷却过程，生产的产品蓬松，弹性好。

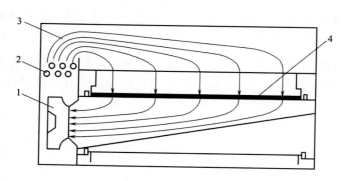

图9-20 带负压的平网热风穿透式黏合的工艺流程
1—风机 2—热交换器 3—循环空气 4—纤网

图9-21为平网热风穿透式热黏合机的工艺流程。由图可知，在纤网经过热风穿透式热黏合后，还经过一对热轧辊，在生产定量较大的厚型产品时，可控制产品所需厚度，或者使产品两面都比较光洁，起烫光作用。最后经自然冷却或用冷风、冷水辊强制冷却，再卷绕成布卷。这条生产线较长，因此，可生产定量较大的厚型产品，并且生产速度也较高。

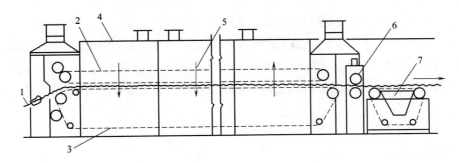

图 9 - 21 平网热风穿透式热黏合机的工艺流程

1—纤网 2—上帘网 3—下帘网 4—烘箱 5—热风 6—压辊 7—冷却装置

(二) 单滚筒圆网热风穿透式黏合

圆网热风穿透式黏合是近年来迅速发展的一种黏合工艺，与圆网穿透对流式烘燥原理基本相同。单滚筒圆网热风穿透式黏合机由表面为金属圆网的开孔滚筒、送网帘、压网帘、进风和排风装置组成。其中金属圆网滚筒是热风穿透式黏合机的关键部件，主要有两种结构。一种是表面冲孔的薄钢板卷成一定直径，两侧加上固定边盘而成。其特点是加工方便，制造成本低，滚筒表面开孔率为 48% 左右。滚筒表面套装金属圆网。该筒最大直径可达 3500mm，最大工作宽度达 4m，在 250℃ 工作温度下，温差可控制在 ±1.5% 内，整个工作宽度上气流分布不匀率不超过 ±5% 。

另一种比较新型的圆网热风穿透式黏合机采用薄壳结构的特制圆筒，特点是该筒表面结构强度高，表面开孔率高，一般可达 90% 左右，它早已运用于纺织和造纸工业的高效率热风烘燥。

图 9 - 22 为单滚筒圆网热风穿透式黏合工艺流程，纤网送入热黏合机与圆网滚筒表面接触，热风从圆网滚筒的表面向内吹入，对纤网加热后进入滚筒内，由滚筒一侧的轴流风机抽出而形成负压。

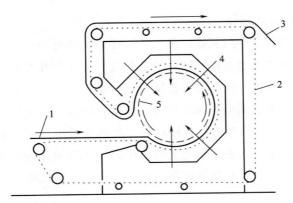

图 9 - 22 圆网热风穿透式黏合的工艺流程

1—纤网 2—输网压网帘 3—非织造布 4—热风 5—圆网滚筒

由于圆网滚筒内存在负压，在纤网定量较轻时，如 $16 \sim 50 g/m^2$ 时，可不使用压网帘，而只使用送网帘即可。因为轻定量纤网被负压吸附在圆网滚筒表面，当加热输出时，由于滚筒内装有一块气流密封挡板，其表面无气流吸入即无负压产生，纤网经热黏合后顺利输出，经自然冷却或冷却装置后即制成结构稳定的非织造布。在纤网定量较重时，不仅需要输网帘、压网帘，有时还需要使用多只圆网滚筒，以便厚纤网得到充分加热，才能形成稳定结构的非织造布。

二、热风喷射式热黏合

（一）双帘网热风喷射式黏合

热黏合机采用双帘网输送纤网装置，在生产过程中既可采用热熔粉末黏合，又可使用热熔纤维黏合。图 9-23 为双帘网热风喷射式热黏合的工艺流程。混合纤维经给料箱均匀喂给输送帘，热熔粉末从撒粉装置向下均匀撒到纤维层中，然后纤维层输入气流成网机形成纤网；混有热熔粉末的纤网由双帘网夹持并送入烘箱，经过上下喷射的热风进行加热黏合，加热后的纤网自然冷却并卷装成型。这种生产过程也可采用热熔纤维，混有热熔纤维的混合纤维由给料箱均匀喂给，无需使用撒粉装置，由气流成网机输出的纤网均匀地分布有热熔纤维，输入烘箱进行加热黏合。采用双帘网热风喷射式热黏合，产品不易受到热风影响而变形，结构较稳定。

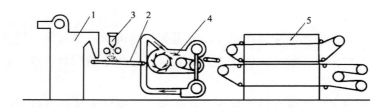

图 9-23　双帘网热风喷射式热黏合的工艺流程

1—喂给装置　2—输送帘　3—撒粉装置　4—气流成网机　5—烘箱

（二）单帘网热风喷射式黏合

热黏合机采用单帘网输送纤网装置，在生产过程中同样可采用热熔粉末黏合和热熔纤维黏合。图 9-24 为单帘网热风喷射式热黏合的工艺流程。混合纤维经喂料斗均匀地喂给梳理机，由梳理机输出的单层纤网，经撒粉装置加入热熔粉末，然后由交叉折叠装置铺置成较厚的纤网，输入烘箱经热风喷射加热。加热黏合的纤网再经压辊的加压作用，制成结构稳定和符合质量要求的非织造布。这种生产过程同样可采用热熔纤维进行热黏合，而无需使用撒粉装置。该机的不同之处在于，它采用了交叉折叠成网，并利用各种纤维下脚料与低熔点热熔粉末，能制成很厚的垫毡。其产品弹性和保温性好，适用于做床垫、椅垫和沙发垫等，甚至可替代泡沫塑料。

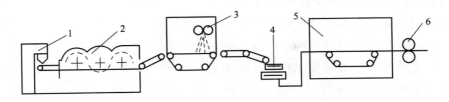

图 9-24 单帘网热风喷射式热黏合的工艺流程

1—喂给装置 2—梳理机 3—撒粉装置 4—铺网装置 5—烘箱 6—压辊

三、影响热熔黏合产品质量的主要因素

影响热熔黏合产品质量的主要因素有纤维的特性、热熔纤维混合比、热风温度与速度、帘网移动速度（即纤网加热时间）。

（一）不同热风温度下纤网加热时间与产品强力的关系

热风温度、热风速度与纤网速度三者对热风黏合产品起到十分重要的直接作用。纤网速度也就是帘网运动速度，实际上反映了纤网加热时间。在热风黏合生产中，一般根据热熔纤维的熔点来选择热风温度。热风温度高，则纤网加热的时间可以缩短，热熔纤维仍可达到所需的熔融或软化温度。在同样加热时间的条件下，热风温度高些，纤网中热熔黏合点更多些，则产品强力提高。当然，热风温度不能超过纤维熔点，否则产品强力反而下降。图 9-25 为在两种热风温度条件下，纤网加热时间与产品强力的关系。由图 9-25 可见，在同样加热时间内，热风温度高的，产品强力也高。为达到同样强力要求，加热温度高的，纤网加热时间就短，也就是提高了生产速度。

（二）不同热风速度下纤网加热时间与产品强力的关系

在热风黏合生产过程中，一般根据纤网定量来选择热风速度。热风速度高，实际上是增加了单位时间内的加热量，其最终产品的强力也高。在同样加热时间的条件下，热风速度高些，纤网中热熔黏合点也多些，产品强力高些。当然，热风速度不能破坏纤网的结构，否则，产品强力同样会下降。图 9-26 表示在两种热风速度条件下纤网加热时间与产品强力的关系。由图 9-26 可知，在同样加热时间内，热风速度高的，产品强力也高。为生产相同强力的产品，在提高热风速度时，应减少加热时间，即提高纤网速度，这样可以同时提高生产速度。

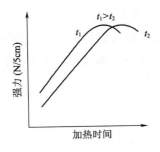

图 9-25 不同热风温度下纤网加热时间与产品强力的关系

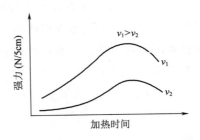

图 9-26 不同热风速度下纤网加热时间与产品强力的关系

（三）热熔纤维不同混合比与产品强力的关系

图9-27表示某种热熔纤维不同混合比与产品强力的关系，图中A点表示某种单组分热熔纤维的熔点。当这种热熔纤维采用100%或60%进行热风黏合，纤网的加热温度接近熔点温度时，产品可获得最大强力。如果加热温度超过熔点温度，所得产品的强力反而降低，这是因为热熔纤维过度加热，纤维结构遭破坏和纤维发脆所造成。

当这种热熔纤维采用30%时，由于纤网中热熔纤维根数较少，在纤维交叉点热熔黏合的机会减少，因此所得产品的强力很低。如果纤网加热温度超过熔点温度，所得产品强力更低，其原因与前述相同。

当采用30%的双组分热熔纤维时，由于该纤维外层熔融温度比内芯为低，如果纤网加热温度超过纤维外层熔触温度但并不超过内芯熔融温度，所得产品的强力随加热温度的增加而增加。

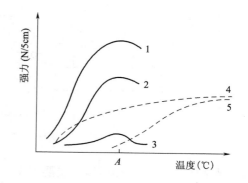

图9-27　热熔纤维不同混和比与产品强力的关系

1—100%单组分热熔纤维　2—60%单组分热熔纤维
3—30%单组分热熔纤维　4—30%双组分热熔纤维
5—30%单组分热熔纤维

当含有30%单组分热熔纤维的纤网加热时受到双帘网的加压作用时，同样根数的纤维在压力作用下增加了相互接触点，因而增加了热熔黏合点的数目。如果纤网加热温度超过纤维的熔点温度。纤维熔体流动性大大增加，熔体更容易与纤维交叉点形成热黏合作用。因此，随着加热温度增加，产品强力也增加。

（四）PE/PP纤维等双组分纤维与产品质量的关系

PE/PP纤维的热熔温度范围较大，在130～152℃之间，加热温度要求低于纯聚丙烯纤维，因此烘箱温度控制较方便。另外，PE/PP纤维热收缩率小，不像纯聚丙烯纤维或纯聚乙烯纤维受热时剧烈收缩，因此产品质量好，尺寸变化小，有利于高速生产。

PE/PP纤维在纤网中的含量，一般以占纤网定量的50%为好，可得到最高的强度。如果生产薄型纤网，也可以使用100%的这种纤维。在热风黏合生产中，可生产50～300g/m² 的蓬松的非织造布，用于制作空气过滤材料、保暖材料、吸油材料、服装衬里和某些土工布等。

除了PE/PP纤维之外，还有许多复合纤维，如KSC、EVA/PP、EVA/PES等。由于低熔点热黏合材料流动性差，不能形成点状黏合，一般呈团块状黏合，所以粘结强度较低。采用双组分纤维容易得到点状黏合，所得产品有一定的强度、较好的弹性和蓬松性，因此，它在热黏合生产中应用越来越多。

技能训练

一、目标

1. 熟悉热熔黏合设备及特点。
2. 学习热熔工艺参数设计。

3. 学习热熔黏合设备的操作及调整。

二、器材或设备

热熔热轧黏合设备。

任务四　超声波黏合的工艺原理与设备

知识准备

一、概述

人类听觉上限频率约为 20000Hz，高于此频率的声波通常称为超声波，或称为超声。最早的超声是 1883 年由通过狭缝的高速气流吹到一锐利的刀口上产生的，称为 Galton Hartmann 哨。以后又出现了各种形式的气哨、汽哨、液哨等机械型超声发生器。

超声发生器又称为换能器。20 世纪初，电子学的发展使人们能利用某些材料的压电效应和磁致伸缩效应制作各种机电换能器。随着材料科学的发展，应用最广泛的压电换能器已从天然压电晶体过渡到价格更低廉、性能更良好的压电陶瓷、人工压电单晶、压电半导体以及塑料压电薄膜等，并使超声频率的范围从几十千赫提高到上千兆赫。

超声波在介质中传播时，声波与介质相互作用，由于其频率高的特点，产生了一般声波所不具备的超声效应。超声效应主要有以下三方面：线性的交变振动作用、非线性效应、空化作用。超声波黏合利用的是非线性效应，而超声波清洗喷丝板或水刺喷水板，利用的是超声波的空化作用。

超声波用于各种工业生产已有 40 多年的历史。美国杰姆士·亨特机械公司在 20 世纪 70 年代后期研制成功了称为 Pinsonic 的超声波热黏合技术，用以取代传统的纫缝机，生产床毯、垫褥、滑雪衫等纫缝产品。超声波黏合技术发展至今，已经可取代某些热轧机，生产叠层复合非织造材料。

二、超声波黏合工艺过程及原理

超声波黏合的能量来自电能转换的机械振动能，换能器将电能转换为 20kHz 的高频机械振动，经过变幅杆 4 振动传递到传振器 5，振幅进一步放大，达到 100μm 左右。在传振器的下方，安装有滚筒 6，其表面按照黏合点的设计花纹图案，植入许多钢销钉。销钉的直径为 2mm 左右，露出滚筒约为 2mm。超声波黏合时，被黏合的纤网或叠层材料喂入传振器和辊筒之间形成的缝隙，纤网或叠层材料在植入销钉的局部区域将受到一定的压力，在该区域内纤网中的纤维材料受到超声波的激励作用，纤维内部微结构之间产生摩擦而产生热量，最终导致纤维熔融。在压力的作用下，超声波黏合将发生和热轧黏合一样的熔融、流动、扩散及冷却等工艺过程。

图 9-28 为超声波黏合原理示意图。

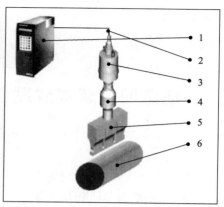

图 9 - 28　超声波黏合原理示意图

1—电源控制箱　2—高频电缆　3—换能器　4—变幅杆　5—传振器　6—滚筒

超声波黏合技术具有以下两个特点。

（1）与热轧黏合相比，设备上无加热部件，因为其不采用从纤网材料的外表面传递热量来达到熔融黏合的方式。超声波能量直接传送到纤网内部，能量损失较少，每个部位比常规热黏合节省大量的能量，生产条件大大改善。

（2）超声波黏合设备的可靠性高、机械磨损较小，操作简便、维修方便。与绗缝机相比，产量要高得多，一般高 5～10 倍。如 3.3m 工作宽度的 Pinsonic 黏合设备的生产速度可达到 9m/min，并且不用缝线，黏合缝的强度比较高，洗涤后无缝线收缩的缺陷。与针刺复合相比，超声波黏合复合的生产速度较快，可达到 4～8m/min。

三、超声波黏合设备

超声波黏合设备通常由超声波控制电源、超声波发生及施加系统，以及托网滚筒和滚筒传动系统等组成。其关键部件是超声波发生及施加系统，包括换能器、变幅杆、传振杆及加压装置。

1. 换能器　一般有两种换能器。

（1）磁致伸缩换能器：基于磁场的磁力效应来实现机电能量互换。

（2）压电换能器：基于某些晶体或极化了的陶瓷体的电致伸缩效应来实现电声能量转换。

换能器的实际尺寸设计，应保证换能器的整体在预定的工作频率产生机械共振。

2. 变幅杆和传振杆　超声波黏合所用的变幅杆和传振杆具有不同的用途。变幅杆又称为波导杆，用来耦合换能器与负载的参数，同时起到固定整个机械系统的作用。传振杆则用于在黏合区域激发振动，主要形式有圆锥形、悬垂线形、指数形。

圆锥形传振杆虽然损耗最大，但应力最小，工作可靠性好，是常用形式。在机械结构上，传振杆应尽量避免应力集中现象，尤其是螺纹连接处。在选材上，通常考虑损耗系数小、疲劳强度极限较高的材料。

3. 典型超声波热黏合和复合设备　kuster 超声波热黏合设备，具有压力自动调节功能，可保证均匀的黏合效果。

超声波热黏合复合设备工作幅宽为 2.2m，复合速度为 5m/min，采用气缸加压，装机容量为 12kW，配有 11 套超声波黏合单元，如图 9 - 29。整套设备还设有退卷、张力控制和卷绕装置等。该设备的特点是，免用针线，省略换针线的麻烦；生产效率高，比传统针线工艺快 5 倍；缝合强度超过针线制品；制品表面美观，具有立体感，适应时代潮流；花纹图案众多，可任意选择采用（图 9 - 30）；操作方便，全自动控制变频调速。

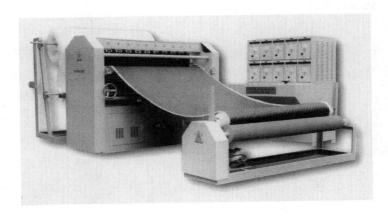

图 9 - 29　超声波热黏合复合设备

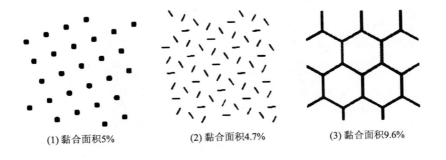

(1) 黏合面积5%　　　　(2) 黏合面积4.7%　　　　(3) 黏合面积9.6%

图 9 - 30　超声波热黏合叠层材料的花纹

技能训练

一、目标

学习超声波黏合设备的操作及调整。

二、器材或设备

超声波黏合设备。

思考题

1. 试述热黏合加固特点。
2. 试述热轧黏合机理。
3. 轧辊加热方式有几种？各有何特点？
4. 对轧辊弯曲变形可采取哪几种补偿措施？
5. 热轧黏合工艺参数对产品性能有何影响？
6. 试述热熔黏合设备的种类及特点。
7. 试述超声波黏合原理。

项目十　纺粘法非织造布生产工艺技术

✽**学习目标**

1. 掌握纺粘法非织造布的加工原理和产品特点。
2. 了解纺粘法非织造布生产对原料的要求。
3. 掌握纺粘非织造布生产工艺设置方法及参数计算。
4. 熟悉纺粘法生产流程中各主要设备结构特点和工作原理。

任务一　纺粘法非织造布的生产流程及特点

知识准备

纺粘法非织造布工艺是利用化学纤维纺丝成型原理，在聚合物纺丝成型过程中使连续长丝铺置成网，纤网经机械、化学或热方法固结后成非织造布。纺粘法非织造布以其流程短、生产效率高、成本低廉、产品性能优异等特点广泛用于医疗、卫生、汽车、土工建筑及工业过滤等领域。

一、纺粘法非织造布生产流程

纺粘法非织造布自 20 世纪 50 年代末由美国杜邦公司首先实现工业化以来，发展速度迅速。

纺粘法非织造布的生产工艺流程为：切片烘干→切片喂入→螺杆挤出机→熔体过滤器→计量泵→喷丝板→冷却吹风→气流牵伸→分丝铺网→纤网加固（热轧、针刺或水刺）→卷取。原料若为 PET 树脂，则通常要进行干燥。其生产工艺流程如图 10 - 1 所示。

除上述基本流程外，目前尚有多台复合在一起的生产线。例如两台纺粘机组成的一条生产线，简称为 SS（即 spunbond/spunbond）；两台纺粘设备中间加一台熔喷机（melt brown），共三台机组成一条生产线，称为 SMS（即 spunbond/melt/spunbond）；多台机组成一条生产线的，称为 SSS、

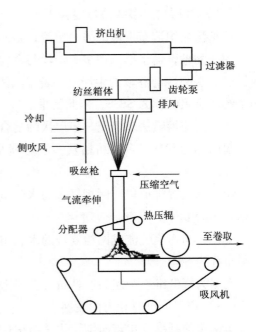

图 10 - 1　纺粘法生产工艺流程示意图

SMMS、SSMMMSS 等。

SMS 的生产工艺流程为：纺粘→熔喷→纺粘→热轧→成布。

一般地说，纺粘法生产技术有纺丝、拉伸、成网、加固四大主要工艺过程，这四个工艺过程都在一条生产线上，而且纺丝、拉伸和成网是在极短时间里一次连续完成的。拉伸装置的原理是基于引射器理论，是纺粘工艺的心脏部件，对纺丝细度、能耗、风外观质量乃至生产线能力和技术水平都有决定性意义。

经过多年的发展，目前已有多种较为成熟的纺粘法非织造布的生产工艺，就工作原理来分，不同工艺的差异主要表现在纺丝、冷却、牵伸和铺网方法上，而其他工艺设备基本都是一样的。

二、纺粘法非织造布的新发展

（一）多孔、高速、高产技术

纺粘法是聚合物喷丝直接成布，喷丝是一个关键技术，而喷丝又是通过喷丝板上的喷丝孔进行的，孔的质量、结构与孔的多少直接影响到产品的质量。适度增加喷丝孔数可使产量明显提高，纤维铺网均匀，线密度变细，手感柔软。

在纺粘生产技术中，高速的含义有两个概念，一是指纤维的牵伸速度；二是指纤网的成布卷取速度。牵伸速度的大小，直接关系到纤维的取向度、结晶度与线密度，也关系到纤维强力伸长率及铺网均匀性和提高产量等各方面。纤维网的卷取成布速度的潮流是向高速度方向迈进，国外已达到了 400m/min 以上，最高可到 600~800m/min。成布速度的提高，直接关系到产量的上升，生产成本的下降。

（二）多层次、多头纺丝复合工艺

纺粘法非织造布发展的另一主流，是向多层次的复合和多头纺丝方向发展。

同一品种，前半部采用多个纺丝与牵伸系统机组，而后半部共用同一条输送成布（热轧或针刺、水刺）与卷取的生产线。若采用两个纺丝机组的称为 SS，三个纺丝机组的称为 SSS，四个纺丝机组的称为 SSSS，依此类推。

纺粘法与熔喷法多机组、多层次的复合。例如上下两层为纺粘、中间一层为熔喷布复合在一起的称为 SMS，多层纺粘及多层熔喷复合在一起的如 SMMS、SSMMSS 等，其发展亦很迅速。

纺粘与短纤维梳理成网相复合的水刺布称为 SC，或者是两层短纤维梳理成网中间加一层纺粘布称为 CSC。

纺粘布与木浆气流成网相复合的水刺布称为 SA，两层纺粘中间复合一层木浆气流成网的水刺布称为 SAS。

底层为短纤维、中层为纺粘布、上层为木浆气流成网复合的水刺布称为 CSA。

（三）产品向细旦化方向发展

纺粘布的纤维逐步转向细特化是纺粘技术发展另一个潮流。细特纺粘布的主要优点是手感柔软，强力高，纤维在纤网中覆盖率高，成网均匀，比表面积大，具有良好的透气性和防液体渗透性。

（四）双组分复合纤维非织造布

双组分纤维亦称复合纤维，其生产工艺是用两种不同的聚合物，通过两套干燥设备（聚丙烯等不用）、螺杆、计量泵等，使两种不同的熔体进入同一个纺丝头，从同一个喷丝孔喷出而纺出复合纤维。双组分纤维的聚合物配对有多种，主要有聚乙烯与聚丙烯（PE/PP）、聚乙烯与聚酯（PE/PET）、乙烯—醋酸乙烯与聚丙烯（EVA/PP）、聚酰胺与聚酯（PA/PET）等，生产出多种双组分复合纤维非织造布。

技能训练

一、目标

1. 观察、了解不同品种纺粘法非织造布特点及用途。

2. 熟悉纺粘法非织造生产流程。

二、器材或设备

各种品种、规格纺黏布。

任务二　纺粘法非织造布的原料

知识准备

用于传统熔融纺丝工艺制备纤维的聚合物一般都可以用来生产纺粘法非织造布，其中常用的包括聚烯烃类（聚丙烯、聚乙烯等）、聚酯类、聚酰胺类及聚氨酯类聚合物。使用聚丙烯为原料的丙纶纺粘法非织造布占第一位，其次是聚酯（涤纶）、聚酰胺（锦纶）纺粘法非织造布。

一、常规生产原料

（一）聚丙烯（PP）

这是目前纺丝成网非织造布中应用最多的一种原料。聚丙烯是一种性能优良的热塑性合成树脂，具有密度小、无毒、易加工、抗冲击强度、抗挠曲性以及电绝缘性好等优点。而其染色困难的缺点，则可用原液染色的办法加以克服，也可在成布后进行涂料印花。目前的纺粘法非织造用的原料中，聚丙烯类占79%，聚酯类占16%，其他聚合物占5%。

聚丙烯是由碳原子为主链的大分子所组成的线性聚合物，聚丙烯根据甲基的位置不同可以分为等规聚丙烯、间规聚丙烯和无规聚丙烯。在聚丙烯纺粘法成型加工中，一般采用等规聚丙烯，其等规度一般在95%以上。

（二）聚酯（PET）

聚酯的学名为聚对苯二甲酸乙二酯，商品名为涤纶。具有优良的力学性能和加工性能，已成为纺粘法非织造布的重要原料之一。

PET 的化学结构式为：

$$HOCH_2—CH_2OOC—\underset{}{\bigcirc}—CO—[OCH_2CH_2OOC—\underset{}{\bigcirc}—CO]_{n-1}OCH_2CH_2OH$$

由于 PET 分子链中含有 $—\underset{}{\bigcirc}—\overset{\overset{\displaystyle O}{\|}}{C}—O—$ 基团，刚性较大，因此纯净的 PET 熔点较高，大约为 267℃。PET 分子链为线型结构，具有高度的立构规整性，所有的芳香环几乎处于同一平面上，因此具有结晶的倾向；同时由于没有大的支链，分子易沿着纤维拉伸方向取向而平行排列。PET 分子链通过酯基相连，其化学性质多与酯基有关，所以在 PET 纺丝成型过程中必须严格控制水分含量。

（三）聚酰胺（PA）

聚酰胺和所有成纤高聚物的结构一样，它的分子是由许多重复结构单元（即链节）通过酰胺键 $\begin{bmatrix} \overset{\displaystyle O}{\|}\ \overset{\displaystyle H}{\|} \\ —C—N— \end{bmatrix}$ 连接起来的线型长链分子，在晶体中呈完全伸展的平面锯齿形。聚己内酰胺的链节结构为 $—NH（CH_2）_5CO—$，聚己二酰己二胺的链节结构为 $—OC（CH_2）_4CONH（CH_2）_6NH—$，大分子链中含有的链节数目（聚合度）决定了大分子链的长度和分子量大小。

二、功能添加剂

功能化改性是纺粘法非织造材料生产中的一项常用技术，它分为共聚改性、共混改性和后整理改性。通过改性处理，可使产品获得特殊功能，如阻燃、抗静电、抗老化、亲水等功能，从而拓宽产品的使用范围，增加产品的附加值。

（一）阻燃改性剂

非织造布的阻燃改性是通过添加阻燃剂而得以实现的，阻燃剂必须符合下列条件。

（1）低毒、高效、持久，能使产品达到阻燃标准要求。

（2）热稳定性好，发烟性小，能适合非织造布的工艺要求。

（3）不使非织造布原有性能明显降低。

（4）价格低，有利于降低成本。

常用阻燃剂有无机阻燃剂和有机阻燃剂两大类，它们含有硼、铝、氮、磷、铋、氯、溴、镁、钡、锌、锡、钛、铁、锆和钼的一种或几种。使用较多的是磷和溴为中心阻燃元素的化合物。

（二）抗静电改性剂

常用的内部抗静电剂主要有以下几种。

（1）亲水性高分子化合物：聚氧乙烯多胺、聚丙烯腈、聚醚酯嵌段共聚物等。

（2）各类金属粉末或碳粉。

（3）无机盐：$CaCl_2$、CaF_2、MgO、TiO_2、$LiCl$、$CaCl_2$、磷酸盐等。

（4）非离子表面活性剂：聚乙二醇、聚丙二醇、烷基酚环氧乙烷加成物、高级醇环氧乙烷加成物、高级脂肪酸的甘油酯或聚乙二醇酯、聚氧乙烯烷基醚（酯、胺、酰胺等）。

（5）两性型表面活性剂：烷基丙氨酸、羧酸甜菜碱、间二氮杂环戊烯金属盐、磺酸基甜菜碱。

（6）阳离子表面活性剂：烷基胺的无机盐及有机盐、间二氮杂环戊烯衍生物、季铵盐、烷基胺环氧乙烷加成物、聚乙烯多胺、烷基脂肪酸等。

（7）阴离子表面活性剂：磷酸酯盐、烷基丙烯基磷酸、聚苯乙烯磺酸铵盐、脂肪酸铵盐、烷基硫酸酯盐等。

抗静电改性添加剂的用量一般为 3% ~ 5%，应根据纺粘法非织造布产品的抗静电性能要求及为保证纺丝顺利进行而进行适当调整。

（三）抗老化改性剂

所谓防老化，就是采用一定的措施，阻止和延缓老化的化学反应。目前较为适用的防老化措施有以下四个方面。

（1）改进共聚物的化学结构，引进含有稳定基团的结构，如采用含有抗氧剂的乙烯基基团单体进行共聚改性。

（2）对活泼端基进行消活稳定处理，该法主要用于聚缩醛类高聚物。

（3）物理稳定化，如拉伸取向。

（4）加入添加剂，如抗氧剂和光稳定剂。

纺粘法非织造布的抗老化改性常用的是第四种方法，其优点在于简单、有效、灵活。应用中的核心问题是添加剂的正确选择，纺粘法非织造布的防老化主要涉及防光、气候老化等问题。

（四）亲水化改性剂

丙纶、涤纶、锦纶等与天然纤维的最大区别在于前者是疏水聚合物，吸湿透气性差，易产生静电，易沾污，易燃等。因此，亲水化改性是纺粘法非织造布改性的一个重要方面。一般来说，纤维材料的亲水性是指纤维吸收水分并将水分向邻近纤维输送的能力。

合成纤维高分子中的极性基团，如羟基（—OH）、酰胺基（—CONH）、羧基（—COOH）、氨基（—NH_2）等均为亲水性基团，通过氢键与水分子的缔合作用而表现出一定的亲和能力。因此，通过在成纤高分子链中引入亲水性基团或在聚合物中添加亲水性组分均可改进纤维的亲水性。

技能训练

1. 观察、了解纺粘法非织造布的常规生产原料。

2. 了解纺粘法非织造布的功能添加剂的应用。

任务三　熔体纺丝工艺原理

知识准备

一、熔体纺丝工艺的特点

纺粘、熔喷的生产都属于熔体纺丝的范畴，熔体纺丝工艺具有过程简单和纺丝速度高的特点。在熔体纺丝过程中，成纤高聚物的高结晶部分未熔融或未完全熔融会造成熔体不匀，给纺丝带来很大危害。

在熔体制备的过程中，会产生水解、热裂解和氧化裂解，高聚物经历了两种变化，即几何形状的变化和物理状态的变化。几何形状的变化是指成纤高聚物经过喷丝孔挤出和拉长而形成连续细丝的过程；物理变化即先将高聚物变为易于加工的流体，挤出后为保持已经改变了的几何形状和取得一定的纤维结构，使高聚物又变为固态。熔体纺丝过程只是一个传热和传质的过程，原则上讲，只要高聚物分解温度高于熔点温度的都可以采用熔体纺丝法。

纺粘法非织造布和熔体纺丝生产纤维的设备各有不同，但纺丝过程比较接近。纺粘法非织造布的纺丝过程为以下三个步骤。

（1）高聚物纺丝熔体的制备。

（2）熔体从喷丝孔挤出。

（3）挤出的熔体细流的拉伸和冷却固化。

二、熔体纺丝工艺流程

纺粘法熔体纺丝工艺流程为：干燥切片→熔融挤出→混合→计量→过滤→纺丝→冷却成形。

（一）熔体的制备

切片熔融是高聚物大分子的热运动达到一定程度的结果，随着温度的提高，切片中的非晶态部分从玻璃态转化为高弹态，再进一步转化为黏流态；晶态部分则发生结晶的熔化，从而得到熔体。由于切片分子量不均一，且结晶度也不均一，故熔体的形成也就难易不一，这些都影响了可纺性。这些现象都要力求避免，一般采用螺杆挤出机来制取熔体。

（二）熔体细流及其冷却成形

熔体细流在成形过程中，黏度、速度、应力和温度在其路径上存在着连续变化的梯度分布场，固化的纤维所具备的性能与这些分布场所起的作用有很大的关系，如图 10-2 所示。

1. 入口区　指熔体经过的每个喷丝孔的喇叭口部分。熔体从较大的空间进入直径逐渐变小的喇叭口内，流速增长所损失的能量以弹性能储存在体系中，这种特性称为"入口效应"。

2. 孔流区　指熔体在喷丝孔中流动的区域。在此区域中，熔体有两个特点，一是流速不均一，靠近孔壁处速度小，孔中心处速度大，有一个径向速度梯度；另一个是入口

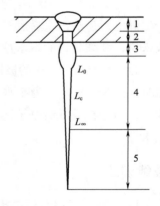

图 10-2　熔体挤出成型装置

1—入口区　2—孔流区　3—膨化区

4—形变区　5—稳定区

L_0—熔体细流从喷丝孔出口到熔体
细流直径最大处的距离

L_c—熔体细流直径最大处到拉伸应
变速率最大时的距离

L_∞—熔体完全凝固时距喷丝孔出口
的距离，即凝固长度

效应产生的高弹形变有所消失，弹性形变的消失需要一定的时间，熔体流经孔道的时间甚短，为 $10^{-4} \sim 10^{-3}$s，弹性内应力来不及松弛，故高弹形变的损失非常小。若径向速度梯度过大或者在孔流区的剪切速率过高，亦会继续产生入口效应中的高弹形变，如高弹形变达到极限值，熔体细流就会发生破裂而无法成纤。

3. 膨化区　指熔体细流离开喷丝孔后的一段区域。产生膨化现象的主要原因是高弹形变的迅速恢复，使细流产生膨胀。

4. 形变区　也称冷凝区，是纺丝成形过程中的重要区域。选择好成型工艺条件，使熔体细流在形变区内所受到的冷凝条件稳定均匀是纺丝好坏的关键条件之一。

5. 稳定区　熔体细流固化成为纤维后，直径稳定，速度不再发生变化。

三、纺丝流体的挤出及细流的类型

合成纤维成形要求把纺丝流体从喷丝孔道中挤出，使形成细流。正常细流的形成是纺丝必不可少的先决条件。随着纺丝流体黏弹性和挤出条件的不同，挤出细流的类型大致可分为四种：液滴型、漫流型、胀大型和破裂型，如图 10-3 所示。

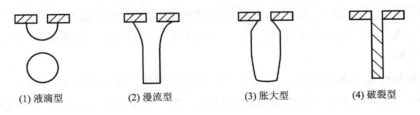

图 10-3　挤出细流的类型

1. 液滴型　不能形成连续细流，纤维无法成形。

2. 漫流型　虽已形成连续细流，但纺丝流体在流出喷出孔后迅速沿喷丝头的表面漫流，这种细流很不稳定，纺丝往往中断，在生产中力求避免。

3. 胀大型　与漫流型不同，纺丝流体在孔口处胀大，但不流附于喷丝头表面，只要胀大比（细流的最大直径与喷丝孔的直径之比）被控制在适当的范围内，细流是连续而稳定的，它是纺丝过程中正常的细流类型。而当细流呈现波浪型、鲨鱼皮型、竹节型、螺旋型畸变，甚至发生破裂时，就会出现熔体破裂。

4. 破裂型　细流属于不正常类型，它限制了纺丝速度的提高，并使纺丝过程因毛丝和断头不时中断。

技能训练

1. 熟悉纺丝工艺流程和成型过程。

2. 了解纺丝过程中高聚物所经历的几种形态变化。

任务四　纺粘法非织造布的生产工艺及设备

知识准备

一、切片干燥

（一）涤纶纺粘法切片干燥的目的和要求

采用 PP 切片熔融纺丝时，一般无需干燥。而采用 PET 切片熔融纺丝时，切片的干燥非常重要。PET 切片干燥的目的和要求如下。

1. 除去切片中的水分　未经干燥的 PET 切片，含水率通常约为 0.4%。干燥的目的是把含水率控制在一定范围内，一般要求低于 40×10^{-6}，做薄型产品时应低于 30×10^{-6}。切片含水率的控制还要求波动范围小，切片中含水率高将使 PET 大分子酯键水解，聚合度下降，少量水分留在切片中，会使纺丝大量断头，生产难以进行，使成品丝质量下降。

2. 提高切片结晶度和软化点　未干燥的切片是无定形结构，软化点较低，在 70~80℃ 就变软、发黏，成团块，影响正常生产。无定形结构切片在一定温度下会结晶，在结晶过程中软化点也相应提高，因此切片在进入干燥塔前还必须经过预结晶过程。随着结晶度的增加，切片变得更坚硬，能防止在干燥塔内以及进入螺杆挤压机时发生环结阻料现象，使熔融纺丝时熔体质量均匀。

3. 除掉切片粉末和粘连粒子　PET 切片在进入干燥机之前，应先进行筛料，除掉粉末和粘连的大切片。这些粉末会形成结晶度高的高熔点物，使聚酯熔体的均匀性变差，故应尽量除去。另外，粘连的切片体积大，易堵塞管道，并使螺杆进料不畅，造成压力波动。

4. 干燥过程中切片的黏度降要小　切片干燥后，要求特性黏度的变化小于 0.01。产生特性黏度变化的原因是聚酯大分子的降解，使特性黏度降低，或由于固相聚合而使特性黏度提高，故必须设定和控制好工艺条件，以稳定纤维质量。

在切片干燥过程中还要求干燥过程的温度、风速、风压、风量均匀相同，干切片质量均匀，而且不能二次吸湿回潮。此外，还要求干燥设备运转费用低，操作和维修方便等。

（二）切片的干燥设备及工艺

涤纶切片的干燥有真空干燥和气流干燥两种，由于干燥方式或设备不同，其工艺流程、工艺条件及操作方法等均存在差别。

1. PET 切片干燥设备

（1）真空转鼓干燥机。真空转鼓干燥机是一种间歇式干燥设备，主要由转鼓部分、抽真空系统和加热系统三部分组成（图 10-4）。

①转鼓部分。转鼓是全机的主体，两端有碟形封头、倾斜装置（倾角为 25°）的圆筒形容器。作用是保证切片在干燥过程中能较好地翻动，以便传热均匀，防止切片粘结并使卸料方便。整个鼓体分内外两层，内层为衬不锈钢的复合钢板，外层为锅炉钢板，两层之间用钢管支撑，其间通热载体。

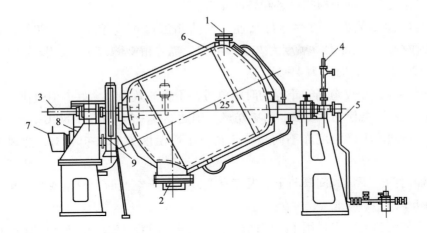

图 10 - 4　真空转鼓干燥机

1—出料口　2—入口　3—抽真空管　4—热载入管　5—热载体回流管
6—转鼓夹套　7—电动机　8—减速器　9—齿轮

②抽真空系统。它包括真空泵及其附属装置。真空泵可用机械真空泵，也可用蒸汽喷射泵。为了防止从转鼓抽出气体中的水分进入真空泵，在真空泵与转鼓之间装备了蒸汽冷凝器和汽水分离器。

蒸汽喷射泵具有工作稳定可靠、设备简单等特点。一般三级蒸汽喷射泵喷射蒸汽压力为 $98 \times 10^4 Pa$；四级蒸汽喷射泵喷射蒸汽压力为（$147 \sim 157$）$\times 10^4 Pa$，转鼓内余压可降到 $0.0053 \times 10^4 Pa$；五级蒸汽喷射泵可使转鼓内的余压降到 $0.00067 \times 10^4 Pa$。

③加热系统。加热系统因热载体不同而异。热载体可采用联苯混合物、38 号汽缸油、甘油、饱和蒸汽和过饱和蒸汽等。国内多采用饱和蒸汽作为热载体，其特点是结构简单，不需要其他附属装置。但当干燥温度较高时，要求较高压力的蒸汽。若采用联苯混合物或油类为热载体，则需要一套相应的热载体加热和循环系统。

真空转鼓干燥机干燥质量高，可在较低温度下干燥切片，适合易氧化或热敏性的高聚物。但其干燥时间长，生产能力低，不能连续化作业。

（2）组合式干燥设备。这种干燥设备为连续式，主要由预结晶器、充填干燥器和热风循环系统三部分组成。切片首先经过预结晶器除去大部分水（主要是表面吸附水），并具有一定的预结晶度，软化点提高，使切片在高温下不再发生粘连。然后进入充填干燥器，在干燥器内保证足够且均匀的停留时间，充分去除切片水分。由于组合式干燥机较好地运用了切片干燥原理，因而具有干燥效率高、干燥质量好且稳定等特点。

比较典型的组合干燥设备有 KF 式干燥设备、布勒式（BM 式）干燥设备、吉玛式干燥设备、川田式干燥设备、多轮式干燥设备、来新式干燥设备等。

2. 切片干燥工艺条件

（1）预结晶温度和时间。根据结晶机理，预结晶温度应在切片玻璃化温度与晶体熔融温度之间，温度愈高，结晶完成的时间愈短；但湿切片开始接触的温度愈高，切片愈易粘连。

因此，预结晶温度和时间要根据设备和条件而定。

采用沸腾床预结晶器，切片不易粘连，预结晶温度可高至 160～180℃，时间为 8～15min；采用搅拌式预结晶器，温度为 120～140℃，需停留 1～1.5h；采用转鼓干燥器自然搅拌，温度在 120℃以下，时间为 4～5h。

（2）干燥温度。温度愈高，干燥的时间愈短，干燥的效果也愈好。但过高的温度会使切片黏度降增大，甚至会使切片变黄，影响纺丝，因此温度一般不超过 180℃。

干燥方式不同，干燥温度亦不同。转鼓真空干燥温度为 120～140℃，热风干燥一般在 160℃以上。

（3）干燥时间。干燥时间既与干燥温度有关，也与干空气的含湿量或真空度有关，干燥时间一般在 4h 以上。

（4）干空气的露点。干燥用干空气的露点须小于 -10℃，温度愈低，愈有利于干燥。

（5）风速。风速大干燥时间就可缩短，但风速太大，切片粉尘增多。风速的选择与设备型号、大小、料柱高度、生产能力等有直接关系。

二、熔体制备

（一）螺杆挤压机

螺杆挤压机的作用是把固体高聚物熔融后以匀质、恒定的温度和稳定的压力输出高聚物熔体。螺杆挤压机由四部分组成：高聚物熔体装置、加热和冷却系统、传动系统、电控系统。

图 10－5 所示为普通单螺杆结构。通常把常规螺杆分为进料段、压缩段和计量段三个区段，其加热分 7～10 个加热区，各区的温度按其工作任务而不同。

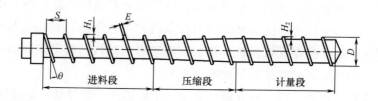

图 10－5　普通单螺杆结构图

（1）进料段。其主要任务是预热。为保证螺杆的正常运转，在此区间切片不应过早熔化，又要使切片达到半熔状态。此区温度过高，易造成切片在进料口环结无法进料；若温度过低，则会加大熔融段压力，使切片不能全融化，造成进料的阻力。这个区的温度设计，丙纶一般为 200～210℃，涤纶为 265～270℃。

（2）压缩段。它也称塑化段、熔融段，为主要加热区。切片必须在此区保证百分之百的熔化，因此此区温度要高，但过高了又会使聚合物降解，质量下降。这个区温度，丙纶一般为 225～235℃，涤纶为 275～285℃。

（3）计量段。其作用是使切片进一步熔化，保持熔体流动在稳定的压力下前进，其温度可比熔融区稍低 2～3℃。

各区温度分布根据设备不同、原料不同、工厂情况不同而不尽一致，但不论如何分布均必须保证生产时不发生"环结"现象。熔体本身实际温度应比切片的熔点高 20～25℃，这样纺丝正常，纤维质量好。

螺杆挤压机按螺纹头数和螺杆根数可以分为单螺纹、双螺纹、单螺杆、双螺杆挤压机，按螺杆转速的高低可分为通用（转速小于 100r/min）挤压机和高速挤压机。

（二）熔体过滤器

在纺粘生产中，为了确保纺丝过程顺利进行，减少断丝、滴料等现象的产生，一般都安装两套过滤装置。第一道过滤（粗过滤）装在螺杆挤压机机和计量泵之间，主要作用是滤掉尺寸较大的杂质，以延长第二道过滤装置的使用时间，保护计量泵和纺丝组件，增加挤出机背压，有助于物料压缩时的排气和塑化作用。第二过滤（精过滤）装在纺丝组件中，主要作用是过滤较细微的杂质、晶点等，防止喷丝板堵塞，保证纺丝的顺利进行并提高纤维的质量。在纺粘生产中必须使用不停机换网的连续型过滤器，以保证生产线的连续、稳定运行。

（三）计量泵

计量泵也叫纺丝泵，是对熔体进行输送、加压、计量的设备。纺粘法和熔喷法系统用的纺丝泵均为外啮合式齿轮泵，计量泵的排量决定了生产线实际生产能力。

三、纺丝

（一）纺丝箱体

纺丝箱体的作用是对计量泵输送过来的熔体进行分配，使每个纺丝位都有相同的温度和压力降，并作为安装纺丝组件的基础。

1. 纺丝箱体的结构 纺丝箱体的流体分配方式有熔体管道式（图 10-6）和"衣架"分配流道式（图 10-7）。

窄狭缝式和管式生产方式采用的是熔体管道分配形式。对熔体管道的基本要求是，熔体在管道内所经过的路程相同，停留时间一样，所受的阻力相等，使熔体到达喷丝板各处的压力、时间都一样，从而保证丝质均匀一致。此种箱体一般采用钢板焊接结构，箱体为夹壳式结构，分熔体腔及联苯腔。

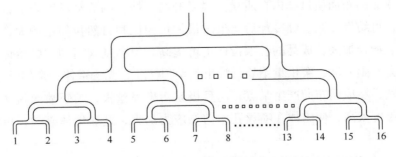

图 10-6 管道分流式纺丝箱体

宽狭缝式生产方式因一个纺丝箱体只有一个大矩形喷丝板，熔体的分配不是用管道，而是采用"衣架"式流体分配方式。如图 10-7 所示，箱体以中央位置对称，通道将扩展到 CD 方向的最宽位置，其截面尺寸则随着离中央位置的远近及熔体的流量大小而连续变化。距离越近，因流过的熔体越多，其截面也越大。从而减少熔体流动的阻力，保证熔体经箱体内部的通道到达喷丝板上不同喷丝孔的停留时间相同。纺丝箱体内"衣架"尺寸的大小、数量与产品的幅宽、纺丝泵的数量相关；幅宽越大，"衣架"的尺寸也越大。

狭缝衣架形纺丝模头因受机加工限制只可做成模块式，前后两斗模块先经机加工成型，然后再用高强度螺栓并拢合成模头，模头内密封靠机加工面保证，因此对机加工要求高。

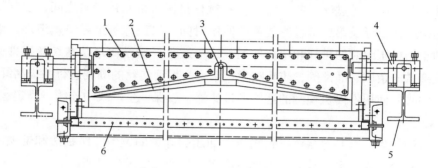

图 10-7 纺丝模头内部结构示意图
1—联接螺栓 2—熔体分配歧管 3—熔体入口孔 4—模头支架 5—机架 6—抽单体孔

一个纺丝箱体只能生成一层纤维网。为提高生产效率，提高纤网克重，目前纺粘线大多配置多个纺丝箱体（多模头），或与熔喷模头组合生产复合非织造布。

2. 纺丝箱体的加热 纺丝箱体的流体分配方式采用熔体管道式，由于管道形状复杂，很难直接使用电加热，因此常配置独立的加热装置，使用其他导热介质（如联苯蒸汽或导热油）来加热箱体。

狭缝衣架形纺丝模头均采用电热棒直接加热，对纺丝箱体的加热温度要求均匀一致且无死角。各加热区的加热功率一般都是按等温度分布方式配置，每个加热器的功率一样，加热器间的间隔距离相等，各加热区温度可自由调节。

3. 纺丝温度 纺丝温度（即熔体温度）的控制直接影响纺丝生产的正常进行以及单丝质量，从而影响成品的布面质量和内在质量。温度升高，熔体的流动黏度降低，熔体的均匀性和流变性能好，可纺性提高，经冷却后丝束的最大拉伸比和自然拉伸比增大，牵伸后丝束的单丝强力和断裂伸长加大，成品的各项指标也可提高。但温度太高则加剧熔体降解、黏度降低，使螺杆压力产生波动，泵供量不稳，喷出丝均匀性差，无法牵伸，牵伸丝毛丝、断头多，极易产生注头丝，在成网布面产生浆点，而且极易污染喷丝板，缩短喷丝板使用周期。熔体温度过低，因黏度太高，使熔体在喷丝孔中剪切应力加大，造成熔体破裂，可纺性差，布面产生并丝。

综上所述，对于 PET 长丝纺丝，只要不污染喷丝板面、不产生注头丝，纺丝温度可适当提高。

4. 纺丝熔体压力 在纺丝过程中，除纺丝温度外，熔体压力也是影响纺丝非常重要的因素。熔体压力低，熔体分配不均匀，形成的熔体细流粗细不一、表面不规整；熔体压力过高，易造成熔体破裂。在聚丙烯纺粘法非织造布生产过程中，熔体压力一般控制在 6～10MPa 之间；PET 纺丝，熔体压力则应控制在 10～12MPa 之间。

5. 喷丝速度与纺丝速度 喷丝速度是指熔体从喷丝板毛细孔的挤出速度（m/min）。纺丝速度是指纤维拉伸前进的速度。决定喷丝速度的因素主要是每分钟计量泵的泵供量、喷丝板的孔数和孔的直径大小。若喷丝板不变，泵供量越多，喷丝速度越快；反之则越慢。而泵供量是由计量泵的每分钟转数所决定的，这与纺粘布的产量有直接关系，对纤维的线密度与质量也十分重要。

纺丝速度也影响纺丝的稳定性，纺丝速度低，从喷丝板上喷丝孔中喷出的熔体细流数量少，易冷却，只需要少量的冷却风即可满足工艺需要。但是，纺丝速度过低，从喷丝孔喷出的熔体细流量太少，极易冷却变硬，流动性差，延伸率低，拉伸过程易出现断丝现象。而纺丝速度太高，从喷丝板中喷出的熔体细流速度太高，冷却难度大，易发生熔体粘连及并丝现象，且纤维线密度高。所以在纺丝过程中，合理设计纺丝泵转速对稳定生产、提高产品质量至关重要。

在纺丝开始前，操作人员要认真清理喷丝板板面，用专用温度计测量板面温度。清理时，要用专用盖板盖好牵伸喷嘴，防止废料进入牵伸喷嘴或拉伸管；向喷丝板板面喷洒脱模剂，用铜质刮刀刮净板面的树脂。

在纺丝时，要观察牵伸喷嘴摆丝器有无堵塞现象，当喷丝板喷出的个别丝束不连续时，要及时排除。喷丝正常后，根据生产要求调整纺丝速度，并对其他工艺条件进行调整，使纺丝正常进行。

（二）纺丝组件

纺丝组件的作用是对熔体进一步过滤，经熔体分配板均匀分配到各喷丝孔中，形成均匀的细流。

纺丝板组件一般由滤网，分配板，喷丝板，密封装置组成。

纺粘用喷丝板的形状有圆形（如涤纶纺粘），也有矩形，在矩形中又有多种形式（图10-8）。

图 10-8　纺粘用喷丝板

1. 喷丝板的孔数及孔径 喷丝板的孔数根据纤维品种和纤度而定，喷丝板的孔数直接关系到纺丝箱的产量。孔数过少，布的成网很难均匀，而且产量很低；反之，若孔数较多，布的成网就易均匀，产量增多，线密度也小，布的质量好。如在3.2m的生产线上，1m长度的孔数可达5000个或更多（新型生产线已达7000多个），一块纺丝板的喷孔总数可达15000~20000个。

目前国内纺粘法非织造布生产线纺丝板都是使用圆形喷丝孔，其直径在0.35~0.60mm（用于PP）或0.3~0.4mm（用于PET）之间，孔径十分精密，其误差仅±0.002mm。一般高黏度熔体应选用较大的小孔，丝的纤度不同，小孔直径也应该不同。在实际的纺丝过程中，过小的喷丝孔径容易堵塞，熔体的连续流动性差，造成注头丝、硬丝多；另一方面，过小的喷丝孔径又给喷丝板的清洗带来了难度，喷丝板的反复使用率随之下降。在适合纺丝工艺要求的条件下，应该选用孔径大一点的喷丝板，这样才能使纺丝获得一个比较稳定的状态，达到良好的出丝效果。但孔径过大，造成牵伸倍率增加，易将丝束拉断，无法进行正常纺丝。

2. 喷丝孔的结构 喷丝板由导孔和微孔组成，导孔形状有带锥底的圆柱形、圆锥形、双曲线形和平底圆柱形等几种（图10-9），最常用的是圆柱形。导孔的作用是引导熔体连续平滑地进入微孔。在导孔和微孔的连接处要使熔体收缩比较缓和，避免在入口处产生死角和出现旋涡状的熔体，保证熔体流动的连续稳定。

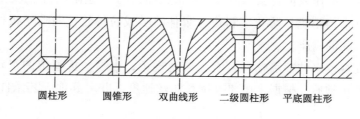

圆柱形　圆锥形　双曲线形　二级圆柱形　平底圆柱形

图10-9　喷丝孔的结构

3. 喷丝孔的排列 喷丝孔的排列方式基本上可分为同心均布、菱形、星形和环形等分配交错排列，要求孔间距准确，并且孔间距的大小与喷丝板的材质和厚度有关。从冷却条件的均匀性方面来看，以等分交错排列为佳。即丝在牵伸喷嘴入口以一列的直线均等排列于各孔的位置，尽量采用小孔距、高密度、多排孔的排列法，但必须有相适应的冷却条件。

4. 喷丝孔的长径比 在熔融纺丝时，对于不同的高聚物，应采用最适宜该品种熔体流动的长径比，才有利于控制熔体的弹性效应。熔体在入口区由应力差而形成的弹性能，随着长径比的增大，弹性能松弛亦增大，残余弹性内能减小，从而使模口膨化效应减小，以利于消除不稳定流动。目前应用较为广泛的长径比是1.5:1~2:1。适当地放大喷丝孔的长径比是必须的，但过大的长径比又会造成出丝不畅的状况，同时也会给喷丝板的清洗、加工增加许多困难，并会造成背压过高，缩短组件的使用周期。

（三）双组分复合纺粘

双组分纺粘结合了传统的纺粘法和复合纤维生产的特点，由两种不同聚合物组成。双组分长丝可以根据其用途和截面结构形态进行设计，目前最常用的结构形式为皮芯型、并列型、剥离型（图10-10）。双组分纺粘产品的生产以熔融纺丝为基础，常用两套完全独立的原料喂入和螺杆挤出系统，经特殊的熔体分配装置后进入纺丝的核心部件纺丝组件，之后的冷却、牵伸以及成网、成布环节比传统的机械设备并没有太多的改变。

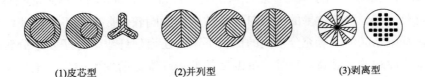

(1)皮芯型　　　　　(2)并列型　　　　　(3)剥离型

图 10 – 10　双组分复合纤维截面形状

图 10 – 11 为 PE/PET 非织造布横切面电镜图，在大多数皮芯产品中，要求尽量减少皮的成分，最小比例为 10% 左右，通常介于 10/90 ~ 50/50。

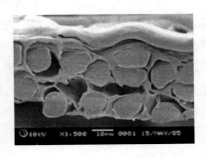

图 10 – 11　PE/PET 非织造布横截面

不同类型的双组分纺粘生产线采用不同类型的纺丝组件（图 10 – 12）。在纺橘瓣形复合纤维时，两种组分的聚合物熔体各自通过过滤网、导流板，将它们分别引至上分配板上端的两条槽内，再从其下端流出至下分配板。两种熔体有各自通道并且一种熔体 A 的通道准确的对准喷丝孔，而另一种熔体 B 则从下分配板流出，充满两板共有的槽，包围了熔体 A，但不相混熔。A、B 两组分从喷丝板流出，即纤维横截面成橘瓣形的复合纤维。

皮芯型与并列型等复合纤维其成形原理与纺橘瓣形复合纤维基本相同，只是上下分配板具有差异：一种组分包围另一种组分，有的槽孔相通，有的孔孔相通，它们都是在喷丝板进口的间隙中会合。

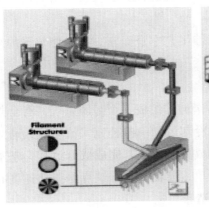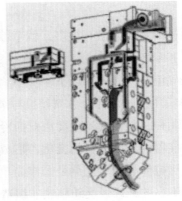

图 10 – 12　双组分复合纺粘熔体分配形式

目前国外已开发双组分复合纺粘法非织造设备的厂商有德国莱芬豪舍公司、埃松（Ason）公司、美国诺信公司、荷兰阿克苏（Akzo）公司、美国希尔（Hills）公司等。

四、冷却吹风

1. 冷却吹风的意义　由于从喷丝板出来的初生纤维处于高温高弹的黏流状态，这时需要对初生纤维进行冷却，冷却效果的优劣对纤维的牵伸影响较大。冷却不足会使纤维自身温度较高，牵伸后纤维结晶体不能充分牢固的保留下来，还会使纤维大分子发生分解，使最终的纤维强度降低；冷却效果过高，纤维自身温度较低，纤维提前发生塑化现象，大分子链取向结晶困难，纤维不容易得到充分牵伸，纤维强度低韧性差，严重时发生断丝、滴料现象，从而对生产过程工艺的稳定性及产品质量造成影响。

2. 冷却吹风工艺过程　纺粘法冷却吹风一般采用侧吹风方式，即由一侧或两侧进行吹风，又称横吹风，冷却风由制冷机组通过送风管道达到冷风箱体，风机采用变频调速，可根据生产工艺需要调整送风量。在丝条进行冷却之前冷风必须进行整流，目的在于使高速杂乱的冷风迅速进行均衡分配，理想状态下使冷风各点吹出的冷却风量一致。整流层的主要部件是多孔网，冷风通过3层整流网后进入冷风窗体的蜂窝层。由规则的蜂窝层再次进行细分配后经金属纱网进入纺丝室。

五、气流牵伸

1. 牵伸的作用　刚成形的初生纤维强力低，伸长大，结构极不稳定。牵伸的目的，在于让构成纤维的分子长链以及结晶性高聚物的片晶沿纤维轴向取向，从而提高纤维的拉伸性能、耐磨性，同时得到所需的纤维细度。

2. 纺粘法牵伸方式　纺粘生产大多采用气流牵伸。气流牵伸是利用高速气流对丝条的摩擦作用进行牵伸，按风压作用形式可分正压牵伸（牵引式）、负压牵伸（抽吸式）、正负压相结合的牵伸，按牵伸风道结构形式可分为宽狭缝式牵伸、窄狭缝式牵伸、管式牵伸。在纺粘非织造布生产中采用宽狭缝气流牵伸技术为多，就是整块喷丝板排出的丝束通过整体狭缝气流牵伸。

影响牵伸效果的主要因素有很多，就牵伸工艺本身而言，有牵伸装置的结构形式、牵伸风温、牵伸风压和牵伸风速等。

目前纺粘法气流牵伸方式有以下4种。

（1）宽狭缝负压抽吸牵伸。由喷丝板与牵伸器组成一个封闭系统，有全封闭型和带有补风口的半封闭型两种，拉伸气流主要由双面冷却风和一些补充气流组成，通过成网机底部排气抽吸系统和拉伸器内部截面积的变化，形成高速气流，完成成纤过程，基本形状为上大下小的渐缩形。负压拉伸的最大优点是操作简单、能耗低，但缺点是拉伸速度有限，只能生产对纺丝速度要求不高的聚烯烃类纺粘法非织造布。

德国莱芬豪舍公司开发的宽狭缝式牵伸已成系列，标称 Reicofil 1、Reicofil 2、Reicofil 3、Reicofil 4 型，如图 10–13、图 10–14 所示。

Reicofil 1 型的牵伸风道由上部断面收缩风道和下部文丘里式风道连接构成，风道之间的连接周边采用充气胶囊密封。从冷却风箱里吹出的气流分成两部分，上部是冷却风，下部是从网下抽风返回利用的辅助风，两区域的范围可调节。冷却风风压较低，为 700Pa，而网下抽吸风风压较高，为3000Pa，因此，在密封的牵伸风道中是负压牵伸。

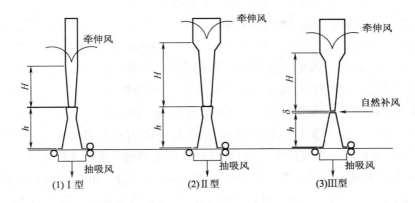

图 10 – 13 Reicofil 宽狭缝式气流牵伸示意图

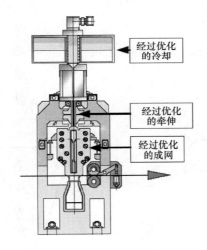

图 10 – 14 Reicofil 4 型纺丝牵伸装置

宽狭缝负压抽吸牵伸特点：纺丝箱结构简单，操作简便，产品均匀度好，可靠性高，动力消耗少，单位产品的能耗在 1000kWh/t 以内。缺点是牵伸速度不高，单纤维细度差异大，单纤维强度不够大，纺粘布的横向拉力偏低。由于受抽吸风工艺和风速度的限制，产量较低，生产高面密度产品存在困难。此外，其设备全部固定在钢平台上，不能随工艺与品种变化而变化。只能生产对纺丝速度要求不高的聚烯烃类纺粘法非织造布，一般仅在 3500m/min 以内。

（2）宽狭缝正压牵伸。使用整体式的独立牵伸器，用正压的气流作为牵伸动力，纺丝通道为全开放型。而冷却气流则基本上无牵伸功能，一般使用压缩空气（压力一般在 1MPa 以内）实现对纤维的牵伸。

为了适应不同的纺丝和牵伸工艺，牵伸器都设计为能上下移动调节的形式，即喷丝板到牵伸装置与冷却区的高度位置，以及牵伸装置出口到成网帘的高度都可根据需要上下调整。

图10-15为整体可调狭缝式拉伸工艺，其原理是对熔体纺丝线上丝条的拉伸取向和结晶进行控制，减少丝条拉伸的阻力和导致较高的大分子取向和结晶。

宽狭缝正压抽吸牵伸特点：牵伸速度较高，加工的单丝不仅强力高，而且热稳定性好，纤维细且柔软。一般可在3500~6000m/min以上。能耗高（PP产品的能耗在1500~2000kWh/t），动力消耗大，需配用大型的空气压缩机，牵伸气流的噪声也较大。

日本NKK、诺信公司、德国Neumag公司等采用这种牵伸方式。

（3）窄狭缝正压牵伸。将多个排成一线的喷丝板喷出的纤维，分别进入多个独立的小狭缝牵伸器中进行拉伸，采用正压气流作为牵伸动力（压力一般在0.02~0.1MPa，风速在2000m/min左右，可由高压风机供给），纤维经过摆丝辊铺网，采用开放式纺丝牵伸通道。

图10-16为窄狭缝式牵伸装置，压缩空气或高压风经过滤、稳压分配后从牵伸风入口进入，经导流孔进入气流稳压室，再经狭缝切线方向进入主流风道。由于狭缝处风速较高，在狭缝上方形成一定负压，空吸效应使外界空气经入口进行补充。在引丝时，靠补充风的作用将丝束吸入牵伸器，丝束在牵伸风的挟带下快速拉伸。

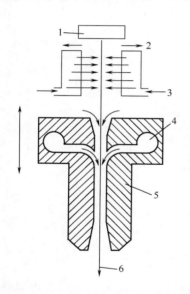

图10-15 整体可调式宽狭缝正压牵伸工艺

1—喷丝板 2—排烟 3—冷却空气

4—牵伸空气 5—喷射牵引系统 6—长丝

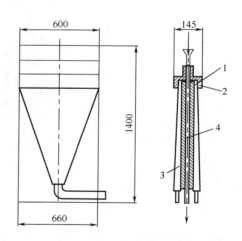

图10-16 窄狭缝式牵伸喷嘴结构

1—风室 2—风片 3—风道 4—送丝道

窄狭缝正压抽吸牵伸特点：构造比较复杂，计量泵、熔体阀门、喷丝板、空压阀、摆丝辊等的设置多，牵伸速度不高，牵伸速度倍数低，纤维的取向度低，牵伸不够充分，纤维密度一般在3~5dtex。产品并丝多、质量较差。能耗高（PP产品的能耗在1200~1500kWh/t），动力消耗大，牵伸气流的噪声也较大。其优点是布的横向强力较好，均匀度较高，布的幅宽可以向窄向调节，近年来我国已经基本停止制造这种设备。

意大利的NWT式生产线和沈阳非织造技术中心、中航六零六所和上海合纤所早期生产线都采用这种牵伸方式。

（4）管式牵伸。图 10 - 17 为一种结构的管式牵伸器，高压空气从空气进口 1 进入风室 2，通过环形切口 3 进入长丝通道 4 与长丝相交成一定角度，也可以与长丝平行而下。初生纤维由吸丝嘴 a 进入，在高速气流挟持下通过喷嘴得到牵伸。牵伸喷嘴的供风压力及环形切口的大小可根据工艺和产品的需要进行调整，若想提高牵伸效果，可增加喷管 d 的长度。

圆管式拉伸是由若干个小块喷丝板组成，每块喷丝板的孔数为 70 ~ 100，经多个区域单面侧吹风冷却，初生纤维经各自对应的圆管式拉伸器进行高压气流拉伸，圆管拉伸器的入口直径为 8 ~ 16mm，也有采用一块喷丝板分多个小喷丝区的方式。拉伸空气由空压机单独供风，生产 PET 纺粘布时，牵伸风压为 0.5 ~ 0.8MPa，风速为 10000m/min；生产 PP 纺粘布时，牵伸风压为 0.05 ~ 0.2MPa，风速为 5000 ~ 7000m/min。进入管式牵伸后，丝束从入口导入拉伸管，在高压空气的夹持作用下被迅速拉伸，丝条的直径也从 0.3 ~ 0.6mm 突变到 0.015 ~ 0.02mm，纤维的牵伸速度为 3000 ~ 5000m/min，牵伸倍数达 500 ~ 800 倍，纤维成品的线密度为 1.5 ~ 2.5dtex。适当提高工艺气压和减小拉伸管直径均可有效提高拉伸效果。圆管式拉伸装置耐压能力比一般狭缝板式强得多，容易闭锁引射，能对纤维进行更为有效的握持和拉伸。一般高压气流拉伸工艺多采用该法。

由于纤维束从较细的拉伸管中高速喷出，丝束比较集中，分散困难，易在纤网中产生"云斑"现象，可采用多排纺丝管牵装置和摆丝片装置，如图 10 - 18 所示，用来提高低面密度时纤网的均匀度，减少"云斑"。

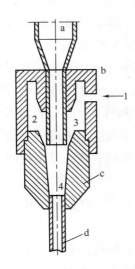

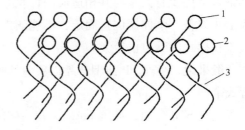

图 10 - 17 管式牵伸结构示意图
1—空气入口 2—气室 3—环形切口 4—长丝通道
a—吸丝嘴 b—气腔 c—管接头 d—喷管

图 10 - 18 多排纺丝管牵伸装置和摆丝片装置
1—后排拉伸管 2—前排拉伸管 3—丝束

图 10 - 19 为 Docan 纺丝工艺流程，采用单面侧吹冷却、管式气流拉伸装置，拉伸气压为 1.5 ~ 2MPa，最狭窄的断面气流速度可达到一马赫数。纺丝速度为 3500 ~ 4000m/min，拉伸管出口处设计成扁平扇形，高速气流到此处突然扩散、减速，产生空气动力学上的孔达

（coanda）效应，从而使纤维相互分离。

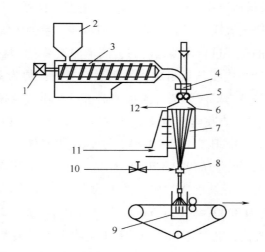

图 10-19　正压拉伸工艺（DOCAN 纺丝成网工艺）
1—电动机　2—料斗　3—挤压机　4—过滤器　5—计量泵　6—喷丝板　7—骤冷室
8—拉伸喷嘴　9—抽吸装置　10—拉伸空气　11—冷却空气　12—单体抽吸

而以 ORV 公司为代表的管式牵伸工艺则采用 0.2MPa（2bar）左右的低压大流量的牵伸方式。由于空气压缩功与流量呈线性关系，与压头成指数关系，经估算，ORV 工艺较 Docan 工艺的牵伸能耗约低 20%，但丝束的单纤强度亦降低。经试验，通过低压牵伸工艺，牺牲 25% 的强度，换取牵伸能耗低 3 倍的结果，从而可大大降低生产成本。

管式牵伸特点：牵伸速度较高，丝速可达 5000~7000m/min，牵伸效果理想，纤维的牵伸也较充分，是目前国内用于涤纶非织造布生产的主要工艺；产品容易产生"云斑"，质量稍差，能耗高（PET 产品的能耗在 2000~6000kWh/t），结构复杂。一台机器不仅要有几十条不锈钢管，还要有大量与其相适应的计量泵、喷丝板、熔体阀门、压缩空气阀门和大量的管下摇摆片设备。牵伸器位置固定，不能随工艺和品种的改变而变化，纤维成网不够均匀。牵伸气流和摆片的噪声也较大。

一般来说，生产 PP 薄型产品以狭缝抽吸式较为理想，生产 PP 和 PET 中厚型产品可以选用管式牵伸。

意大利 STP 公司，德国 Lurgi 公司、ORV 公司，国内生产 PET 非织造布设备的企业（如沈阳非织造布技术中心、上海合纤所等）的纺粘生产线均属这种机型。

六、成网

纺粘法生产的成网包括分丝和铺网两个过程。

（一）分丝

将经过牵伸的丝束分离成单丝状，防止成网时纤维间互相粘连或缠结。其常用形式有以下几种。

1. 气流分丝法　利用长丝牵伸过程中高压气流在管道中产生的空气动力学效应（图 10－20），形成紊流或经气流扩散减速方法，使丝束中的纤维分离。这种方法铺网比较均匀，但布的纵横向强力差异大，产品柔韧性好，并丝少，没有云斑，延伸度高。

2. 静电分丝法　其又有强制带电法和摩擦带电法两种方式。

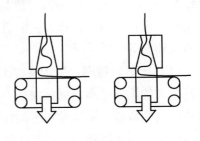

图 10－20　气流分丝

（1）强制带电法。就是纤维在拉伸时，给丝束一个上万伏静电电压，这个强电场使长丝带上同性电荷（根据聚合物的特性，可以是正电荷或负电荷），因电荷同性相斥而达到分丝的目的。

（2）摩擦带电法。就是利用长丝在拉伸过程中相互摩擦产生的静电而分丝的方法，如美国的泰帕尔法。为了保证有充分的静电荷产生分丝作用，纺丝时，可在聚合物熔体中加入一些增加静电作用的添加剂，以提高静电产生效果，使长丝相互排斥达到分丝的目的。

3. 机械分丝法　利用挡板、摆片、摆辊或振动板等机械手段，使丝束在拉伸后经过撞击、振动等机械作用达到纤维互相分离的目的（图 10－21、图 10－22），这种方法制成的非织造布常有并丝现象出现。

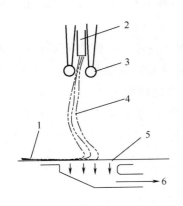

图 10－21　摆丝成网装置示意图

1—纤网　2—气流拉伸装置　3—往复摆丝器
4—长丝　5—成网帘　6—抽吸装置

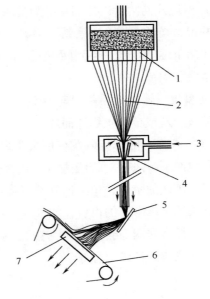

图 10－22　偏转挡板分丝成网

1—喷丝板　2—长丝　3—压缩空气　4—气流拉伸装置
5—偏转挡板　6—成网帘　7—吸风口

（二）铺网

1. 铺网方式　铺网就是将经过冷却、气流牵伸、分丝后的长丝均匀地铺在成网帘上，形成均匀纤网，并使铺置的纤网不因外界因素而产生波动或丝束转移。一般采用凝网和吸网相互结合的成网方式，成网的关键是对牵伸后的纤维运动进行有效控制。目前铺网方式有机械控制和气流控制两种，机械控制有排笔式铺网和打散式铺网等，气流控制则有喷射式铺网和流道式铺网等。

（1）排笔式铺网。采用狭缝牵伸、圆辊式摆丝器，利用气流的附壁效应进行摆丝铺网。这种方式的优点是布的纵横向强力差别较小。但由于摆辊和附壁效应，气流裹挟丝束经过摆丝器后，会形成一束宽度很窄的气流射到成网帘上，由于气流比较集中，流速很快，网下吸风不完全，从而把纤网上部的丝吹散、吹乱，产生并丝。

（2）打散式铺网。采用管式牵伸器和摆片式摆丝器进行打散铺网。丝束从比较细的牵伸管喷出，比较集中，使用一般摆丝器很难把丝束分散均匀。采用打散方法，先打在一个摆片上，再折到另一个摆片上，且气流速度较大，丝束经打散后铺网，就像一块泥巴打在板上四处飞溅，飞溅出的块大小不一，分散不匀。因此采用打散方法分丝铺网，布面易产生"云斑"。为了减少"云斑"，可以通过提高摆丝器摆动频率来减小"云斑"现象。

（3）喷射式铺网。这种方式是利用高速气体出牵伸器后，随着喷射气流截面宽度的扩大，气流速度下降，在气流速度与纺丝速度相等点以后，丝条在气流中呈螺旋状向下运动，最后呈椭圆形落到网帘上。这种铺网方式并丝极少，没有"云斑"，柔软性好，延伸度高。由于椭圆的长短轴比不同，纵横向强力差别较大。

（4）甬道式铺网。以德国莱芬为代表，采用横式整体牵伸器和压布辊技术，牵伸器出口就是成网帘，纺丝甬道全部密封。随着牵伸器甬道宽度的扩大，气流速度下降，丝在气流中呈螺旋状向下运动，最后落到网帘上。这种方式成网效果好，没有气体射流，但要减小系统内部的紊流和涡流。

2. 输网帘 输网帘常起到输送纤网、托持纤网、分离气流等作用，一般用高强低伸聚酯、聚酰胺长丝或金属丝织造而成。

3. 网下吸风 网下吸风在纺粘法非织造材料生产中有两种形式，一种是在负压法牵伸工艺中，利用网下吸风，对纤维进行气流牵伸。这种负压法牵伸的优点是噪声低、耗电量低，但要达到很高速的牵伸，单纯依靠网下吸风还不够，还需要适量增加一些正压吹风。另一种形式是对采用正压牵伸的设备，如管式牵伸，用以吸收牵伸带下的大量气流。但这部分气流若不排除，纤维在网上会造成"飞舞"，从而使成网难以进行，纤网均匀度较差。因此，必须将网下吸风与牵伸风配合好。

七、加固

长丝经过冷却、牵伸、铺网之后，所得的纤网只是半制品，它还必须把纤网固结成布，才能成为最终产品。对长丝纤网固结成布的方法基本上有三种形式，一是热轧法，二是针刺法，三是水刺法。此外还有化学黏合法、热风法，但使用者很少。

在纺粘法生产中，设计产品一般在 $150g/m^2$ 以下，较多采用热轧加固。长丝经成网与铺网后，经过热轧处理才能达到所要求的强度和花纹。利用热塑性合成纤维的特性，纤网在热轧机中受到压力和加热，发生软化和熔融，在轧点位置被压粘在一起，成为有一定强度的非织造布。热轧机的性能及运转参数对纺粘非织造布的力学性能有决定性的影响。

对于皮芯型复合纤维通常采用热轧的加固方式，比较典型的皮芯结构有 PE/PP、PP/PET、PE/PET 等，均是外层聚合物熔点低于芯层。而针刺和水刺加固通常针对剥离型复合纤维，借助刺针的机械力或水喷射力，使橘瓣纤维互相剥离，生成超细纤维。

对比热轧成布与针刺成布，水刺成布的产品有许多优点，即品种新颖，质量高档，成网均匀，手感柔软，且有各种色彩与花纹，几乎可以与机织布媲美，成为一种新型的非织造布。但这种生产方法，设备造价很高，耗能大，生产成本高。

技能训练

一、目标

1. 观察纺粘法非织造生产工艺流程和各单元组成与结构特点。

2. 根据产品要求设计、计算相关工艺参数。

二、器材或设备

螺杆挤压机、计量泵、纺丝组件等。

项目十一　熔喷法非织造布生产工艺技术

✲学习目标

1. 掌握熔喷法非织造布的加工原理和产品特点。
2. 了解熔喷法非织造布生产对原料的要求。
3. 掌握熔喷非织造布生产工艺设置方法及参数计算。
4. 熟悉熔喷法生产流程中各主要设备结构特点和工作原理。

任务一　熔喷法非织造布的生产流程及原料

知识准备

一、熔喷法的工艺流程

熔喷法是将高聚物切片通过螺杆挤出机使其熔融，经过滤后从喷头的喷丝孔挤出，在喷丝孔出口处受到高速热空气流的喷吹，得到牵伸，形成超细的短纤维。同时，冷却空气从两侧补充过来使纤维冷却固化，这些短纤维被吸附凝聚在成网帘（或多孔滚筒）上，凝聚成网后的纤维仍带有余热，可通过纤维间自身黏合或其他加固方法，使纤网得以加固，形成熔喷非织造布。熔喷工艺过程有水平式（图 11－1）和垂直式（图 11－2）。

熔喷工艺流程为：熔体准备→熔融挤出→计量过滤→喷头装置→熔体细流牵伸→冷却→接收装置→成网。

为使熔体细流能在热气流喷吹过程中得到较好的牵伸，要求原料的熔融指数要尽可能高一些。不同熔融指数的原料采用的纺丝温度、喷吹气流温度及速度应相应改变，以保证丝条受到充分牵伸，改善纤维的品质和性能。此外，挤出速度和接收距离也是影响所制得纤维和熔喷非织造布性能的重要工艺参数，应根据产品性能要求和原料情况，正确选择确定。

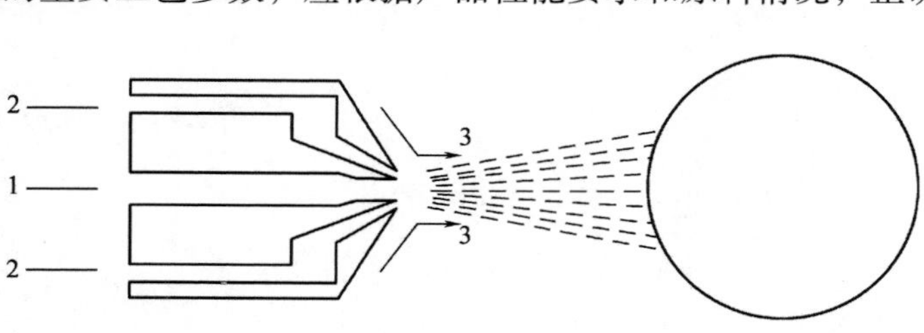

图 11－1　熔喷工艺过程（水平式）
1—高聚物熔体　2—高速热空气流　3—冷却空气

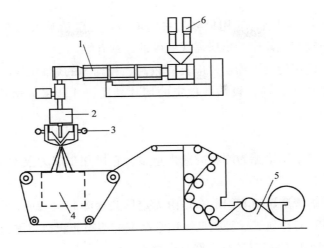

图 11-2　莱芬豪舍尔公司熔喷法非织造布生产工艺流程

1—螺杆挤出机　2—计量泵　3—熔喷装置　4—接收网
5—切片卷绕装置　6—喂料装置

二、熔喷法非织造布的生产原料

由于熔喷工艺是采用高压热空气牵伸，因此要求原料最好使用控制温度低、流动性能好的原料，即采用熔融指数较高的聚合物有利于提高产量，降低能耗。如果聚合物的相对分子质量高，熔体流动速率低，为了降低熔体黏度，以满足熔喷工艺要求，必须借助挤出机的高温与剪切作用降解或在挤出工艺中使用氧化剂或过氧化剂来降解。

无论采取高熔指聚合物或添加过氧化剂，其作用都是为了降低螺杆挤出机的工作温度，提高熔体流动速度，减少过度降解聚合物的形成，延长纺丝板使用寿命，减少能耗，同时给选择可使用的添加剂更大灵活性。

（一）聚丙烯

聚丙烯大量应用于熔喷工艺是因为它具有下列优点。

1. 聚合物熔体黏度可以按需要控制　通过在挤出工艺中使用氧化剂或过氧化剂或借挤出机机械剪切作用或控制工作温度来进行热降解，达到调控熔体黏度的目的。

2. 分子量分布可控制　熔喷法非织造布工艺要求相对分子质量分布较窄，以便可生产出均匀的超细纤维。利用新的催化技术，如茂金属催化剂，可生产出熔指极高而相对分子质量分布极窄的聚丙烯。

3. 较高的熔点　对大多数产品用途来说聚丙烯的耐热性是足够了，并且它有较宽的熔融范围，因此对非织造布工艺中常用的热黏合加工来说，十分有利。

4. 有利于制成超细纤维　假如聚丙烯熔体黏度很低、相对分子质量分布很窄，就可以在熔喷工艺中用同样的能耗，在同样牵伸条件下制成很细的纤维，因此聚丙烯熔喷非织造布常见的纤维直径为 $2 \sim 5 \mu m$，甚至更细。

由于熔喷工艺是采用高压热空气牵伸，因此要求采用熔融指数较高的聚合物，这样有利于提高产量、降低能耗。目前，应用最多的聚丙烯切片熔融指数大多在 400～1200g/10min，且相对分子质量分布较窄，以生产出所需线密度的超细纤维。

熔喷生产加工和使用的聚丙烯切片应具有较高、较均匀的熔融指数，较窄的相对分子质量分布，良好的熔喷加工特性，较均一稳定的切片品质，才能保证熔喷非织造材料的工艺稳定。

（二）聚酯

熔喷非织造布生产采用聚酯为原料的愈来愈多，它已逐步成为仅次于聚丙烯的熔喷非织造布使用的第二大原料。

这种作为黏合网的聚酯熔喷非织造布是由无定形共聚酯原料制成，美国伊士曼公司的柯达邦特5116聚酯（PETG）属于这种类型。用它制成的熔喷非织造布黏合网具有以下优点。

（1）对使用范围很广的基布具有良好黏合性。

（2）轻薄、柔软的网状结构形式，100%的固态黏合介质。

（3）开孔度高，透气性良好。

（4）无溶剂、无甲醛。

（5）可自由选择加工宽度、长度及黏合网定量。

（6）叠层加工方便，可热黏、超声波或高频黏合。

（7）叠层后复合材料可模压成型。

此外，聚乙烯、聚酰胺、聚乳酸也可以作为熔喷非织造布的原料。

一些兼具强力和良好弹性，耐化学性、耐高温的工程聚合材料，诸如，聚苯硫醚（PPS）、热塑性聚酯弹性体（TPE－E）、聚甲醛共聚物（POM）、环状聚烯烃共聚体（COC）等熔喷产品，已在汽车工业、医疗和建筑工程领域使用，特别是在过滤/分离行业取得了成功。

三、熔喷法非织造布的性能及应用

（一）熔喷法非织造布的结构与性能

熔喷工艺是一个非稳态的纺丝过程，从熔喷模头喷丝孔到接收装置的整条纺丝线上，各种作用力不能保持动平衡。由于这种区别于传统纺丝工艺条件的非稳态纺丝过程，造成了熔喷纤维粗细长短的不一致（图11－3）。

图11－4为双组分熔喷的电镜照片。与单组分熔喷材料相比，双组分熔喷纤维呈卷曲或扭曲的形状。这是因为不同聚合物熔体的热性能和流变性能是不同的，在冷却过程中有不同的收缩率，使得双组分熔喷材料有更好的蓬松性、弹性以及较好的抗渗性，而且通过纤维分裂可以得到更细的纤维。

相比纺粘的纤维长丝，熔喷为随意分布的短纤维，而且纤维细度较小，通常在 5μm 以下，具有较高的比表面积，一般可达到 $2m^2/g$，大约是纺粘产品的 20 倍。布的覆盖率高，平均孔隙小（适用于过滤和阻挡性能要求高的产品），手感柔软，强力低，延伸小，力学性能差。

近年来，熔喷法非织造工艺呈现细特化趋势，开发亚微米—纳米尺度熔喷法非织造工艺取得了进展。瑞士利达公司开发的熔喷产品，面密度达 $1g/m^2$，单丝直径 $500nm \sim 1\mu m$。

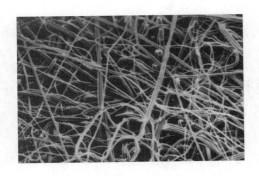 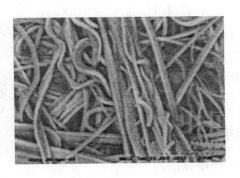

图 11 - 3　熔喷纤网的扫描电镜照片　　　　　图 11 - 4　双组分聚合物熔喷纤网结构

（二）熔喷法非织造布的应用

1. 过滤材料　熔喷法非织造布在过滤领域的应用有气体过滤和液体过滤。2003 年 SARS 事件后，熔喷法非织造布发展迅速，主要是它具有阻菌性和空气过滤性。气体过滤方面有已经大量推广应用的医用防菌口罩、室内空调机过滤材料、净化室过滤材料等。其中医用防菌口罩采用经驻极处理的熔喷法非织造布作为过滤介质，可大大减少细菌的透过率，其阻菌率高达 98% 以上，而且佩戴时没有任何不舒服的感觉。在液体过滤方面，熔喷法非织造布可用于饮料和食品过滤、水过滤、贵金属回收过滤、油漆和涂料等化学药品过滤等。熔喷法非织造布可与其他材料复合并制成可换式滤芯或滤袋等，用于各种过滤装置中。

2. 保暖材料　熔喷超细纤维的平均直径在 $0.5 \sim 5\mu m$ 之间，比表面积大，在布中形成大量的微细孔隙，且孔隙度高，能够有效阻止热量散失，具有极好的保温性，广泛应用于服装和各种绝热材料中。

3. 吸音/隔音材料　在熔喷纺丝过程中同时吹入三维卷曲涤纶短纤维，可以制得 PET/PP 分散复合熔喷吸音材料，可有效吸收声波的传递。越来越多地应用于汽车降噪领域以及住宅、超静音室的隔音材料。

4. 吸油材料及工业用擦布　聚丙烯熔喷布制成的各种吸油材料，吸油量可达自重的 14 ~ 15 倍，广泛用于环保工程、油水分离工程。此外，还可作为油及灰尘的擦拭材料。

5. 电池隔膜材料　隔膜材料是蓄电池的重要组成部件，通常置于正负极板之间，主要功能是绝缘正负极板，并保证电介质的流动。聚丙烯材料具有优良的耐酸碱性能，聚丙烯熔喷法隔膜材料具有孔径小、孔率大、电阻小以及产品变化多样的特点，在我国得到迅速推广应用。

熔喷未来发展趋势就是功能化、高性能化。利用纳米技术、短纤插层技术、双组分熔喷等多种手段生产高保暖、调温、导电、高温过滤、防辐射等新型材料。

技能训练

一、目标

1. 观察、了解不同品种熔喷法非织造布特点及用途。

2. 熟悉熔喷法非织造生产流程。

二、器材或设备

各种品种、规格熔喷布。

任务二　熔喷法非织造布生产工艺及设备

知识准备

一、熔喷设备

熔喷生产线包括主机、加热系统、润滑系统、液压系统、冷却系统、电气控制系统等几部分。其中主机主要由喂入系统、螺杆挤出机、过滤装置、计量泵、熔喷模头组合件、接收装置、卷取系统等组成。生产聚酯及聚酰胺等熔喷非织造材料时，还需要进行切片干燥、预结晶。

熔喷生产线中的喂入系统、螺杆挤出机、过滤装置、计量泵均与纺粘法相同，本任务不再叙述。

（一）熔喷模头组合件

模头组合件是熔喷生产线中最关键的设备，它由聚合物熔体分配系统、模头系统、拉伸热空气管路通道以及加热保温元件等组成，也有人称其为纺丝组件。

1. 聚合物熔体分配系统　其作用是保证聚合物熔体在整个熔喷模头长度方向上均匀流动。一般要满足两个条件，一是熔体流动时间上尽可能短且相同；二是熔体在流动中压力降尽可能小且相同，以避免产生过多热降解。同时还要避免因熔体流动死角造成聚合物的过度热降解，以提高纤网克重的均匀度和力学性能的均匀性。目前主要采用衣架形聚合物熔体分配系统，如图 11-5 所示。

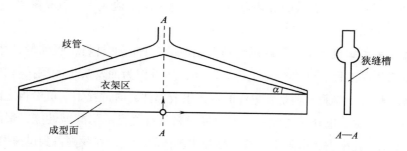

图 11-5　衣架形熔体分配系统示意图

在熔体分配过程中，影响分配均匀度主要有两个因素：一是歧管倾斜角度，随着歧管倾斜角度的增加，聚合物熔体在分配系统中央处的流动速率趋于减小，而两边的流动速率明显增加；另一个是高聚物熔体本身，成纤高聚物熔体一般表现为非牛顿行为，应通过对高聚物的分子量及其分布进行并选用较高的温度，以改善其流变性能。

此外，在熔喷生产中，要求熔喷模头在整个工作宽度上保持热空气流喷出速度和流量一致，以获得对聚合物熔体细流均匀的拉伸效果。

2. 模头系统 由底板、喷丝板、气板、加热保温原件等组成，典型的结构如图 11 - 6 所示，喷丝孔呈单排排列，喷嘴两侧配置呈 30° ~ 90°的两组气流分隔板。喷丝头的使用温度在 215 ~ 340℃，常用孔径为 0.2 ~ 0.4mm，微孔采取机械加工或电火花加工，长径比应大于 10，排列密度为 1 ~ 4 孔/mm。另一种为 Biax/Schwarz 公司的多排、中心气孔型，在喷丝孔周围环绕着同心气孔，如图 11 - 7 所示。

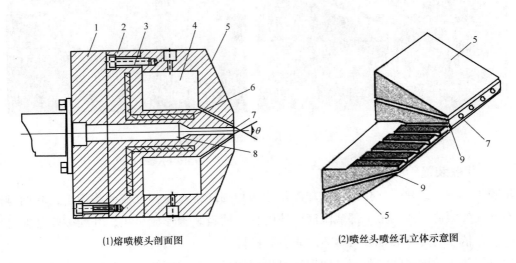

(1)熔喷模头剖面图　　　　(2)喷丝头喷丝孔立体示意图

图 11 - 6　典型的熔喷模头结构

1—底板　2—喷丝头　3—气板固定螺栓　4—热空气腔　5—气流分隔板
6—加热原件　7—喷丝孔　8—熔体输送窄缝　9—拉伸热空气风道

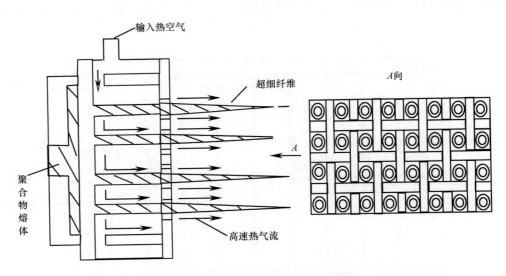

图 11 - 7　Biax 熔喷模头示意图

减小喷丝孔径、增加孔的排列密度、增大孔的长径比可以减小纤维细度、改善纤网均匀度。作空气过滤材料时，要求空气穿透阻力小，有较高的滤效，选用孔距较大的喷丝板，可以减少纤维间的粘结和缠绕；作吸收材料或保暖材料时，可选用孔距较密、孔径较大的喷丝板，可以提高产量。

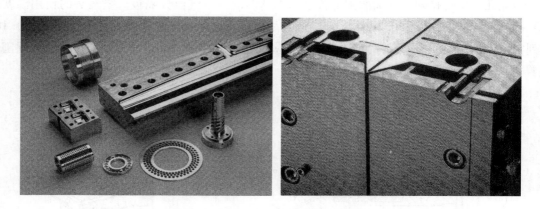

图 11 - 8 Kasen 公司熔喷模头

（二）接收装置

熔喷生产中，经热空气拉伸和冷却固化后的超细纤维在拉伸气流的作用下，吹向凝网帘或带有网孔的滚筒，凝网帘下部或滚筒内部由真空抽吸装置形成负压，纤维被收集在凝网帘或滚筒上，依靠自身热黏合成为熔喷法非织造材料。

模头到接收装置之间的距离（DCD）可根据纺丝工艺需要调整，与聚合物种类、纺丝温度、产量及产品要求等因素有关。

熔喷工艺中的接收装置主要有滚筒式、平网式、立体成型（芯轴）式。

图 11 - 9 为滚筒接收装置，其内部吸风通道分多层，以保证滚筒沿轴线方向吸风量的一致。

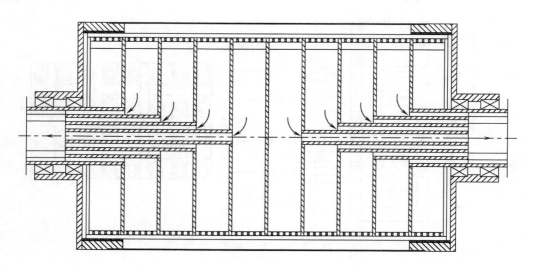

图 11 - 9 接收滚筒

平网式接收器成网帘的周长固定。当成网帘传动辊左右移动时，可调节帘网成网工作面的水平位置，从而达到改变熔喷工艺接收距离的目的。目前，熔喷生产线的模头系统以及螺杆挤出机等设计在一个升降平台上，通过升降平台来调节熔喷工艺接收距离。

生产熔喷滤芯时，可采用立体接收装置，分间歇式立体接收和连续式立体接收。

图11-10为间歇式立体接收装置，其特点是整个接收装置来回移动，熔喷纤维多层次的缠绕在转动的芯轴或骨架上，成型时外表面采用成型压辊整形。通过改变接收距离，可生产具有密度梯度的滤芯；改变滤芯尺寸，可生产不同内径的滤芯；调节成型压辊位置，可生产不同外径的滤芯。由于每根滤芯制成后需要更换芯轴，因此间歇式立体接收方式的制成率较低。

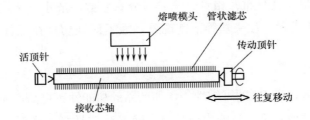

图 11 - 10　间歇式立体接收装置

连续式接收装置（图11-11）的接收芯轴呈悬臂梁形式，结构较复杂，芯轴为空心状，内配有用来输出管状滤芯的传动轴，该传动轴头端配有螺纹，依靠接收滤芯和螺纹头的速度差产生的推力将管状滤芯从接收芯轴上拔出，并输送至定长切割系统。生产具有密度梯度的滤芯时，应配置多个不同接收距离的熔喷模头。与间歇式立体接收方式相比，连续式接收装置生产时没有边角料，因此制成率要高得多。

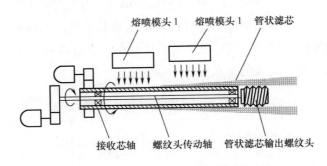

图 11 - 11　连续式立体接收装置

（三）卷取

切边卷取是熔喷非织造材料生产的最后一道工序，切边卷取后才成为产品。在通常的情况下，将切下的边料直接喂入回收装置，进行适当的处理后与合格切片一起喂入挤压机再加工，也有的直接将其作为半成品原料加工成最终产品，这样有利于环保。

二、熔喷工艺控制

熔喷非织造材料的生产过程较短，但整个工艺过程则较为复杂，影响熔喷非织造材料最终产品质量和性能的工艺参数很多，如高聚物性质和结构、切片的熔融指数、聚合物熔体的挤出量、热气流速度、螺杆挤出机的温度、纤网结构、喷丝板的结构与喷丝孔的形状、热空气的温度、喷丝孔与成网帘的距离、加固方式等。这些参数不仅变量多，而且彼此之间有交互作用，因此熔喷法非织造材料的生产工艺参数控制比较复杂，需要综合考虑。现以 PP 为原料来讨论主要工艺参数的影响。

（一）PP 切片

PP 切片的自身结构直接影响可纺性，由于 PP 树脂更多地表现为非牛顿行为，生产中要严格控制相对分子质量及其分布，相对分子质量分布系数一般小于 4，同时切片的含杂要小于 0.025%，才能减少毛丝、注头丝等不良现象。为了保证切片在螺杆中熔融均匀，切片的外观大小要均一。

（二）功能添加剂

功能添加剂可有效改善 PP 的可纺性，增加产品的功能性，提高产品的附加值。目前，常用的功能添加剂有阻燃改性剂、抗静电改性剂、抗老化改性剂、降温母粒、着色母粒、增白母粒等。但这些功能添加剂的混入比例要严格控制，因为这些添加剂大多含有无机物质。

事实表明，生产中加入的所有非主体物质都会影响正常的纺丝，这些功能切片的混入量一般不超过 5%。

（三）熔融指数

生产中常用熔融指数 MFI 来表征熔体流变性能。MFI 的大小直接反映了 PP 树脂的相对分子质量大小及其分布。一般熔体流动速率越高，熔体的黏度就越低，就更易于拉伸成细特纤维，用于熔喷法非织造材料的 MFI 为 400~1000g/10min。由于熔喷工艺得到的是超细短纤维网，因此，在熔喷法生产中所用的原料中首推高熔融指数的聚丙烯树脂，因为它具有良好的流动性。MFI 较大的聚丙烯树脂，其相对分子质量较小，熔喷的纺丝温度可相应下降。

不同产品的熔融指数与定量的关系见表 11-1。

表 11-1　不同产品的熔融指数与定量的关系

产　　品	A	B	C	D
PP 切片的熔融指数	1000	500	400	110
定量（g/m²）	130	120	120	100

（四）螺杆挤出机的挤出量和挤出速度

螺杆挤出机的挤出量和挤出速度直接影响到喷头的喷丝速度和喷丝量。在其他工艺条件不变的前提下，随着螺杆转速的提高，其挤出量和挤出速度也相应提高，则从喷头中喷出的细流就越多，形成的纤维直径就较细。在相同克重下，单位面积内的纤维根数较多，彼此间粘结机会增加，在纤网加固后，纤维间黏合和缠结较牢固。但当挤出速度达到一个峰值后便趋于减小，原因可能是熔喷工艺本身的牵伸速率不足，导致布面粘结纤维数量的减少和并丝的出现。生产中随着螺杆挤出机的挤出量和挤出速度的提高，产品的纵横向强度、撕破强力、断裂伸长率和弯曲刚度均相应增加。

（五）螺杆挤出机各区的温度控制

螺杆挤出机是形成均匀熔体的关键。根据切片在挤出机各区域的状态不同，其温度设置非常重要，直接影响纺丝过程的顺利与否和产品的力学性能。若温度偏低，流变性能不好，黏度偏大，会堵塞喷丝头出现注头丝，布面疵点增加；若温度偏高会出现较大的热氧分降解，影响纤网的均匀度。表 11-2 为不同产品螺杆挤出机各区温度的设置。

表 11-2　不同产品螺杆挤出机各区温度的设置

产品	进料区（℃）	熔融压缩区（℃）	计量区（℃）
A	165	260	270
B	170	270	275
C	175	275	280
D	180	280	290

注　A、B、C、D 均为聚丙烯，相对分子质量从低到高。

（六）热气流速度和温度

在熔喷法非织造材料生产过程中，热气流速度是一项重要的工艺参数，其速度的大小直接影响到纤维的线密度和产品的力学性能。在其他工艺不变的情况下，纤维的直径会随着热气流速度的增加而变细，如图 11-12 所示。

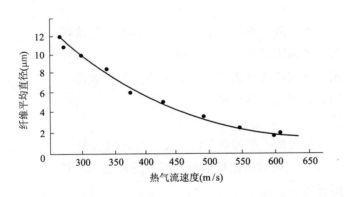

图 11-12　牵伸热气流速度与纤维平均直径的关系（每孔每分钟熔体挤出量为 0.35g）

因此，热气流速度的提高可以生产出超细纤维网，所得产品手感较好，纤维网中纤维缠结点增多，布面光滑、密实。但热气流速度也不宜过高，当超过某一临界值时就会出现"飞花"现象，严重地影响了布面的外观。一般热气流速度应控制在 400~600m/s。

热气流的温度要使熔体细流处于黏流状态，一般高于熔点，通常在 110~130℃之间，常用120℃。

熔喷法非织造材料生产中，牵伸热空气速度除了影响纤维细度之外，还影响纤网中纤维之间的热黏合效果。通常，提高牵伸热空气速度，有利于提高纤维强度并改善纤网中纤维之间的热黏合程度。

（七）热空气的喷射角度大小

热空气的喷射角度大小也同样影响纤维的牵伸效果和纤维在凝网帘上的分布。当热空气的喷射角接近90°时，将产生高度分散而湍动的气流，使纤维在成网帘上形成无规则的杂乱分布。当牵伸气流风道夹角为60°时，在喷丝孔附近的气流比较紊乱，在喷丝孔轴线上和邻近区域，气流速度较高，沿喷丝孔轴线方向平行分布，有利于熔体细流的牵伸，形成超细纤维，而角度越小时，则越容易形成平行的纤维束。

因此，牵伸气流风道夹角越小，喷丝孔附近的气流紊乱减弱，气流在喷丝孔轴线方向的分量越大，越有利于牵伸，生产中一般控制在60°左右。

（八）熔喷工艺接收距离

模头喷丝孔出口处到接收帘网或滚筒的垂直距离称为熔喷工艺接收距离。

熔喷工艺中的接收装置主要有滚筒式、平网式和立体成型（芯轴）式等。滚筒式接收器其内部吸风通道分多层，以保证滚筒在整个工作宽度上吸风量一致。平网式接收器成网帘的周长固定，当成网帘传动辊左右移动时，可调节帘网成网工作面的水平位置，从而达到改变熔喷工艺接收距离的目的。目前，熔喷生产线的模头系统以及螺杆挤出机等设计在一个升降平台上，通过升降平台来调节熔喷工艺接收距离。

在其他工艺条件不变时，聚丙烯熔喷非织造材料透气率与熔喷工艺接收距离呈近似正比关系。原因是随熔喷工艺接收距离的增大，熔喷纤维运行速度趋缓，在成网帘上形成了蓬松的纤网结构。同时，由于纤网蓬松度增加，将造成PP非织造材料的最大外径和平均孔径变大。

纤网强力取决于纤维之间的缠结和抱合，随着熔喷工艺接收距离的增大，熔喷非织造材料的纵横向断裂强力和弯曲刚度均呈下降趋势。

生产中，可根据以上规律通过改变或调节熔喷工艺接收距离，生产不同性能的产品，如改变熔喷工艺接收距离，可生产具有密度梯度的滤芯。

（九）纺丝工艺

纺丝工艺包括熔体挤出量、牵伸热气流速度以及熔喷温度。

1. 熔体挤出量　聚合物熔体挤出量影响纤维的线密度和产量，挤出量越大，熔喷产量越高，但得到的纤维则较粗。

熔喷喷头喷丝孔每分钟挤出的聚合物熔体克数越高，则纤维越粗。因此，在保证熔喷非织造材料产品纤维细度的前提下，要提高熔喷产量，必须增加熔喷喷头喷丝孔的数量。

2. 牵伸热气流速度　牵伸热气流速度是熔喷工艺中主要的工艺参数，直接影响熔喷纤维细度。对于一定的聚合物熔体挤出量及一定的熔体黏度，牵伸气流速度越大，则纺丝线上聚合物熔体细流受到的牵伸作用越大，纤维越易变细。

在工业化生产中，通常采取高流速的牵伸热空气来补偿因聚合物挤出量增加而引起的纤维直径变化，即牵伸热气流速度与聚合物挤出量必须相匹配。

3. 熔喷温度　熔喷温度是指熔喷喷头的工作温度，可用以调节聚合物熔体的黏度。熔喷温度一般高于 PP 树脂的熔点，使之处于黏流状态。在其他工艺条件不变时，聚合物熔体黏度越低，熔体细流可牵伸得越细。因此熔喷工艺中采用高 MFI 的聚合物切片原料，较易得到超细纤维。但是，熔体黏度过小会造成熔体细流的过度牵伸，形成的超短超细的纤维会飞散到空中而无法收集，在熔喷工艺中也称"飞花"现象。因此，为了防止熔体在剪切力的作用下产生破裂，熔喷常用聚丙烯原料的熔体黏度范围为 50～300Pa·s。

技能训练

一、目标

1. 观察熔喷法非织造生产工艺流程和各单元组成与结构特点。

2. 初步学会熔喷模头组件的拆装。

3. 根据产品要求设计、计算相关工艺参数。

二、器材或设备

螺杆挤压机、计量泵、熔喷模头组件等。

任务三　SMS 复合非织造技术

知识准备

一、SMS 生产工艺流程

SMS 复合技术是将纺粘和熔喷两种工艺有机地结合在一起，其产品既具有高的强度及耐磨性，又具有好的过滤性、保温性及导湿性。

SMS 的生产工艺主要分为在线复合、离线复合和一步半法复合三种。

1. 在线复合　在同一条生产线上，同时具有两个纺粘喷丝头及一个熔喷模头，生成的三层纤网经过热轧机黏合，最后经过卷绕机切边卷绕形成 SMS 非织造布。具体工艺流程如图 11－13 所示。在线复合工艺灵活，可以根据产品的性能要求，随意调整纺粘层和熔喷层的比例。产品具有良好的透气性，可生产低克重的产品。产品的过滤性能和抗静水压能力较好。但在线复合生产线存在投资成本大、建设周期长、生产技术难度大、开机损耗大等缺点，因此不适应小订单生产。

2. 离线复合　离线复合工艺是指先由纺粘和熔喷两种工艺分别制得纺粘布和熔喷布，再经过热轧复合设备或超声波黏合，将两种非织造布复合在一起形成 SMS 复合型非织造布，即所谓的二步法 SMS。工艺示意图如图 11－14 所示。离线复合的优点是投资小、见效快、灵活性高，适于小订单生产，可通过复合熔喷非织造布含量高的产品来提高复合材料的耐水压性能等。其缺点在于其产品性能不够理想，熔喷工艺难以灵活调整，很难改善产品的透气性、抗静水压等性能。同时，由于熔喷布的强力较低，受力拉伸后熔喷的 3D 结构容易破坏，因而离线复合 SMS 产品中熔喷布的克重很难降下来，产品的阻隔性和抗静水压能力也因熔喷布受拉伸略有损失。另外，经过 3 次黏合，产品的透气性也大大降低。

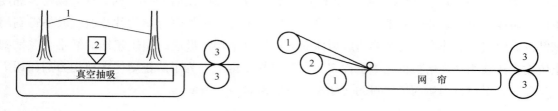

图 11-13　在线复合示意图　　　　　　　　图 11-14　离线复合示意图

3. 一步半法　即一层纺粘布退卷随网帘送到熔喷区，和熔喷布结合后，再叠加一层纺粘布，最后通过热轧辊复合的工艺。这种设备投资较一步法小，工艺比一步法 SMS 灵活简单，而且由于熔喷布是在线生产，不需要通过收卷、退卷工序，即使是低克重的熔喷布其结构也不会破坏，这样就有效解决了二步法 SMS 产品克重高的缺点。其生产工艺如图 11-15 所示。但是由于复合用的纺粘布经过热轧，因此对产品透气性有一定的影响；同时纺粘布作为底层，纤维密度比没经过热轧的纺粘纤网大，也就增加了熔喷区真空抽吸系统的负担。

以上三种只是 SMS 复合的基本形式，除此之外，还有 SMS、SMXS、SMMS、SSMMS 和 SSM-MS 等配置形式，产品幅宽有 1.6 m、2.4 m 和 3.2 m 等规格。加固方式除了采用热轧黏合外，还有涂层复合、超声波复合、热熔胶复合等多种工艺。

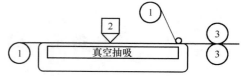

图 11-15　一步半法复合示意图

直径为 20μm 的纺粘纤维平均直径为 250nm 的熔喷纤维的 SEM 照片如图 11-16 所示。

图 11-16　直径为 200μm 的纺粘纤维与平均直径为 250nm 的熔喷纤维的 SEM 照片

二、SMS 产品的应用

1. 薄型 SMS 产品　因它突出的防水透气性，特别适用于卫生市场，如作卫生巾、卫生护垫、婴儿尿裤、成人失禁尿裤等的防侧漏边及背衬等。

2. 中等厚度 SMS 产品　它适合使用在医疗方面，用于制作外科手术服、手术包布、手术罩布、杀菌绷带、伤口贴、膏药贴等；也适合于工业领域，用于制作工作服、防护服等。在这一应用领域，过去一直是水刺布的天下，但水刺布抗静水压能力较差，阻隔能力也不够理想。目前在医疗市场上，这两种产品基本上平分秋色。如今，SMS 产品以其良好的隔离性能，特别是经过三抗和抗静电处理的 SMS 产品，更加适合作为高品质的医疗防护用品材料，在世界范围内已得到广泛应用。

3. 厚型 SMS 产品　它广泛用作各种气体和液体的高效过滤材料，同时还是优良的高效吸油材料，用在工业废水除油、海洋油污清理和工业抹布等方面。

三、SMS 复合生产设备

（一）在线复合设备

我国目前引进的"一步法"SMS 复合生产线（图 11 - 17），其实际运行速度可达 600 ~ 800 m/min，年生产能力达 1.5 万 ~ 2 万 t，基本上定型于薄型产品，克重在 $10 \sim 70 \mathrm{g/m^2}$ 之间。其制造公司主要有德国 Reifenhauser、美国 Nordson、意大利 STP 等。

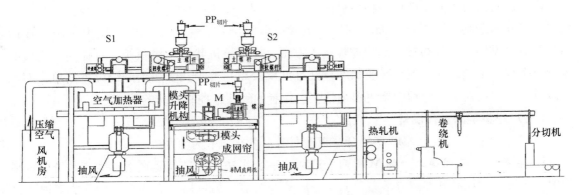

图 11 - 17　SMS 在线复合设备流程图

（二）离线复合设备

其中，Ⅰ、Ⅲ工位放置 S 布，Ⅱ工位放置 M 布，补偿装置也叫储布架，用于张力控制（图 11 - 18）。

在用"两步法"工艺生产 SMS 型复合非织造布产品时，由于 S 布与 M 布的断裂伸长率相差很远，在放卷时要仔细地控制放卷的速度和张力，保证恒张力均匀退卷和各层布的同步均匀展开，防止重叠后出现皱折，影响产品的质量。特别是在原料布卷即将放尽、直径较小时，放卷阻力增大（被动放卷时），若放卷速度较快或速度波动较大，便很容易导致 M 布出现断裂，甚至被拉断。因此生产线也只能以远低于"一步法"生产线的速度下运行。

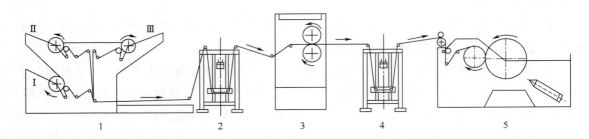

图 11－18　SMS 离线复合设备流程图

1—退卷机　2—补偿装置　3—热轧机　4—补偿装置　5—卷绕机

另外，为了保持生产过程的稳定性，生产线也难以生产定量小于 $30g/m^2$ 的 SMS 产品，因为在生产这种小定量产品时，M 布的定量一般不会超过 $10g/m^2$。这种小定量熔喷布在放卷时，极容易受静电和气流的影响，会很容易地在运行过程中出现飘动和皱折，在生产线变速或高速运行中容易被扯断，使生产过程难以进行。

当用"二步法"生产 SMS 产品时，由于不可避免地存在三层布横向错位，及在卷绕张力和热轧时候所造成的横向幅宽缩窄现象，为了获得预定幅宽的 SMS 产品，必须在放卷端选用比额定幅宽大的原料布卷。一般要比产品的规格宽 100mm 左右，只有这样，才能获得幅宽准确、切边整齐的 SMS 产品。

由于退卷张力不同，即使各种材料的卷长都相同，也不可能同时都放完。因此，会产生较多的接头或余料。为了解决布卷用完后的接头驳接问题，生产实践中曾试用过用"双面贴"黏胶带粘结、电热熔接、超声波焊接等方法，在不停机状态在线驳接，对提高生产线的运行效率有一定的好处，但在高速状态，其难度就较高。由于二步法生产线设备简单，调控手段较少，因而在生产过程中要更多地依赖操作者的经验来控制产品的质量。

（三）一步半法复合设备

用"一步半法"生产 SMS 型复合非织造布时，可有如下两种方法。

1. 在两层 S 布间铺上一层 M 纤网　这种"一步半法"工艺就是在熔喷生产系统的前后位置，布置二套成品 S 布退卷装置。其中一层 S 布为底，另一层 S 布为面、中间夹着刚生产出来的 M 布，然后用热轧机将三层布固结（图 11－19）。

在这种"一步半法"SMS 产品生产线中，主要的设备包括退卷机、熔喷系统、热轧机、卷绕机、张力控制系统、布卷的扩幅展开装置等。生产时除了控制两层 S 布的恒张力均匀退卷和均匀展开外，还要妥善解决熔喷系统溢散气流对成布质量的干扰。

2. 在两层 S 纤网间放入一层 M 布　这种工艺利用现有的双模头生产线，在两个 S 系统之间加入一套成品熔喷布的退卷装置。这种"一步半法"生产工艺的明显缺点是降低了生产线的运行速度，减少了产量，因仍然无法解决小定量的熔喷布的高速退卷问题，故还是难于生产较小定量的 SMS 产品。而且因中间放卷的 M 布有接头，生产线的停机时间较多，废品率也高于"一步法"。但因为其中的 S 布只是经过一次热轧，因此产品的手感、透气量都比二步法好。

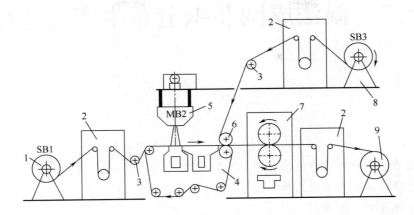

图 11 – 19 一步半法 SMS 复合设备流程图

1—底层 S 布（主动放卷） 2—储布架 3—导向辊 4—成网机 5—熔喷纺丝箱体
6—压辊 7—热轧机 8—面层 S 布（主动放卷） 9—卷绕机

技能训练

1. 了解 SMS 复合非织造布特点及应用。
2. 观察 SMS 复合生产线设备特点。
3. 根据产品要求设计、计算生产 SMS 复合非织造布相关工艺参数。

☞ 思考题

1. 试述熔喷法非织造布的生产过程和产品特点。
2. 简述熔喷生产中模头组合件的作用。
3. 什么叫接收距离？它如何影响熔喷产品的质量？
4. 简述熔喷生产中热空气的喷射角度、热气流速度和温度对产品质量的影响。
5. 试比较纺粘法与熔喷法两者的异同点。
6. SMS 复合方式有哪几种？各有何优缺点？

项目十二 湿法成网非织造布生产工艺技术

✷学习目标

  1. 了解湿法非织造布与造纸的区别。

  2. 熟悉湿法非织造布生产原料的选择。

  3. 掌握湿法成网的原理。

  4. 掌握干法造纸非织造布生产原理。

  5. 了解干法造纸的工艺流程配置。

  6. 熟悉干法造纸产品的用途及推广。

任务一 湿法非织造布的原料选择与产品特点

知识准备

    湿法成网非织造布生产方法起源于传统的造纸技术，并随着技术的不断成熟逐渐从长纤维造纸技术中分离出来。20 世纪 60 年代中期出现了湿法非织造布专用设备，以后不断得到改进。由于湿法成网生产具有纤网均匀度好、可达到良好的纤维杂乱效果、充分利用短纤维、产量高以及大批量制造加工成本低等优点，产品主要应用在液体过滤、电池隔膜和生活用纸等方面。湿法成网生产的缺点是设备一次性投资费用高、能耗较大、生产灵活性较差、产品的强度和手感不及干法非织造布等。

一、湿法非织造布的特点及用途

（一）湿法非织造布的定义

    1. 湿法非织造布的定义 国际非织造布协会的定义是："湿法成网是由水槽悬浮的纤维沉集而制成的纤维网，再经固网等一系列加工而成的一种纸状非织造布。"即湿法非织造布是水、纤维及化学助剂在专门的成形器中脱水而制成的纤网，经物理、化学方法固网后所获得的非织造布。

    2. 湿法非织造布与造纸的区别 湿法非织造布生产与造纸生产，无论在原料选用、加工技术和产品性能方面都存在较大的差别（表 12−1）。

表 12-1　湿法非织造布和传统造纸产品的区别

种 类	湿法非织造布	传统造纸
纤维原料	以较短纺织纤维为主，长度一般为 6~20mm，最高可达 30mm。纤维成分中长度与直径之比大于 300 的纤维占 50% 以上的质量；或者纤维成分中长度与直径之比大于 300 的纤维占 30% 以上的质量，并且其密度小于 0.4/cm³	以浆粕为主，长度一般为 1~4mm
黏合加固	主要靠外加黏合剂产生的黏合作用	靠纤维和纤维之间的氢键作用
产品性能差异	有一定湿强力，柔软性和悬垂性较纸张好	没有湿强力，浸泡于水中会即失去强力而成为一团浆料，而且柔软性和悬垂性较湿法非织造布差

（二）湿法非织造布生产的特点

用造纸机生产的湿法非织造布也称特种纤维纸，是非织造布家族中的一个特殊种类。湿法非织造布技术突破了传统的纺织原理，避开了梳棉、纺纱、经纬编织等劳动强度大、生产效益低的繁杂工序，合理利用造纸的基本原理，直接在造纸机上一次性成网定型，形成产品。它与其他的非织造布制造方法相比有以下特点。

1. 主要优点

（1）原料的适应性强，原料来源广泛。可选用的原料除植物纤维外，还可选用涤纶、丙纶、维纶、黏胶纤维、玻璃纤维、碳纤维等。这些原料可单独使用，也可以多种纤维混和使用，赋予产品特殊功能。湿法生产可以使用长度在 20mm 以下难以纺纱的天然纤维、化学纤维，还可以混和一些造纸上用的浆粕。浆粕和纤维一起成网，还可以作为纤维网加固的辅助黏合手段。

（2）可按用户对产品的最终使用要求进行合理的工艺设计和广泛选择纤维原料。

（3）成网均匀度好，纤维结构合理。水流状态下形成的纤网，纤维在纤网中成三维分布，纤维的杂乱排列效果好。湿法成网形成的非织造布各向同性显著，而且成网均匀度优于干法和纺丝成网法。大部分湿法非织造布产品的结构比纸蓬松，特别适合过滤材料的特性要求。

（4）成网速度快、产量大、劳动生产率高、成本低。湿法的生产速度可达到 300m/h 以上，工作幅宽可达到 5m，特别适合大批量产品的规模化生产。其劳动生产率为干法的 10~20 倍，生产成本只有干法的 60%~70%，具有很强的市场竞争能力和良好的经济效益。

2. 主要缺点

（1）由于适合于大批量连续生产，更换品种时间长，更换品种的灵活性不如干法非织造布。

（2）生产过程耗用水、电、气量大，轻度环境污染不可避免，因此配套工程要求高，白水处理系统和污水处理系统都不可缺少。

（3）生产工艺速度太高，产品必须要有大宗用途，原材料及成品的存放和输送都要求较高。

（三）湿法非织造布的用途

生产湿法非织造布有多种原料和工艺方法可供选择。只要选择不同的纤维原料、不同的加工方法并结合不同的后整理加工，便可制成性能不同、用途广泛的非织造布产品，在许多领域得到广泛应用。

湿法非织造布的各项机械强度都远远高于纸张，透气性、吸收性以及手感可类似于布，是一种新型的纤维薄型材料，在包装、过滤、空气净化、医疗卫生以及用即弃产品等领域得到广泛应用。

（1）医用卫生及保健：手术衣、帽、口罩、枕套、胶带、膏药布等。

（2）过滤与环保：防尘面罩、吸尘器滤袋、购物袋等。

（3）电工和电气：电池隔膜纸、碳纤维电热膜、红外线辐射膜、电磁屏蔽膜、电器绝缘布、电缆布、胶带布等。

（4）土木工程和建筑：隔音材料、防热材料、玻璃钢增强基布。

（5）汽车工业：汽化器滤芯、空气滤芯、隔热毡、防振毡、模压成型材料。

（6）农业与园艺：护根布、育苗布、防虫害布、防霜冻布、土壤保温布。

（7）包装材料：复合水泥袋、箱包用材、其他包装基材。

（8）其他：地图布、年历布、油画布、扎钞带等。

二、湿法非织造布的原料

生产湿法非织造布，需要先将纤维原料和化学助剂制成悬浮浆。悬浮浆的组成成分：纤维 + 分散剂 + 黏合剂（或纺粘纤维） + 湿增强剂。

由于湿法成网是依靠纤维在水中分散与悬浮，因此湿法非织造布对纤维原料的要求没有干法成网那么严格，许多无法纺纱的纤维都可以用湿法成网的方式形成非织造布。另外，黏合剂在湿法非织造生产中起重要作用。

（一）纤维原料

湿法的工艺原理和生产流程大体与造纸相同，但是对纤维的要求和黏合方式却有明显的区别（表 12 – 1）。由于纤维是在水溶液中成网的，这就要求纤维在水中必须具有良好的分散性。对纤维的具体要求有以下几点。

（1）纤维长度不宜过长，应保持恰当的长细比。纤维越长，成网均匀度越差。而且纤维长度的离散分布越窄，纤维在水中的分散越好。化学纤维要求切断质量好，倍长纤维和超长纤维尽量避免。

纤维的长细比是指纤维的长度和其径向最大尺寸之比。长细比越大，纤维在水中越难分散，易成团。通常纤维长度和线密度有如下关系：

$$切断长度（mm） = 5 \times （纤维特数）^{1/2}$$

（2）纤维较平直，卷曲度小。纤维的卷曲度越大、卷曲越复杂，纤维间越易纠缠，在水中越难分散，特别是三维立体的纤维很难分散。

（3）纤维应有一定的吸湿性。纤维的吸湿性越好，纤维在水中的润涨能力越强，分散性越好。

（4）纤维的表面摩擦系数要小。纤维的表面摩擦系数越大，纤维越易纠缠，在水中越难分散。可通过在成浆中加入吸湿剂、分散剂等，以改善纤维的分散性能。

（二）化学助剂

1. 分散剂　纤维分散剂的主要作用是促使纤维均匀分散于水中，减少纤维絮凝，改进成形质量，得到均匀的制品。

分散是将固体微小颗粒尽可能均匀分布在另一种不相容的物料中，对于湿法生产过程来说，纤维、填料和一些助剂等都是水不溶性的，它们有在水溶液中自行聚集的趋势，而且不同物料之间往往因不相容性而尽量远离，这样就难以得到性能均匀、强度理想的产品。加入分散剂则可以使纤维表面形成双分子层结构，外层分散剂极性端与水有较强亲和力，增加了固体粒子被水润湿的程度。固体颗粒之间因静电斥力而远离，达到良好分散效果。纤维分散剂要求有一定的热解性，即随着温度的升高而逐渐分解，黏度也相应降低，这样就不会留在已干燥的纸页上，不会因使用纤维分散剂而影响纤维的原有性能。

2. 增强剂

（1）干增强剂。干增强剂的作用是提高湿法非织造布的强力。目前常用的干增强剂有变性淀粉（阴离子淀粉、阳离子淀粉）、丙烯酰胺聚合物和聚乙醇等。

阳离子聚丙烯酰胺聚合物干增强剂的作用机理是：聚丙烯酰胺有很强的絮聚作用，可在粒子之间架桥，并且根据不同的离子性具有不同的结合机理，同一个分子可以吸附若干个颗粒引起聚沉。聚丙烯酰胺上的极性基还可以和纤维形成强的氢键和静电结合。

（2）湿增强剂。在成网之前加入湿增强剂，它一方面可以赋予某些产品具有湿强的功能，如毛巾纸、纸袋纸、湿式感光纸等；另一方面对湿纤网提供足够的湿强度，保证湿纤网有足够的牵伸应力。

目前常用的湿增强剂有阳离子型脲醛树脂（UF树脂）、三聚氰胺甲醛树脂（MF树脂）、聚胺酰胺树脂（PAE树脂）、聚乙烯亚胺（PEI树脂）、聚酰胺环氧氯丙烷树脂（PPE树脂）等。含甲醛的树脂使用时有游离甲醛析出，对人体有害，近年来的应用不断减少。PPE树脂是一种可在碱性条件下熟化的高效湿增强剂，湿强度可高达干强度的50%。

3. 消泡剂　在制浆生产中，泡沫处理是棘手问题。从蒸球出料后的制浆单元操作一直到涂布工序（洗涤、滤浆、漂白、脱水、抄纸、施胶、涂布等），均有不同程度的泡沫存在，泡沫严重影响正常生产以及产品质量。可采用化学法处理，其原理是：在生产过程中加入一类特殊的表面活性剂——消泡剂，用来控制泡沫。这类物质具有较强的表面活性，可以破坏生产系统内的起泡剂，降低表面张力，使其无法形成坚固的泡膜，从而导致泡沫破裂。

适用作消泡剂的有机化合物较多，有硅油、聚醚、醇、脂肪酸、酸胺酯、磷酸盐及金属皂等，相应主要有硅油型有机硅消泡剂、乳液型有机硅消泡剂，聚醚等其他改性有机硅消泡剂。

4. 黏合剂 黏合剂可以在湿法非织造布生产成网之前加入，也可以在成网以后加入。

技能训练

观察、了解湿法非织造布的原料选择。

任务二　湿法成网过程与原理

知识准备

湿法生产工艺流程：纤维原料→悬浮浆制备→湿法成网→加固→后处理。

一、悬浮浆的制备

将纤维原料充分开松成单纤维，再将不同纤维原料置于水溶液中进行混合搅拌，使纤维在水中均匀分散。纤维制浆一般是通过混料桶和浆桶来完成，桶中装有螺旋桨搅拌装置。搅拌的过程中不停地往桶中加水，使各种纤维、助剂以及黏合剂在搅拌器的作用下得到充分混合，并均匀分散在水溶液中。湿法生产常采用的制浆方式有连续制浆和非连续制浆。现代湿法生产线多采用连续制浆方式，其流程短、产量高、节省能源，并且适合较长纤维的悬浮浆制备。为了避免纤维团块的形成，悬浮浆的纤维密度一般控制在 0.05 ~ 0.5g/cm³ 之间。

1. 非连续式制浆 如图 12 - 1 所示，纤维素浆粕板送入料桶 1 溶解，再送入桶 2，经送浆泵 3 送入粉碎机 4，然后经储料桶 5 送入混料桶 6。如果采用切断的短纤维，可直接送入混料桶 6 进行分散和混合。混料桶 6 中的悬浮浆经过必要的混合、反应后，批量送入储料桶 7，由此可连续地输送至成网机构。桶 2、5、6、7 中部均装有旋翼式搅拌器，旋翼转动并配合形状特殊的浆桶，可使桶中液体强烈混合。料桶 1 底部装有高速回转的转子，可通过强烈的水流将浆粕板打烂。助剂和黏合剂可直接加入到混料桶 6 中，混料桶 6 中悬浮浆的纤维浓度为 0.5% ~ 1.5%。

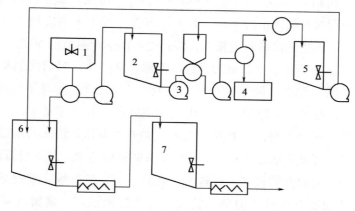

图 12 - 1　非连续式制浆工艺

2. 连续式制浆 如图 12 - 2 所示，纤维原料连续地喂入料斗 1，经输送帘 2 送入混料桶 3，水也连续地加入到混料桶中。泵 4 将悬浮浆送入混料桶 5、6，不断地进行均匀搅拌，最后由泵 7 将悬浮浆送至成网机构。其特点是产量高，稀释比大，所需料桶体积小，节省能源，可适应较长的纤维，但不适应在制浆中易扭结、易结团块的纤维。

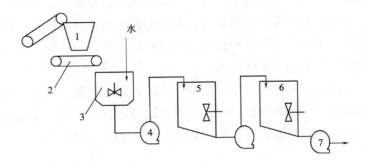

图 12 - 2　连续式制浆工艺流程

二、湿法成网

湿法成网的过程就是将制备好的纤维悬浮浆用泵输送到成网区，水通过网帘滤除，而纤维在成网帘上形成纤网。由于制浆工序的末端储料桶中的纤维浓度一般为成网时悬浮浓度的 5 ~ 10 倍，因此在进入成网区之前悬浮浆要与另一循环水路汇合，使浆料得到进一步稀释。

湿法成网常用的成网方式有斜网式、圆网式及复合式，其中以斜网式应用较为广泛。

（一）斜网式成网

斜网式主要指成网帘是以一定角度倾斜（一般为 10° ~ 15°）。由于湿法非织造布生产比造纸所用的纤维长，悬浮浆需要有更高的稀释度来分散纤维，所以采用斜网式更有利于水的滤除和纤维的均匀沉积。斜网式成网工艺流程如图 12 - 3 所示。

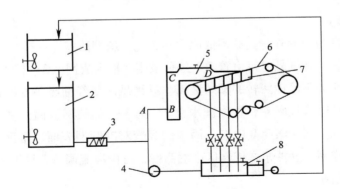

图 12 - 3　斜网式成网工艺流程

1—混料桶　2—搅拌桶　3—计量泵　4—轴流泵　5—成网料桶
6—成网帘　7—集水箱　8—净水箱

如图 12 - 3 为一种斜网式湿法成网工艺流程，纤维悬浮浆经计量泵流入成网区，纤维悬浮浆从混料桶1靠重力流入搅拌桶2，搅拌后再经计量泵3导入一循环输送通道，该通道内水流靠轴流泵4驱动。纤维悬浮浆进入成网料桶5时靠A、B、C、D四点冲击转向后流至成网帘6，这时浆液的流速减慢，然后完全静止而沉积在网帘（即造纸毛毯）上。悬浮浆中的水分则透过帘子的网眼渗透到帘下的集水箱，最后落入净水箱，经处理后循环使用。

成网均匀性与纤维在悬浮浆中的均匀分布有很大关系。集水箱较浅时，只适合于窄幅成网。加深集水箱，配备控制水流方向的装置，可改善成网均匀性。采用封闭的循环水路，可减少用水量，降低能源消耗。由于水箱较浅，抽吸作用不够均匀，在阔幅成网时纤网均匀不易保证，因此这种工艺主要用于窄幅机器。

图12-4所示为改进后的斜网式湿法成网工艺流程，其水箱设计深得多，并装有控制水流方向的装置，成网均匀度有所改善。另外，在水路循环方式上也作了改进，净水箱被一只封闭的水腔代替，降低了用水量，而且使机器的总水头高度有所降低。

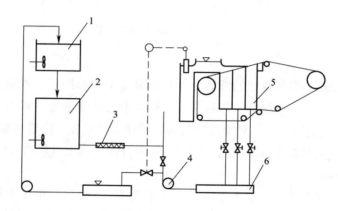

图12-4　改进后的斜网式成网工艺流程

1—混料桶　2—搅拌桶　3—计量泵　4—轴流泵　5—成网料桶　6—净水箱

（二）圆网式成网

圆网式除成网帘为圆形外，其成网的原理和工艺与斜网法完全一样。

如图12-5所示，纤维悬浮浆由管道1经分散辊2输入成网区3。挡板4可调节成网区空间的大小，成网帘5为不停地回转的圆网滚筒，纤维悬浮浆经抽吸箱6的作用而使纤维凝聚在圆网表面，水则被吸入抽吸箱，进入滤水盘7。为了保证圆网表面的清洁，有三只喷水头对圆网表面进行冲洗。回转滚筒8中有一固定的吸管对准圆网表面，帮助纤维离开圆网，转移至湿网导带9上成网。悬浮浆在成网区中的高度，可由溢流调节螺栓10控制。

（三）复合式成网

1. 加入纱线系统的斜网式湿法成网　在斜网式湿法成网中加入纱线系统或化纤长丝的目的是提高产品强度，加入的方法是在成网区中间设立一个导纱板和纱线退绕装置（图12-6）。纤维悬浮浆1由管道输入至成网区2，纱线由退绕装置退解下来，并由导纱板引入成网区的中间。纱线铺置在由导纱板隔开的前区纤维沉积层之上，并随成网帘进入后区而被后区纤维沉积层所覆盖，从而形成中间夹有纱线的增强型非织造布。

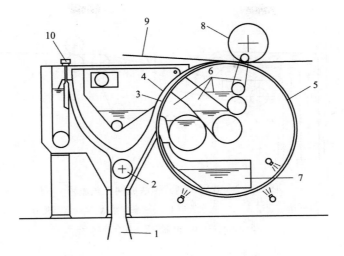

图 12 - 5　圆网式成网工艺流程

1—管道　2—分散辊　3—成网区　4—挡板　5—成网帘　6—抽吸箱
7—滤水盘　8—回转滚筒　9—湿网导带　10—溢流调节螺栓

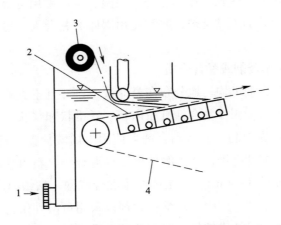

图 12 - 6　加纱线系统的斜网式湿法成网工艺流程

1—纤维悬浮浆　2—成网区　3—纱线经轴　4—成网帘

2. 并网式成网　并网是将两层具有不同性能的湿法纤网并铺在一起，形成一种复合材料的方法。即将两种不同细度或不同性能的纤网并合，制成一种两面具有不同过滤性能的复合过滤材料。如将一层具有较好屏蔽性和强度的湿法纤网与一层具有抗菌性、吸收性的湿法纤网并铺成双面复合材料，可以满足医疗卫生的特殊用途。并网式需要两套悬浮浆制备系统，在成网方式上与加入纱线的方式相同。如图 12 - 7 所示，通过两个送浆管道分别把不同的纤维悬浮浆输入到由挡板隔开的两个成网区段中，输出的是两面具有不同性能的纤网。这种复合成网一般也采用斜网式成网。

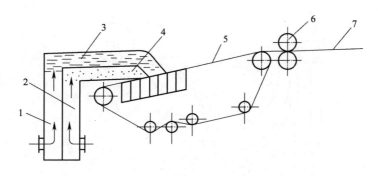

图 12 – 7　双层并网式湿法成网工艺流程
1—送浆管道 A　2—送浆管道 B　3—悬浮浆 A　4—悬浮浆 B
5—成网帘　6—轧辊　7—复合纤网

三、黏合加固

湿法纤网可采用机械、化学黏合、热黏合三种方法对纤网进行加固。机械法主要应用水刺技术。热黏合法采用热风和热轧。化学黏合法在湿法生产中用得最多，方法有两种，一种是在成网前的纤维制浆阶段加入黏合剂，通常使用固体类黏合剂；另一种是成网烘燥后加入黏合剂，常采用液体类黏合剂。

（一）成网之前加入黏合剂或黏合介质

这种方法的优点是黏合剂可均匀地分布在悬浮浆中，并且不影响成网速度，缺点是增加了黏合剂的用量。此法采用的固体黏合剂有粉末状、纤维状和浆状三类。粉末状由于易形成粘结斑等不良效果而应用受限制。浆状黏合剂多使用丙烯酸盐类，具有黏合强度大的优点。纤维状黏合剂主要采用可溶性纤维，如可溶性聚乙烯醇纤维、新出现的具有黏合作用的新型黏胶纤维。聚乙烯醇纤维长 3 ~ 4mm，与主体纤维混合成网，粘结温度在 60 ~ 90℃，再经干燥达到黏合固结效果。在湿法生产中，纤维黏合剂以采用可溶性聚乙烯醇为多，它在用于粘结维纶、纤维素纤维和浆粕时效果较好，但在粘结合成纤维时表现较差。在成网之前加入黏合剂，黏合效率与黏合剂的用量呈线形关系，即要获得较高的黏合效率，需施加较多的黏合剂。

在采用热黏合加固的湿法生产中，应加入低熔点的热熔纤维和主体纤维混合成网，如加入聚丙烯纤维、聚乙烯纤维或双组分纤维。在后面的热轧加固时，热熔纤维熔融而将纤网进行粘结。

（二）成网之后加入黏合剂

高速湿法生产线工艺过程一般为：连续式制浆→斜网式湿法成网机构→预烘燥→黏合剂施加机构（浸渍、喷洒或泡沫）→烘燥机构→卷取机构。

形成的纤网在预烘燥或烘燥之后加入黏合剂，常采用的黏合剂是液体类黏合剂。加入的方法和干法非织造布黏合加固的方法基本相同，主要有浸渍法、喷洒法、泡沫法和印花法等。

采用的黏合剂有丙烯酸酯、丁苯乳胶、乙烯—醋酸乙烯共聚物等。

黏合剂的黏合效率是用非织造布处于玻璃化温度之上和之下的剪切强力之比来表示。用这个指标进行评价，浸渍法和喷洒法的黏合效率相接近，但浸渍法所用黏合剂的量在产量相同时比喷洒法高。采用喷洒黏合时，在黏合剂含量低的条件下可得到更高的黏合效率。

现在高速湿法生产线上进行浸渍黏合时采用了一种磁性辊浸渍系统，可提高湿法的浸渍速度。图12-8（1）为利用磁性辊将黏合剂转移到纤网上的浸渍方式；图12-8（2）为轧面浸渍，用磁性加压使磁性辊与磁性滚筒形成轧面；图12-8（3）为印花黏合，采用圆网印花滚筒，磁性辊在这里的作用类似刮刀。

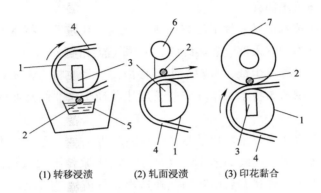

(1) 转移浸渍　　　(2) 轧面浸渍　　　(3) 印花黏合

图12-8　磁性辊浸渍的三种方式

1—磁性滚筒　2—磁性辊　3—激磁系统　4—送网带

5—浸渍槽　6—黏合剂输送管　7—印花滚筒

（三）后处理

湿法非织造布的后处理加工主要包括烘燥、焙烘，基本与干法黏合法非织造布的热处理加工类似。烘燥的方式有烘筒式、热风式和红外线干燥式。造纸行业过去主要采用烘筒的接触式烘干，但这种方法不适用于以合成纤维为原料的纤网烘干。现在的湿法非织造布生产线上，较多应用红外线预烘燥与穿透式热风烘燥。

湿法非织造布产品紧密而且像纸一样硬，韧性差，无法与干法非织造布相比。为了得到较好的手感和悬垂性，要采用必要的起绒、压轧等处理。在干法成网非织造布后整理加工中应用的一些技术也可用于湿法成网非织造布，如利用黏合剂浴的染色、轧花、扎光及专门为改善湿法成网非织造布的悬垂性、手感而进行起绒整理，对于装饰性产品则进行滚筒印花或圆网印花。

技能训练

一、目标

1. 观察湿法成网工艺流程和各机构的运动。

2. 练习用植物性纤维素材料进行制浆。

二、器材或设备

1. 植物性材料（谷草或木材粉末）、磨料、制浆用助剂。
2. 制浆用设备。

任务三　干法造纸非织造布

知识准备

一、干法造纸非织造布技术简介

干法造纸非织造布技术也是一种干法非织造布技术。其原理是将木浆纤维板开松成单纤维状态，也可在木浆纤维中混入部分热熔纤维，采用气流成网技术使纤维凝聚在成网帘上。

干法造纸非织造布又称无尘纸，有两个主要特征：一是原料为木浆纤维；二是采用气流成网技术。干法造纸非织造布技术采用纤维的长度比普通干法非织造布短很多，因此气流成网的均匀度易于控制。

干法造纸非织造布生产主要采用化学黏合和热黏合两种方法进行加固。

干法造纸非织造布技术生产线如图12-9所示。将木浆纤维喂入粉碎机2，被其中高速回转的钢锤粉碎，成为单纤维状态后由筛网孔隙送出至气流输送系统。与木浆纤维混和的热熔纤维也由纤维开松机3开松后一起喂入气流成网机1。四层纤网在成网帘上叠合后经机械加压后进入喷洒法黏合机4，喷上黏合剂后，进入烘房5，最后被卷取机构6卷取成卷。

图12-9所示流程，既可以使用化学黏合法加固，又可以使用热熔纤维加固。如果不采用化学黏合法加固，那么只要把喷洒黏合机换成热黏合机，并取消烘房。现在很多干法造纸非织造布生产线都配备两套加固手段，可按产品需要，很方便地选用，增加产品变换的灵活性。

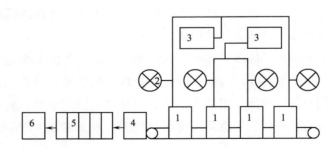

图12-9　干法造纸非织造布生产线
1—气流成网机　2—粉碎机　3—纤维开松机　4—喷洒法黏合机　5—烘房　6—卷取机构

化学黏合法用100%木浆纤维（绒毛浆）为原料，开松成单纤维状态的纤维经气流成网后，以喷洒方法将水溶性黏合剂喷到纤网表面，再进行烘焙加固成布。

热黏合法是在绒毛浆纤维中混入热熔纤维，混入比例一般不小于15%，经气流成网后，通过热风或热轧使纤网中的低熔点纤维熔融而将纤网加固成布。

二、干法造纸非织造布产品用途

最初的产品主要用于空气净化，由于一些特殊精密仪器的制造必须保证空气的绝对净化，如半导体、大规模集成电路流水线，因此使用无尘纸进行净化。随着科技的发展，无尘纸已经形成了能够防化学、防生物细菌、防毒、防放射性等多功能的特殊纸品系列。

化学黏合法所制得的产品具有极佳的柔软性、吸收性、蓬松性，所以也广泛用于卫生医疗的敷料以代替棉垫，妇女卫生用品的芯材、婴儿尿片、老人失禁袋等制品。

热黏合法非织造布因为不含化学黏合剂，产品蓬松性、吸湿性更好，主要用作高吸收性卫生产品的吸收芯、薄型卫生巾等。基于此种用途，有的生产线上配置了高吸收树脂（SAP）粉的施加装置。由于加入了高分子吸水树脂，吸水后能将水变成固状物，极大地提高了其吸水能力。目前常用的热熔纤维是 ES 纤维，即芯为聚丙烯、外壳为聚乙烯的双组分纤维。

干法造纸非织造布各产品用途：工业擦布 21%，妇女卫生用品 18%，台布 17%，婴儿尿布 16%，医用卫生 11%，厨房用布 9%，湿面巾等其他占 8%。

技能训练

认识、了解干法造纸非织造布的生产与应用。

☞ 思考题

1. 简述湿法非织造布和纸张的主要区别。
2. 湿法非织造布生产特点是什么？
3. 简述湿法非织造布的用途。
4. 试述湿法成网的形成原理。
5. 简述斜网成形器和圆网成形器的各自特点。
6. 什么是干法造纸非织造布？干法造纸的基本工艺有哪些？

项目十三　非织造布的后整理技术

❋学习目标

　　1. 熟悉非织造布后整理的基本概念和方法。

　　2. 掌握非织造布一般整理（收缩柔软整理、外观整理、磨绒及烧毛）。

　　3. 熟悉非织造布功能整理（拒水和防水、亲水、阻燃、抗静电及卫生整理）。

　　4. 了解非织造布染色、印花及其他特殊的功能整理。

任务一　非织造布后整理的基本概念和方法

知识准备

　　在非织造布发展的初期阶段，由于产品仅限于低级用途，品种单调，因此大部分产品都不需要经过整理。随着非织造布原料、加工方法的改进，使用范围的不断扩大，非织造布也像其他纺织品一样，需要经过适当的后整理。实际生产应用表明，目前纺织工业中的大多数后整理工艺与设备基本上都可应用于非织造布。当然有些可能要经过一些改动，现在还出现了一些专门适用于非织造布后整理的工艺与设备。

一、后整理的概念和目的

　　1. 概念　整理是指通过物理、化学或物理和化学联合的方法，改善产品外观和内在品质，提高服用性能或其他应用性能，或赋予产品某种功能的加工过程。广义上讲，非织造布经过固网后到成品前所进行的全部加工过程均属于整理的范畴。由于整理工序多安排在整个固网加工的后期或固网加工以后进行，故常称为后整理。

　　2. 后整理的目的　非织造布后整理的内容丰富多彩，其目的大致可以归纳为以下几个方面。

　　（1）增进产品的外观：包括提高产品光泽、白度，增强或减弱织物表面绒毛等，如增白、轧光、电光、轧纹、磨绒等。

　　（2）改善产品手感：主要采用化学或机械方法使产品获得诸如柔软、滑爽等。

　　（3）提高织物耐用性能：主要采用化学方法，防止日光、大气或微生物等对纤维的损伤或侵蚀，延长非织造布的使用寿命，如防霉、抗菌、防蛀整理等。

　　（4）赋予产品特殊性能：包括使产品具有某种防护性能或其他特种功能，如防污、防水、拒油、阻燃、抗静电和防紫外线等。这种整理也称为产品功能整理或特种整理。

（5）改变织物表面性能：主要采用涂层整理方法，在织物表面均匀地涂一层或多层高聚物等物质，使织物涂层面具有不同性能。

二、非织造布后整理的方法及分类

1. 分类　非织造布后整理的分类方法很多，主要有以下几种。

（1）按整理使用的介质分。

①干整理：在干态条件下，利用热和机械力的作用进行整理。

②湿整理：在湿态条件下，利用热和机械力的作用进行整理。

（2）按产品整理的效果和耐久程度分。

①暂时性整理：产品仅能在较短的时间内保持整理效果。经水洗或在使用过程中，整理效果很快降低甚至消失，如上浆、暂时性或轧光整理等。

②半耐久性整理：产品能够在一定时间内保持整理的效果，即能耐较高温度和较多次数的洗涤，但经多次洗涤后，整理效果仍然会消失。这种保持织物整理效果时间居中等水平的整理称半耐久性整理，如含磷阻燃剂及锑—钛络合物对织物件进行的阻燃整理。

③耐久性整理：产品能够较长时间保持整理效果，即整理效果能够耐多次洗涤或较长时间使用而不易消失，如织物的树脂整理，反应性柔软剂的柔软整理，树脂和轧光或轧纹联合的耐久性轧光、轧纹整理等。

（3）按整理加工工艺性质分：有物理机械整理、化学整理及物理机械化学联合整理等。

（4）按整理要求或作用分。

①一般整理：仅改善产品品质的整理。

②特种整理：赋予产品特殊使用性能，伴有改善产品品质的功能。

2. 整理的方法　非织造布整理的目的不同，要求各异，可采用的整理方法很多，但总体上可分为以下三种。

（1）物理机械方法。指利用水分、热量、压力、拉力等物理机械作用对非织造布进行的整理。如轧光、起毛、磨毛、收缩整理等。其特点是纤维在整理过程中，只有物理性能变化，不发生化学变化，因此整理效果一般是暂时性的。

（2）化学方法。在非织造布产品上施加某些化学试剂，使之与纤维发生物理或化学结合，改变织物的物理或化学性能的整理方法称为化学整理，如拒水整理、阻燃整理、硬挺整理、柔软整理、拒水、抗菌以及抗静电整理等。其特点是化学整理剂与纤维形成化学的或物理—化学的结合，使整理后的非织造布不仅具有物理性能变化，而且还有化学性能变化，其效果具有耐久性和多功能性。

目前化学整理的方法，采用传统的纺织品的整理工艺，以浸轧（一浸一轧或二浸二轧等）→烘干→焙烘为主，烘干一般均在 $100 \sim 105\,℃$ 条件下进行。焙烘可根据原料不同，采用不同的温度。如以涤纶为主的产品，一般在 $160 \sim 175\,℃$ 条件下进行；以棉或黏胶纤维为主的产品，一般在 $140 \sim 150\,℃$ 条件下进行；以丙纶为主的产品，一般在 $110 \sim 125\,℃$ 之间，以不超过 $130\,℃$ 为宜的条件下进行。

（3）物理机械化学方法整理。即物理机械整理和化学整理联合进行，同时获得两种方法的整理效果。这种整理方法的工艺特点是：组成非织造布的纤维在整理过程中既受到机械物理作用，又受到化学作用，是两种作用的综合。如耐久性轧光整理就是把防皱整理和轧光整理结合在一起，使非织造布既具有防皱整理的效果，又获得耐久性的轧光效果。属于这种整理的还有耐久性油光整理（防皱整理与摩擦轧光相结合）、仿麂皮整理（防皱整理与磨毛整理相结合）、耐久性硬挺整理（防皱整形与上浆整理相结合）等。此外，印花与整理相结合的局部效应或三维立体效应整理也归于此类。

技能训练

掌握非织造布后整理的目的及意义，熟悉非织造布材料后整理的方法。

任务二　一般整理

知识准备

一、收缩、柔软整理

（一）收缩整理

1. 收缩整理的目的　使非织造布增厚、变密，由蓬松态变得板结、密实，以达到增加强力，便于剖皮加工（合成革生产时用）等效果的整理过程。

2. 原理　其原理有自由收缩整理（由纤维收缩引起的）和强制收缩整理（由纤维变形引起的）两种。前者是由于受到加工应力的影响，纤维发生不同程度的伸长变形，且这一变形被非织造布的结构所固定；后者是当在一定的干湿热条件下，对非织造布施加一定的压缩力使纤维的形状及相互位置发生了变化，彼此靠近或弯曲，并且在较高的温度下，使纤维结构得以松弛和重建，达到布增厚变密的目的。

（二）柔软整理

有些非织造布的手感与悬垂性较差，限制了在某些方面的用途。而纤维制品产生粗糙的手感原因很多，如织物在前处理中去除所含天然含蜡物质以及合成纤维上油剂后，使织物手感粗糙。再如印染加工中染料色淀或金属盐类的助剂遗留在织物上，也会使织物手感粗糙。树脂整理后的织物和经高温处理后的合成纤维及其混纺织物手感也会变得粗硬。因此，几乎所有织物都要在后整理时为改善手感进行柔软整理，使织物具有柔软、滑爽、丰满，或富有弹性。

柔软整理的目的在于改善和提高织物的表面风格，赋予织物柔软、滑爽的手感。常用柔软整理方法有机械整理法和化学整理法。

1. 机械整理法　机械整理法，主要通过对非织造布进行机械揉搓或压缩而达到使其柔软的目的。这种柔软整理主要有克拉派克法与迈克雷克斯法，它们主要用于薄型非织造布的柔软整理。

2. 机械的开孔、开缝柔软整理　利用一定的机械力，对非织造布进行开孔或开缝，使非织造布中一些纤维彼此间失去联系，从而降低其刚性，以达到增加柔软和悬垂性的目的。它利用了材料力学的面积大刚性大、面积小刚性小的原理。

它主要用于薄型黏合法非织造布。机械开孔有多种方法，常用的有水流喷射法、热针穿刺法。

3. 化学柔软整理　化学柔软整理是采用柔软剂对非织造布进行柔软整理的方法，借鉴于染整方法。柔软整理中所用柔软剂是指能使非织造布产生柔软、滑爽作用的化学药剂，其作用是减少非织造布中纤维之间的摩擦阻力和非织造布与人体之间的摩擦阻力。用于柔软整理的柔软剂有表面活性剂类柔软剂。在这类柔软剂中，主要是阳离子型柔软剂，它既适用于纤维素纤维，也适用于合成纤维的整理，应用较多。而阴离子型和两性型柔软剂应用较少。

二、外观整理

非织造布外观包括两个意义：光泽效果与花纹效果。这两种效果的获得主要通过外观整理来实现。

在非织造布的后整理中，轧光机的应用越来越多。通过热轧，可使非织造布上光、轧平，保持均匀的厚度，表面产生凹凸花纹（轧花），形成开孔结构等。非织造布后整理应用的轧光机与传统纺织品后整理用的基本一样，只是在轧辊组合方式或工艺条件上稍有不同。

经上光、轧平整理后的产品主要应用于台布、衬里布、鞋衬以及人造革基布、用即弃材料、床单、隔音布等领域。

上光整理是利用一对加压光辊在一定温湿度条件下，对布的表面进行光滑处理，使凸出的纤维毛羽及弯曲的纤维在加压状态下，倒伏在布表面，并且压密、压实非织造布，提高光泽效果。

而厚度均匀轧光整理的目的是使非织造布的厚度均匀一致，达到一定厚度要求。它用于人造革、过滤材料及电气绝缘材料等产品。

轧花主要是使非织造布表面产生浮雕状的、凹凸不平的花纹的艺术效果，其目的是改善外观，改善布的柔软、手感。它适用于装饰材料、针刺、壁毡、地毯、床单、台布、人造革基布、用即弃的产品。

三、磨绒整理

磨绒是一种借机械方法使织物产生绒面的整理工艺，它是利用砂粒锋利的尖角和刀刃磨削织物的纵横向的纤维而成绒面的，绒毛细密短匀，织物厚度增加，柔软、平滑和舒适感增强。仿麂皮织物和人造麂皮是磨绒整理产品中的佼佼者。磨绒辊表面包覆着砂皮（砂纸或砂布），其上密集地排列了很多磨粒，这些磨料一面牢固地粘覆在砂皮表面，另一面呈锐利的刀锋或尖角状。当磨料与布发生相对运动时，与布紧密接触的磨粒，相当于一个个微小的切削工具，将布中的纤维拉出并割断，再研磨成 $1 \sim 2mm$ 的单根纤维状。随着磨绒的连续进行，这些纤维进一步被磨料磨削成绒毛，最后在非织造布表面产生细密、短小均匀的绒面（为了达到一定磨绒效果，是以布失去部分的强力为代价的）。

磨绒机由进布、磨绒、吸尘和落布等部分组成，利用研磨材料，将经过剖层的非织造布表面纤维磨断，起毛，使其达到天然麂皮效果。一般先粗磨，再细磨。

四、烧毛整理

非织造布在进行印花、染色前均需进行烧毛整理，其目的在于烧去非织造布表面上绒毛，使布面光洁美观，并防止因绒毛存在而产生染色不匀及印花疵病。同时，还可防止非织造布在运行过程中由于摩擦而产生起球。

烧毛整理是将非织造布在火焰上迅速通过或在赤热的金属表面迅速擦过，从而除去非织造布表面的绒毛，获得光洁表面的工艺。这时非织造布布面上存在的绒毛很快升温，并发生燃烧，而布身比较紧密，升温较慢，在未升到着火点时，即已离开了火焰或赤热的金属表面，从而达到既烧去了绒毛，又不使非织造布损伤的目的。烧毛还要求均匀，否则再经染色、印花后便呈现色泽不匀。

所用烧毛机的种类有气体烧毛机、铜板烧毛机、圆筒烧毛机等。目前大都采用气体烧毛机，最常用的是煤气烧毛机。气体烧毛机由进布、刷布、烧毛、灭火、冷却、落布几部分组成。

技能训练

一、目标

1. 掌握一般后整理的方法及种类。
2. 初步学会配制整理剂并对产品进行一般整理。
二、器材或设备
轧车、数字控温烘箱。

任务三　功能整理

知识准备

随着现代经济和技术的不断发展，非织造行业的发展趋势或高端发展道路之一应该是发展功能性产品。走精细化和更专业化路线是发展的必要条件。

开发差别化整理技术，赋予织物以某种特殊功能或多种功能，是当前欧美和日本等国家和地区提高织物附加值的重要途径之一。因此，国内非织造布的后整理也必须走差别化、功能化的途径才能有更大的前途。

一、拒水和防水整理

大多数的非织造布，特别是含有亲水性纤维的非织造布，其拒水性很差。当这些产品应用于医疗卫生领域时，必须进行整理，否则会使医护人员在手术进行过程中受到感染。对于手术衣来说，除了要具有良好的悬垂性、适形性、透气和透湿性外，还特别不能让病人的血液、体液溅上后渗入，以免造成交叉感染。因此，非织造布手术衣和手术巾等一般要经过专门的拒水整理。

一般通过降低非织造布的表面张力，使其远远低于水的表面张力而达到拒水的效果。拒水整理后不影响织物原有的透气性，一般通过浸渍一定量的拒水剂来实现。常用的拒水剂有石蜡—金属盐化合物、季铵化合物、长链脂肪酰胺化合物、含长链脂肪烃的氨基树脂衍生物、金属络合物和有机硅类等。

防水整理是在织物表面涂上一层不透水的连续薄膜，织物孔隙被堵塞，使水和空气都不能透过。其产品常用作工业用品及装饰物，如帐篷、卡车盖布及帷幕等。

所用的防水剂不论是疏水性的还是亲水性的，它们均以堵塞织物孔隙的方法而达到防水的目的。前者如油脂、蜡、或石蜡等，后者为各种橡胶或多种热塑性树脂，如聚氯乙烯、聚丙烯酸酯等，另外还有有机氟类等。其所用整理工艺为典型的轧烘焙工艺。

二、亲水整理

非织造布由于加工特点及产品成本等方面的原因，长期以来大多采用合成纤维，并以涤纶、丙纶为最多，个别情况采用合成纤维、天然纤维混配，但造成产品的亲水性能差。

非织造布无论是在医卫材料还是在服用、擦拭用材料方面均对亲水性能有着较高的要求。在医疗卫生领域，消毒湿巾、伤口敷料、止血贴、绷带、纱布球、药膏布、吸液垫等均要求具有良好的吸收血液、药液性能。吸收性用即弃材料，如婴儿尿布、卫生巾、成人失禁垫等，对材料亲水性要求更高。还有一次性内衣裤、服装衬布、鞋里衬布等服用材料也对亲水性能有一定的要求。在家庭卫生领域，婴儿揩布、美容揩布及家具、餐具、炊具的清洁布等材料无一不对亲水性能有相应的要求。另外，产业用布方面的许多材料如电池隔板要求具有很高的电解液吸收能力，因而对亲水性也提出一定要求。

亲水整理是将亲水剂覆盖于纤维表面，使其形成一层亲水薄膜，提高它的亲水性能，且亲水薄膜有一定的导电性，可以提高材料的抗静电性。该方法简单易行，原理也比较成熟，应用范围很广，但目前高耐洗性能的亲水整理剂较少。

三、阻燃整理

阻燃整理又称防火整理，整理后织物遇火不易燃烧，离火即熄灭。目前，国内外开发的阻燃整理剂是含有磷、氮、氯、溴、锑、硼等元素的化合物。

对于化学黏合法非织造布，一般是将阻燃剂添加到黏合剂中或应用不能燃烧的黏合剂。对于长丝直接成网的非织造布，可以在纺丝时加入阻燃剂，也可以在固网后通过后整理而获得阻燃效果。其他类型的非织造布则可以通过后整理或在纤网中混入一定量的阻燃纤维来获得阻燃效果。但总的来说，后整理是最快捷、最方便易行的方法。

对于一次性使用的产品则可以用暂时性阻燃整理剂，如硫酸铵、硼砂与硼酸拼用，氯化铵与硫酸锌、明矾与磷酸铵、硫酸铝与硅酸钠合用等进行浸渍整理后烘干，再进行焙烘即可。

多次使用、要求具有长时间阻燃效果的产品可以用耐久性阻燃整理剂，如磷酰胺、磷酸氢二铵与尿素的混合液、氯化钛与三氯化锑等拼混使用来获得。当两种或两种以上的阻燃剂混用时可以获得协同阻燃效应，达到更好效果。永久性阻燃整理剂，一般要求耐洗 50 次以上。

四、抗静电整理

静电现象是一种普遍存在的电现象，静电技术得到了广泛的应用，如静电除尘、静电分离、静电喷涂、静电植绒、静电复印等。同时，静电所产生的危害也是十分巨大的，石油、化工、纺织、橡胶、印刷、电子、制药以及粉体加工等行业由静电造成的事故也很多。而非织造布与大多数纺织品一样，由于使用的纤维材料多是电的不良导体，具有很高的比电阻，在使用过程中会受到静电的困扰。如人们行走在针刺、缝编地毯上时，由于摩擦造成静电集聚，引起轻微的电击感；手术服、手术帽、手术鞋、口罩等制品携带静电，会干扰医疗仪器正常运行或在乙醚麻醉手术时引起爆炸事故。

纺织材料的静电现象主要是由于摩擦带电引起的。纺织纤维的摩擦带电序列为：羊毛、锦纶、蚕丝、黏胶纤维、玻璃纤维、棉、苎麻、醋酯纤维、涤纶、腈纶和聚乙烯纤维。

非织造布抗静电的方法主要有：在纤维网中混入亲水性的纤维或导电纤维，从而增加纤网的吸湿性，以利于电荷及时排除；用抗静电剂通过后整理的方法，使纤网获得抗静电性。而后一种方法更为简便易行，特别是对于一次使用的产品，这种方法更行之有效。

常用的抗静电剂有表面活性剂类暂时性抗静电剂，它们是水溶性的，在纤维或织物上经水洗或干燥后容易脱落，不能保持长期的抗静电效果。

耐久性抗静电剂能在纤维表面形成具有耐久性抗静电性的薄膜，高分子结构中含有活性基团，能与纤维的官能团发生反应而与纤维键合，或能与合成纤维的纺丝原液混合进行纺丝，使纺出的纤维本身具有耐久性抗静电性能。常用的有丙烯酸和丙烯酸酯的共聚物、聚胺类和聚酯聚醚类。

五、卫生整理

卫生整理的目的是通过抗菌剂去除非织造布上的细菌、霉菌、真菌，同时尽可能使非织造布具有抑制细菌生长的能力。在进行整理时，应注意它对人体是否会产生不良影响（例如皮肤过敏、皮炎等），并要求杀菌作用强。

抗菌剂的化学结构、反应模式、对人类和环境的影响、加工性能、在各种基质上的耐久性、成本以及与各种良性、恶性微生物相互作用是各不相同的。

过去的卫生整理，一般是将非织造布经有机锡化合物与季铵盐等溶液浸轧，再烘干。但是因有机锡化合物对人体有害，现在已不再使用。现在的卫生整理，有的是采用含有多官能团的有机硅树脂与季铵盐反应，剩余的基团与纤维的反应基团化学地结合起来，获得耐久性的卫生效果。有的把有机氮系化合物、芳香族系化合物加入糊料中，用于服装和床上用品类非织造布产品的卫生整理。

六、芳香微胶囊整理

芳香由于既具有改善环境气息、令人心情舒畅的优点，又具有杀菌、提神等多种心理、生理上的医疗保健功能，因此，从古至今一直备受人们的钟爱。特别是经济迅猛发展的当今社会，人们在实现了衣食温饱的情况下，进一步追求美与健康已成为时尚。由于芳香本身所具有的特点，在普通的衣着中，进行芳香整理，可使人在平常着衣中同时起到保健的作用。

非织造布芳香整理产品用于衬垫产品，如床上用品、家具或衣服的衬垫，当其受到摩擦时，可以释放出悦人的芳香味。芳香整理产品也可用于假花、包装材料和箱包材料。

微胶囊芳香整理剂是指用一些高分子材料或化学材料作为壁，将整理剂作为芯材，通过化学或物理方法制成的胶囊状产品，其优越性在于可以延长整理剂的释放时间，获得缓释效果。

目前微胶囊技术已经进入成熟期，原则上只要是不溶于水的香精都可以制成微胶囊芳香整理剂。上海市纺织科学研究院已可以根据客户要求定制各种香味（如茉莉、玫瑰、熏衣草、檀香等）整理剂，还可提供微胶囊防蚊整理剂，具有很好的效果。

非织造布的芳香整理，不仅可以给人以高雅的享受，而且具有医疗保健功能，使得产品更优异。对水刺非织造革基布进行芳香整理，以弥补天然皮革在功能性方面的不足。采用浸渍法对水刺非织造革基布进行整理，其工艺流程：非织造革基布→浸渍香囊液→轧液→浸渍香囊液→轧液→预烘→焙烘。

目前，芳香整理工艺多采用浸轧、印花、喷雾及浸渍法等。浸轧法、印花法、喷雾法适合坯布的连续作业整理，但裁片中有较多布料边角不能利用，而使成本增加。浸渍法则多适合成衣的芳香整理。以下是几种具体整理配方。

（1）浸轧法。工艺配方：香味整理剂 30～60g；低温固着剂 30～60g；柔软剂 10～20g/L。工艺流程：织物→浸轧（轧液率 70%～80%）→烘干（50～95℃）→成品。

（2）印花法。工艺配方：香味整理剂 10%～30%；涂料色浆；低温黏合剂 20%～30%；增稠剂 1%～2%。工艺流程：印花→烘干（50～95℃）→拉幅（100～105℃）→成品。

（3）喷雾法。工艺配方：香味整理剂 10%～20%；低温固着剂 20%～30%；柔软剂 1%～2%。工艺流程：50～100 目滤网或细布过滤，然后线条式喷雾上香。最后 50～90℃烘干，成品密封包装。

（4）浸渍法。工艺配方：香味整理剂 20%～25%；低温交联固着剂 3%。工艺流程：成衣→浸渍芳香整理→脱液→烘干（60～80℃，30～60min）→成衣翻面→整烫→检验→包装。

七、防虫整理

在纺织品的防虫整理技术中，最早开发的是毛织物的防蛀整理，继之是防蚊整理。自 20 世纪 80 年代开始，防螨整理技术引起人们的广泛关注。

防蛀整理剂的种类有氯化联苯醚类防蛀剂和升华性防蛀剂。氯化联苯醚类防蛀剂防蛀效果较好，可使羊毛本身起化学变化，不再是蛀虫可消化的食物。其工艺适用性较强，可运用于各种不同的处理方法，适用于织物的耐久性防蛀。升华性防蛀剂主要借助于助剂的强烈的特异臭味，使蛀虫逃避，或利用其挥发性气体使蛀虫吸入而将其杀灭。樟脑、萘、对二氯苯等均是此类防蛀剂，对二氯苯防蛀效率最高。

八、防紫外线整理

近年来，由于臭氧层的破坏，到达地面的紫外线辐射增加，过量的紫外线会对人体造成伤害。野外强紫外光线下工作用的非织造防护服、覆盖材料、土工合成材料等同样应具有紫外线防护的性能。

目前，形成纤维材料防紫外线性能的方法主要有防紫外线纤维法和防紫外线后整理两种。防紫外线纤维就是在聚合或熔融纺丝过程中，添加紫外线吸收剂或屏蔽剂等，制备出防紫外线纤维，并将其做成非织造材料。防紫外线后整理是将防紫外线整理剂通过浸轧、涂层等方法与非织造材料结合在一起，使非织造材料具有一定的防紫外线功能。

（一）防紫外线整理剂

防紫外线整理剂主要有两类：一类是紫外线反射剂，另一类是紫外线吸收剂。

紫外线反射剂能将紫外线通过反射折回空间，也称紫外线屏蔽剂。这类反射剂主要是金属氧化物，例如氧化锌、氧化铁、氧化亚铅和二氧化钛。氧化锌能反射波长为 240~380nm 的紫外线，且价格便宜、无毒性。将这些起紫外线屏蔽作用的无机物与有机化合物的紫外线吸收剂合用，具有相互增效功能。

紫外线吸收剂能将光能转换，使高能量的紫外线转换成低能量的热能或波长较短、对人体无害的电磁波。目前应用的紫外线吸收剂主要有以下几类：金属离子化合物、水杨酸类化合物、苯酮类化合物和苯三唑类化合物等。

金属离子化合物是作为螯合物来使用的，因此只适用于可形成螯合物的染色纤维，主要目的是提高染色的耐光牢度。水杨酸类化合物由于熔点低，易升华，且吸收波长分布于短波长一侧，故应用较少。苯酮类化合物具有多个羟基，对一些纤维有较好的吸附能力，但价格较贵，应用较少。苯三唑类化合物是目前应用较多的一类化合物，一般不具有水溶性基团，主要用于聚酯纤维，它具有价格较低、毒性小、高温时溶解度较高等特点。

（二）防紫外线非织造布的生产方法

防紫外线非织造布主要通过以下两种方法制造。

1. 防紫外线纤维生产防紫外线非织造布　一般情况下，可将二氧化钛、氧化锌等金属氧化物加入纺丝液中，生产防紫外线纤维。由于有机防紫外线剂在接受大剂量、长时间紫外线照射的情况下会分解，所以无机紫外线遮蔽剂应用较多。在聚合物中，使用5%浓度的超细二氧化钛粒子的母液，制得的纤维做成的织物具有持久的防紫外线能力。

2. 非织造布的防紫外线整理　对非织造布进行防紫外线整理，最主要的是要用到防紫外线屏蔽剂。它利用高折射率的金属氧化物制成微细粒子和超细粒子，再选择合适的分散剂和其他助剂组成防紫外线整理剂，对非织造布进行整理。例如：非织造布篷盖材料需要涂层处理，涂层非织造布的功能和寿命取决于其对紫外线能阻止的程度。常见的涂层材料有聚氯乙烯（PVC）、聚氨酯（PU）、聚丙烯酸酯、聚四氟乙烯（PTFE）。将农用的非织造保温幕布进行防紫外线整理，能够保证白天太阳光的透过率，同时能保证幕布不受太阳光的辐射而老化。

（三）防紫外线整理剂的整理工艺

对于非织造材料的防紫外线整理工艺主要有两种，即浸轧法和涂层法。

由于紫外线吸收剂大部分不溶于水，拟配制成分散相溶液，采用浸轧→烘干→焙烘工艺加工。对于某些对纤维没有亲和力的吸收剂，应在工作液中添加黏合剂或采用涂层整理的方法加工，还可以和一些无机类的紫外线反射剂合并使用，效果更佳。

（四）防紫外线性能评价

非织造材料防紫外线性能的指标主要有以下两种。

1. 紫外辐射防护系数（UPF）　UPF 值指某防护品被采用后，紫外辐射使皮肤达到红斑所需时间与不用防护品达到同样伤害程度的时间之比。防护品的 UPF 值越大，对紫外线的防护能力越强。

2. 紫外线透过率　采用紫外线分光光度计测定紫外线波长区域内防护材料的紫外线透过率的平均值。实验表明，经过防紫外线整理后，防护材料的紫外线透过率大大降低。

技能训练

一、目标

1. 熟悉功能性整理的方法。

2. 学习对特殊功能性整理剂配制并对产品进行整理。

二、器材或设备

喷枪、热风烘箱等。

任务四　染色及印花

知识准备

一、染色

非织造布的染色一般是指使非织造布获得一定牢度的颜色的加工过程。染料对非织造布的染色是利用染料与纤网中的纤维发生物理化学或化学的结合，或者用化学方法在纤维上生成染料，从而赋予非织造布一定的颜色。

染色已有几千年的生产历史，染色工业是随着染料和纤维的发展而发展的。但在非织造布行业中的应用，是最近几年才发展起来的，人们按纤维的性质和加工要求使用各种各样的染料，每一类染料都有它们适用的染色对象。如何合理地选择染料，制订合适的染色工艺，以获得质量满意的染色产品是染色的研究内容。

（一）染料

染料是指能使纤维染色的有色有机化合物，但并非所有的有色有机化合物都可作为染料，染料对所染的纤维要有亲和力，并且有一定的染色牢度。而有些染料不溶于水，对纤维没有亲和力，不能进入到纤维内部，但靠黏合剂的作用可机械地粘着于织物上，这种有色物质称为颜料。颜料和分散剂、吸湿剂、水等进行研磨制得涂料，涂料可用于染色，但更多的是用于印花。

每一种纤维均有其独有特性，必须采用相应的染料才能够进行染色。一般纤维素纤维可用直接染料、活性染料、还原染料、可溶性还原染料、硫化染料、不溶性偶氮染料等进行染色；蛋白质纤维（羊毛、蚕丝）和锦纶可用酸性染料、酸性媒染染料、酸性含媒染料等染色；腈纶可用阳离子染料染色；涤纶主要用分散染料染色。但一种染料并非只能用于一类纤维的染色，有时也可用于其他纤维的染色，如直接染料也可用于蚕丝的染色，活性染料也可用于羊毛、蚕丝和锦纶的染色，分散染料也可用于锦纶、腈纶的染色。

（二）染色基本理论

染色是染料染上纤维的过程。染料舍染液而向纤维转移、透入纤维内部，这个过程称为上染。不同的纤维、不同的染料以及不同的染色方法，基本上都要经过上染过程。有些染色，上染过程完毕，染色过程就完成；有些染色，上染后面接着化学处理，才完成染色；也有些染色，染料在上染的同时在纤维上发生化学反应。

1. 染料的吸附　染料的吸附是指染色中染料分子舍染液向纤维表面转移，借助染料分子和纤维分子之间的引力，染料分子被吸引在纤维表面。染料在染色溶液中受多种因素力的作用，如自身相互聚集、与助剂缔合、与水结合等。在这种状况下，染料舍染液向纤维转移，染料和纤维之间需有较大的结合倾向。

2. 染料的扩散　染料在纤维上吸附后，开始向纤维内部做不规则运动，称为扩散。染料在纤维中的扩散是固态扩散，速率很慢，是整个染色过程的瓶颈。

3. 染料的固着　染料上染纤维后应固着在纤维内部，这样才具有一定的染色牢度。不同类型染料的固着方法不一样，如直接染料采用固色剂处理的方法固着；活性染料上染后通过与纤维发生化学反应形成共价键连接而固着；强酸性染料通过与纤维之间形成离子键而固着；分散染料以它自身不溶性及涤纶分子包裹而固着。从微观分子相互作用角度看，染料在纤维中的固着仍不外乎是染料和纤维间存在着范德华力、氢键力、离子键力和共价键力，相互作用力越大，结合越牢固，染色牢度越好。

（三）染色方法、设备与工艺

非织造布的染色方法与常规纺织品的染色基本相同，但由于非织造布特别是薄型的非织造布强力小，受力时容易变形，因此实际染色时必须充分考虑这些因素，选择合适的方法和设备进行。

1. 染色方法　浸染是将散纤维或非织造布浸入染液中一定时间，染液或织物不停翻动，使染料均匀染上纺织品的方法。浸染所用染液多，即浴比大，上染百分率不高时，染料利用率不高，可采用残液续用方式提高染料的利用率。浸染时，染液均匀流动和温度均匀是保证染色质量的两个重要因素，通过延长浸染时间可提高染色的匀染性。

轧染是织物浸入染液短暂时间，经轧辊轧压，染液均匀轧入织物内部空隙，多余染液被挤走，然后通过汽蒸或热熔处理使组织空隙中的染料上染纤维。轧染一般用于大批量织物生产加工，与浸染不同，织物在染液中只浸几秒或几十秒。浸轧均匀可使染色均匀，织物润湿性好，染液进入织物置换空气迅速，可使轧后织物带液均匀。浸轧后织物上带的染液不能过大，以带液率（轧后布吸液与干布重量的百分比）衡量，一般棉织物约70%，黏胶织物约90%，涤纶织物约30%。若带液率过大，在烘干时，织物表面水分蒸发带动组织空隙中染液移向表面蒸发，染料发生"泳移"，造成色斑。浸轧方式可采用一浸一轧、二浸二轧等。有些染料浸轧后不汽蒸，通过长时间堆置上染，可节省能量。

2. 染色设备 对染色设备的要求主要是在染色过程中，要使非织造布能染匀染透，并且损伤要小。除此，还要求染色设备能适应纺织发展高效、高速、连续化、自动化、低能耗、低废水排放、多品种、小批量等的需求。

染色设备种类很多，按被染纺织品形态分类，染色设备分织物染色机、纱线染色机、散纤维染色机；按染色时压力和温度情况分类，染色设备分常温常压染色机和高温高压染色机；此外，还可按操作是间歇还是连续、织物平幅还是绳状分类。

散纤维染色用散纤维染色机，如吊筐式染色机。吊筐式染色机如图13-1所示，将散纤维放入吊筐1，吊筐再入染槽2，拧紧槽盖6后染色，染液由循环泵3推动，从储液槽4至吊筐的中心管5流出，通过纤维和吊筐外壁，回到中心管形成染液循环。染液循环也可逆向进行。染色完毕，残液输至储液槽，放水洗涤，最后吊筐吊起，吊筐直接入离心机脱水。

3. 染色工艺 用 Dorolan E 型金属络合染料用于 PA/PU 仿皮非织造布的染色，上染率高，颜色饱满，匀染性、染透性好，色牢度良好，经固色后，各项色牢度均达到 3 级及以上。同时，由于 PA/PU 仿皮非织造布比常规纺织物厚，用 Dorolan 金属络合染料染色时，对于某些色泽品种，通过减慢升温速率，延长保温时间，则更利于提高仿皮非织造布的匀染、透染性及色牢度。浴比为 1:50，具体的染色曲线如图13-2所示。

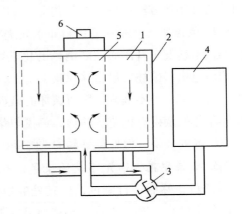

图 13-1 吊筐式染色机

1—吊筐 2—染槽 3—循环泵 4—储液槽
5—中心管 6—槽盖

图 13-2 PA/PU 仿皮非织造布的染色曲线

与整理加工同步进行的染色工艺适用于窗帘用非织造布染色，同步染色与整理主要由以下几道工序组成：验布→卷装→退卷→浸轧→烘干→焙烘→轧光→卷装。

二、印花

（一）印花的定义

印花是一门集化学、物理、机械于一体的综合性技术。

非织造布印花是指将各种染料或颜料调制成印花色浆，局部施加在非织造布上，使之获得各色花纹图案的加工过程。而为完成纺织品印花所采用的加工手段，称为印花工艺。印花工艺过程包括图案设计、雕刻工艺设计、花筒雕刻（或筛网制版）、仿色打样、色浆调制、印制花纹和织物印前后的处理加工等几个工序，各个环节密切联系，相互配合至关重要，否则会影响印花质量。印花色浆一般由染料或颜料、糊料、助溶剂、吸湿剂和其他助剂等组成。

（二）印花方法

印花方法可根据印花工艺和印花设备来分，从印花工艺上区分主要有以下几种。

1. 直接印花　将含有染料的色浆直接印在白布或浅色布上，印色浆处染料上染，获得各种花纹图案，未印处地色保持不变，印上去的染料其颜色对浅地色具有一定的遮色、拼色作用，这种印花方法称为直接印花。

2. 拔染印花　是在非织造布上先进行染色后进行印花的方法。印花色浆中含有一种能破坏地色染料发色基团而使之消色的化学物质（拔染剂），印花后经适当的后处理，使印花之处的地色染料破坏，最后从织物上洗去，印花处成为白色花纹；如果在含拔染剂的印花色浆中，还含有一种不被拔染剂所破坏的染料，在破坏地色染料的同时，色浆中的染料上染，从而使印花处获得有色花纹的称为色拔印花。拔染印花能获得地色丰满、轮廓清晰、花纹细致、色彩鲜艳的效果，但地色染料的选择受一定限制，而且印花周期长、成本高。

3. 防染印花　指先印花后染色。在印花浆中加入能够防止地色染料上染的化学药品（防染剂），然后进行染色，印花处的地色染料不上染、不显色、不固色，经水洗除去，得白花称为防白；如果在印花浆中加入一种能耐防染剂的染料，则在防染的同时又上染另一种颜色，叫色防（又称着色防染）。防白印花和着色防染印花可同时应用在一个花样上，统称防染印花。

如果选择一种防染剂，它能部分地在印花处防染地色或对地色起缓染作用，最后使印花处既不是防白，也不是全部上染地色，而出现浅于地色的花纹，且花纹处颜色的染色牢度符合标准，这就是半色调防染印花，简称半防印花。

与拔染印花相比，防染印花工艺较短，适用的地色染料较多，但是花纹一般不及拔染印花精密细致。如果工艺和操作控制不当，花纹轮廓易于渗化走样而不光洁，或发生罩色，造成白花不白、花色变萎等不良效果。

4. 防印印花（防浆印花）　如果只在印花机上来完成防染或拔染及其"染地"的整个加工，这种印花方法称为防印印花，也叫防浆印花。它一般是先印防印浆，而后在其上罩印地色浆，印防印浆的地方罩印的地色染料由于被防染或拔染而不能发色或固色，最后经洗涤去除。防浆印花可以分为湿法防印和干法防印。湿法防印是将防印浆和地色浆在印花机上一次完成的印花工艺，但它不适于印制线条类的精细花纹，因罩印中易使线条变粗。干法防印一般分两次完成，第一次在印花机上先印防印浆，烘干后第二次罩印地色浆。

直接印花、拔染印花、防染印花以及防印印花四种印花工艺要根据图案设计、染料性质、织物类别、印制效果以及成品的染色牢度等要求来选择。直接印花工艺比拔染、防染和防印印花简单，故应用最多，但是有些花纹图案必须采用拔染、防染或防印印花才能获得预期效果，而拔染印花、防染及防印印花工艺是否可行主要是以染料的性质为依据的。一般而言，染料决定工艺，而工艺决定机械设备。当然，印花是一综合性的工艺过程，应该全面考虑各工艺影响因素来准确实施印花加工。

（三）印花原糊

印花时为了获得清晰的花纹图案，除了染料、涂料及必需的助剂外，还要加入适量的印花糊料。所谓印花糊料是指在色浆中能起增稠作用的高分子化合物，在加入色浆之前，一般应将它先分散在水中，制成具有一定浓度的、稠厚的胶体溶液，这种胶体溶液就称为印花原糊。其黏度比色浆的黏度要大得多，故它是一类增加溶液黏度的物质。原糊的性能直接影响印花产品的质量和成本，因此利用原糊的特性和选择适用原糊是印花过程中的重要环节之一。

原糊应具有良好的印制效果，即在色浆受力情况下能够印制出完整均匀的花纹，并渗透到织物中去，还必须克服由于织物的毛细管效应而引起的渗化现象，保证花纹轮廓清晰。这就要求印花色浆既具有一定的流动性，在压印时能够进入纺织品的空隙中，同时又不产生渗化。原糊还应具有良好的润湿性、吸湿性和抱水性，这三种性能之间既有联系，又有矛盾，在原糊使用和工艺控制中应兼顾考虑，择优实施。

糊料在制成原糊后应具有一定的物理和化学稳定性，使原糊有利于存放，不至于在存放过程中发生结皮、发霉、发臭等变质现象；在制成色浆后要经得起搅拌、挤轧等机械性的作用；和染料、化学助剂有很好的相容性，不产生水解、盐析、结块、刀口结皮等现象。原糊本身不能带有色素或只能略带有对纤维没有直接影响的色素，在印花后的水洗过程中即可消除，不会影响印花织物的花色鲜艳度。原糊在织物上结成的皮膜应有一定的黏着力和柔顺性，不至于从织物上脱落。但黏着力太强则不易洗去，影响织物手感。原糊的成糊率要高，制糊要方便，工艺适应性要广泛，来源要充沛，成本要低。

（四）涂料印花

涂料印花是借助于黏合剂在非织造布上形成树脂薄膜，将不溶性颜料机械地粘着在纤维上的印花方法。涂料印花不存在对纤维的直接性问题，更适用于非织造布的印花。另外，涂料印花操作方便，工艺简单，色谱齐全，拼色容易，花纹轮廓清晰，但产品的某些牢度（如耐摩擦和耐刷洗牢度）还不够好，印花处特别是大面积花纹的手感欠佳。目前，涂料印花主要用于纤维素纤维、合成纤维及其混纺织物的直接印花，有时为补足色谱可与不溶性偶氮染料共同印花，也可以利用黏合剂成膜而具有的机械防染能力，用于色防印花。

技能训练

一、目标

1. 熟悉不同染料适染产品的种类。

2. 了解染料印花和涂料印花的不同。

3. 学习染液配制。

4. 学习对黏胶纤维、涤纶等非织造布进行染色、印花。

二、器材或设备

红外溢流染色机、高压染色机等。

☞ 思考题

1. 什么叫后整理？方法有哪几种？各有什么特点？

2. 化学柔软的作用是什么？常用的化学柔软剂的种类有哪些？

3. 什么叫烧毛整理？其目的是什么？

4. 简述磨绒整理的原理及影响整理效果的因素。

5. 改善非织造布及纤维亲水性能的方法有哪些？

6. 卫生整理的目的是什么？

项目十四　非织造布产品开发与应用

✽学习目标

1. 掌握产品开发的相关概念和产品开发的技术路径、内容体系。
2. 了解黏合衬、保暖絮填材料等服装用非织造布的开发及应用。
3. 了解室内装饰、汽车用装饰等装饰用非织造布的开发及应用。
4. 了解土木建筑、过滤、医疗卫生等产业用非织造布的开发及应用。

任务一　非织造布产品开发的理念

知识准备

一、产品开发的意义

产品开发是企业经营管理的重要工作，是经营决策的中心。要使产品适应市场，为用户所需，提高企业的效益，就要不断更新老产品，开发新产品。

非织造布的加工是纺织行业中的新型领域，是生产纺织纤维制品的新技术，发展变化很快。综合概括，它具有以下三个特点。

（1）选用原料非常广泛，适用于多种纤维原料的加工，纺织上不宜加工的纤维也可加工，为产品开发提供了基础。

（2）生产流程短，变化多，且新技术和新工艺还在不断地发展，为产品开发提供了有利的手段和前提。

（3）产品的可塑性强，利用涂层及后整理加工、各种组合或复合以及联合加工的方法和手段，可生产出功能更强、产品特性更为突出的优质产品，应用领域比传统纺织产品的应用领域拓展很多。

二、产品开发概念

产品开发是指从社会科学和技术发展的需要出发，以基础研究和应用研究成果为基础，研制新产品的创造性劳动。产品开发的过程如图 14-1 所示。

三、产品开发的技术路径

1. 原材料路径　通过研究、开发新材料，从而开发新产品。非织造布可选用阻燃纤维、抗菌纤维、远红外纤维、芳香纤维、立体卷曲纤维、多孔中空纤维、双组分复合纤维、耐高

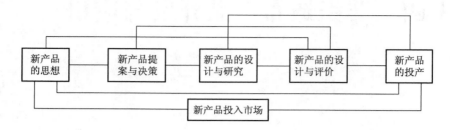

图 14 – 1　新产品形成过程示意

温纤维等新型纤维等，开发出具有不同性能特点的产品。

2. 加工技术路径　指采用新设备、新技术、新工艺而改变产品的品质、形态结构、风格、性能、功能的开发路径。生产非织造布时，也可对老设备进行改造或增加部分新设备来达到目的，设备的选用要和原料的使用配合好。

3. 功能路径　以人类对新产品功能的需要为基本出发点和途径进行新产品的构思、创造。

4. 终制品路径　按产品最终用途需要为基本出发点和途径进行新产品的设计。

5. 综合路径　对于全新产品的开发，往往是通过多条路径进行探索、研究方可奏效。

6. 交叉路径　引进、吸取其他科学技术领域的成就用于产品的开发。非织造布可利用涂层、复合、后整理加工及联合加工的方法和手段，生产出功能更强、产品特性更为突出的优质产品。

四、新产品开发的内容体系

产品开发过程包含 5 个阶段：调研，掌握信息；研究分析，定产品方向、目标和计划；评价决策；试制；促销，信息反馈，产品改进，扩大生产。

新产品开发的内容体系如图 14 – 2 所示。

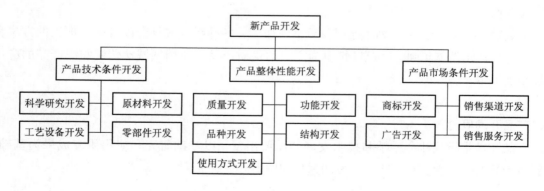

图 14 – 2　新产品开发的内容体系

技能训练

1. 熟悉非织造产品开发的几种途径和过程。
2. 了解国内外非织造产品的应用状况、产品水平和技术差距。

任务二　服装用非织造布产品的开发与应用

知识准备

目前，用于服装领域的非织造布产品主要包括服装衬布、保暖絮填材料、内衣、服装面料等，其中以衬布和絮填材料的产量、用量最大，这类产品大多属于耐用型产品。

一、服装黏合衬

黏合衬是指在基布上均匀涂布热熔胶而成的衬布，它可在一定的加热、加压条件下与面料相黏合，从而起到补强、保形等作用。常用的黏合衬基布有机织布、针织布和非织造布。以非织造布为基布的黏合衬具有质轻价廉、适型和保型性好以及优良的柔软性、透湿性和透气性。目前，非织造布黏合衬的用量已占服装用黏合衬的60%以上。

非织造布黏合衬的加工过程分为三大部分，即非织造黏合衬基布的生产、热熔胶的选择和涂层加工。根据服装类型、面料材质和所用部位的不同，对黏合衬基布、热熔胶品种和涂层方法也有不同的要求。

（一）非织造黏合衬的基布

非织造黏合衬常用的规格一般在 $20 \sim 100 \mathrm{g/m^2}$，所用原料主要有棉型或中长涤纶、涤/粘、锦纶、涤/锦/粘。使用黏胶纤维的目的在于增加吸湿透气性，改善手感。而涤纶、锦纶弹性回复率好，强度高。基布的生产方法主要有热黏合法、化学黏合法、缝编法、湿法和射流喷网法等，其中以热黏合法的热轧法和化学黏合法应用最广泛。

1. 热轧法非织造衬　采用干法成网，在纤维网中含有热熔性纤维，当纤维网被喂入到由热轧辊系统组成的黏合区时，在轧辊的温度和压力作用下，纤维网局部熔融产生黏合，使纤维网得到加固。该产品手感柔软，可用于制作高档薄型黏合衬。

2. 化学黏合法非织造衬　利用化学黏合剂（如聚丙酸酯、聚氨酯等）将纤维网粘结成非织造布（底布），其中又可分为干法成网与湿法成网两种。这类衬布的特点是手感较硬，不耐水洗，适合于针织服装用衬和暂时性黏合衬。

3. 针刺法非织造衬　这种非织造衬适合于较厚的衬料，该产品具有手感柔软，耐洗涤性能好，强力较高等优点，主要制作中厚型黏合衬，用作春秋衫、男女外衣等的前身、驳头和领衬等。

4. 水溶性非织造衬　水溶性非织造衬布是指由水溶性纤维和黏合剂制成的特种非织造布，它在一定温度的热水（90℃左右）中迅速溶解而消失。它主要用作绣花服装和水溶花边的底布，故又名绣花衬。

（二）黏合衬热熔胶

热熔胶的作用是均匀地分布在基布上，经烘燥熔融牢固地粘在基布上，冷却后即成非织造布黏合衬。热熔胶的种类很多，在非织造布黏合衬中常用的有以下几类。

1. 聚乙烯（PE）热熔胶　聚乙烯分为高密度聚乙烯（HDPE）和低密度聚乙烯（LDPE），低压高密度聚乙烯价格便宜，适用各种涂层方式，耐高温水洗性较其他黏合剂为优，是衬衫领衬、袖衬较为理想的热熔黏合剂，但耐干洗效果较差。高压聚乙烯耐水洗及干洗效果都较差，只能用于低档服装、童装或暂时黏合用的某些部位，优点是熔点较低，有利于在非织造布上涂层和面料快捷黏合。

2. 聚酰胺类热熔胶（PA）　以三元共聚酰胺应用最多，优点是低温挠曲性好，弹性、悬垂性均优，粘接强力高。聚酰胺耐磨性好，不溶于氯烷系列有机溶剂，可作为耐干洗的高档服装耐久性黏合剂。

3. 聚酯类热熔胶（PES）　聚酯类热熔胶广泛用于各种纤维织物，尤其适用于聚酯纤维及其与天然纤维混纺的织物，优点是手感好，不易渗胶，剥离强度高，耐洗涤性能较好。我国开发的 ZC901 热熔胶和 ZC951 热熔胶耐洗性能优良，且耐砂洗，前者适用于中厚面料，后者适用于轻薄织物，如丝绸。

4. 乙烯—醋酸乙烯共聚物（EVA）及其皂化物（EVA—L）　此类热熔胶价格便宜，耐水洗及干洗性能较差，但粘接强力大，熔点低（70 ~ 105℃），热流动性好，适用于生产中低档服装用的黏合衬。为了改善和提高乙烯—醋酸乙烯共聚物热熔胶的耐水洗能，可以对 EVA 进行皂化。

（三）热熔胶的涂布方法

将热熔胶均匀地涂布在非织造布上制成黏合衬的加工方法称涂层。最常用的涂层方法有撒粉法、粉点涂层法、浆点涂层法和双点法等。

1. 撒粉法　撒粉法是利用撒粉机将粉状热熔胶撒布在基布上，然后进烘房焙烘，经远红外加热器熔融烧结并黏附于基布上，冷却后粉状热熔胶即固着在基布上而得到黏合衬。撒粉法的特征是粉体在基布上形成不太规则的颗粒状涂层。粉体粒径较粗，一般在 150 ~ 250μm。

撒粉涂层工艺简便，但均匀性较差，一般不适宜作服装主衬，多用作小面积用衬或工艺用衬（临时用衬）以及服装某些部位的补强用衬和鞋帽用衬。

2. 粉点涂层法　粉点涂层可分为雕刻辊粉点和圆网粉点涂层两种。

雕刻辊粉点涂层，基布上热熔胶呈有规则的点状分布，点子大小均匀一致，粉体粒径一般在 60 ~ 200μm。故粉点衬的使用性能优于撒粉衬，可用作服装主衬。

圆网粉点涂层时，由于网眼直径的限制，不能制作较密的粉点，即不能作衬衫领衬，只能做某些服装的胸衬，并很难做出高档产品。由于其加工温度较低，故适宜加工以非织造布为基布的粉点黏合衬。

3. 浆点涂层法　浆点涂层属湿态涂层，其加工温度较低，适用于热敏感材料和某些特种织物的加工。因此，非织造布用于浆点法十分普遍，尤其是适宜于薄型、超薄型非织造布衬的开发。优质浆点黏合衬可用于丝绸服装和薄型高级时装，适应了时代潮流，已成为高技术含量、高附加值的黏合衬产品。

4. 双点法　双点法可分为双粉点法、双浆点法和浆点—撒粉法。其中以浆点—撒粉法工艺较为成熟。浆点—撒粉法最后形成双层涂层，下层的浆点常用 PA 胶，上层的粉体常用 PE 胶，下层与基布黏合，上层与面料黏合，可获得良好的手感，并有较宽的压烫条件，尤其适宜制作高档外衣黏合衬。

目前黏合衬向着薄型化、柔性化、微纤化、复合化、环保化方向发展。现在人们更重视生命的质量，健康、良好的体魄的形成已从饮食向穿着延伸。因此，面料不仅要具备一定的色彩、光泽、花型、纹理等外观上的美，还要将有保健作用的各种物理、化学组分转移到衬布上，渗透在衬布的特定部位。

图 14-3 为服装鞋帽衬布。

图 14-3　服装鞋帽衬布

二、保暖絮填材料

保暖絮填材料是用于服装、被褥及其他床上用品的主要辅料，代替传统的棉、毛、丝、羽绒等天然原料，不仅质轻、保暖、压缩回复性好、蓬松柔软、吸湿性小，而且具有防霉、防蛀、可机洗等特性。

保暖絮填材料按不同用途和加工方法分为喷胶棉、热熔棉、针刺棉、熔喷棉及各种复合絮片等。

1. 喷胶棉　喷胶棉又称喷浆絮片，是对纤网喷洒化学黏合剂，经烘干固化制成的。喷胶棉的常用原料为涤纶，纤维细度为 $0.44 \sim 0.77$ tex，长度为 $51 \sim 75$ mm。为增加产品的蓬松性、弹性及保暖性，通常需加 $10\% \sim 30\%$ 的高卷曲中空涤纶。产品定量一般为 $80 \sim 300$ g/m²。根据蓬松性及手感的不同要求，在喷胶棉工艺的基础上，利用不同原料的特性，先制成精细软棉，再将其表面用轧光机熨平，便可制成"仿丝棉"。一般仿丝棉中所用的中空纤维的含量高达 75%。

2. 热熔棉　热熔棉俗称定型棉，是以涤纶和腈纶等为主体原料，以适量的低熔点纤维如丙纶、乙纶等做热熔黏合剂，对纤网进行热风黏合制得絮片。由于不用化学黏合剂，所以该产品的耐水性较好，强力一般优于喷胶棉，但其蓬松性、保暖性和压缩回弹性不如喷胶棉。采用双组分纤维加工的热熔棉，其产品质量比一般的喷胶棉更好。

3. 针刺棉　纤网经过针刺作用而制得的絮片称针刺棉，它的蓬松性、柔软性和保暖性与针刺密度密切相关。针刺棉不需热黏合材料和化学黏合剂，对三维卷曲中空纤维的应用比重也较少，因此成本较低，柔软性、保暖性和附贴性也较好，尤其挡风性良好。

4. 熔喷棉　熔喷棉具有超细纤维结构，具有较好的抗风和透湿性能，保暖性能好。但其不易散热，使用过程中静电现象严重，穿着时有燥热感，弹性及弹性回复性差。这类产品一般要经过与其他材料复合后使用。

图 14 - 4 为非织造保暖絮片，图 14 - 5 为超细熔喷棉。

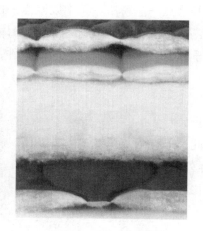

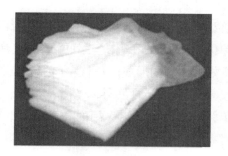

图 14 - 4　非织造保暖絮片　　　　　　　　图 14 - 5　超细熔喷棉

目前，保暖絮填材料通过新型专用纤维的采用和复合方法的开发应用，正在向轻柔化、保暖化和功能化的方向发展。例如，日本东洋纺公司最近开发出一种高度交联的丙烯酸酯纤维，这种纤维的吸湿能力比羊毛高三倍，用其制成的絮胎能吸收运动者身体散发的湿气，使穿用者身体保持干燥和温暖；美国 Eastman 公司开发的 4DG 聚酯短纤维，在沿纤维长度上有 8 个凹槽，具有储藏空气和芯吸效应，用其随机成网制成保暖材料具有优良的隔热保温性；而针刺绒/金属镀膜、高蓬松纤网/熔喷纤网、喷胶棉/薄型非织造行、针刺棉/纺丝成网布等经化学黏合、针刺、缝编和射流喷网法复合的材料，其目的是为了进一步提高絮填材料的拉伸强度、保暖性能和防风效果；功能化絮填材料也是近几年发展起来的，如将絮填材料放在具有各种保健功效的香料中高温浸泡、定型、定性，其产品在使用中不仅幽香、舒适，而且可以起到某种促进睡眠、提神解乏的作用。

三、内衣与外衣

用非织造布制作服装，主要集中在医用服装和防护服等领域，在民用服装方面的应用尚不广泛。近年来，在服装领域的开发主要有女式用即弃型内衣裤和外套、大衣、夹克衫、运动服等。内衣裤主要采用黏胶纤维、聚酯纤维或者聚丙烯纤维，通过热黏合、水刺等方法制作，产品主要用于外出、旅游等场合，用一次即可丢掉，不必洗涤，卫生而方便。而在近几年进入市场的非织造布外衣，主要有用缝编法制作的外套、大衣，针刺法制作的童装、外套以及用闪蒸法非织造布制作的夹克衫、运动服和旅游衣帽等。

用于服装面料的加工流程相比辅料较长，尤其对后整理技术要求较高。如非织造起毛类产品，前道技术采用针刺或缝编工艺加工成坯布，再经过针刺起绒或纺织后整理上的拉绒或剪绒、汽蒸、拉幅定型加工而成。

四、合成革基布

随着科学技术的发展，人工皮革形成两个系列：一种叫人造革，另一种叫合成革。合成革在结构和性能上均模拟天然皮革，产品以经过高分子物质浸渍处理、带有连续孔隙、具有三维结构的非织造布为基材，赋以耐磨的聚氨酯表皮层，可像天然皮革一样进行片切、磨削，具有皮革所特有的透气、透湿性能。人造革则多以机织物、针织物为底基，以合成树脂为主要原料浸涂，外观类似皮革的复合材料，不具备天然皮革结构，因此也缺乏天然皮革的一些固有特性。

1. 合成革基布原料　合成革基布一般采用0.333tex以下的聚酯、聚酰胺或聚丙烯腈纤维。高档合成革基布一般采用0.00011~0.011tex（0.001~0.1旦）的超细纤维。为了既能适应现行机械的加工性，又能制出类似天然皮革性能的产品，人们开发并应用了海岛形复合纤维和橘瓣形分裂纤维等，使之在适加工细度下顺利通过梳理、针刺或水刺的加工，并在形成基布的同时或之后，通过溶解或分裂的方式产生超细纤维的交络结构。对于中、低档合成革产品，可直接采用0.111~0.333tex（1~3旦）常规纤维经成网、针刺或水刺来生产，但其仿真效果就有一定差距了。

2. 合成革基布的加工　针刺合成革基布在纤网铺网后需经多道针刺机的高密针刺，所加工的产品要厚度均匀、表面平整、结构致密。针刺法合成革基布的生产工艺流程是：原料准备—梳理—铺网—预针刺—主针刺（4~6台）—修面—整理加工。针刺工序中影响合成革基布的因素有环境温湿度、纤网喂入形式（减少意外牵伸）、针板布针形式、刺针选型与排列、走步张力（减少牵伸）和针刺工艺等。

水刺合成革基布采用分裂型纤维，经过三道水刺高压水流的撞击，复合纤维被分裂成单丝纤度为0.14dtex超细纤维，纤维开纤率的高低对基布的性能影响很大。超细纤维水刺合成革基布酷似真皮的结构和性能，成为高仿真PU革的优良基材。

基布加工出来后还需经过布面整理、浸渍聚氨酯（PU）、碱减量处理、磨光及表面处理等后加工工序才能制成合成革。聚氨酯的涂层加工分干法和湿法两种，加工合成革时大多采用湿法涂层。其工艺过程为，将经过聚乙烯醇（PVA）上浆处理的非织造布再经聚氨酯胶液浸渍和涂覆加工后，导入由二甲基甲酰胺（DMF）溶剂与水组成的凝固溶液中进行凝固，使其形成具有开式微孔结构，再经热水洗涤，去除PVA及残存的DMF溶剂，再经柔软处理、疏水处理和表面装饰加工，即得到从内部结构到外观手感均具有真皮感和良好性能的合成革。

3. 功能性合成革基布　采用差别化纤维，如抗菌纤维、调温纤维、异形截面纤维及进行过表面改性的纤维，可以改善合成革产品的杀菌性、抗寒保暖性、透气性和耐磨性等，而且所具有的这些特定功能是永久不变的。也可采用后整理的方法，如抗菌防臭整理、防水透气整理、仿皮革味整理、香味整理等，选用的整理剂有一般型和含有微胶囊的两种类型。其中微胶囊整理技术用在合成革耐用品上，功能的持久期限完全能够保持在1~5年的时间。

技能训练

1. 观察和分析几种服装黏合衬、保暖絮片、合成革基布的性能特点。

2. 学会根据产品用途和要求设计生产工艺流程。

3. 了解如何根据生产工艺选择生产线设备。

任务三　装饰用非织造布产品的开发与应用

知识准备

随着经济的发展，装饰用非织造布从数量到质量都有了迅速发展，物美价廉，深受消费者喜爱。装饰用非织造布目前主要包括室内装饰材料和汽车用装饰材料。室内装饰材料包括地毯、贴墙材料、家具装饰材料和窗帘等。汽车用装饰材料包括衬垫材料、覆盖材料和加固材料等。

一、室内装饰材料

（一）地毯和铺地材料

1. 针刺地毯　非织造技术生产的地毯多由短纤针刺法加工，少数由缝编法或其他方法加工。针刺地毯在欧洲、日本、美国等地应用非常普遍，是一种大众化的室内装饰材料。我国从20世纪80年代开始生产、使用针刺地毯。针刺地毯所选用的原料有聚丙烯、聚酯、聚酰胺、羊毛、黏合双组分纤维〔如聚乙烯/聚丙烯（PE/PP）〕等，聚丙烯生产的地毯多为低档次普通地毯，广泛应用于民宅、商店、办公楼等各种要求不太高的公共场合；羊毛针刺地毯则属于档次较高的类型，应用的场合也是根据实际需要而定。图14-6为针刺提花地毯。

图14-6　针刺提花地毯

2. 缝编地毯　缝编地毯采用纱线层—毛圈型缝编工艺，在舒斯颇尔型毛圈缝编机上生产。舒斯颇尔型毛圈缝编机有三个供纱系统，以丙纶变形纱作为毛圈，低弹锦纶丝作缝编纱，以黄麻或粗特棉纱进行铺纬作为底纱。缝编地毯具有良好的毛圈结构，毛圈圈长一般在5～7mm。其背面通过采用丁苯橡胶涂层或聚氯乙烯发泡涂层，可很好地提高地毯的耐磨性、弹性和尺寸稳定性，有的地毯表面进行喷墨印花，外观与性能可与簇绒地毯相媲美，且毛圈相比簇绒地毯不容易脱落。这种地毯价格适中，是家庭卧室、会客室以及饭店宾馆等公共场所使用的中档地毯。

3. 铺地材料　非织造布铺地材料是一种介于地毯与塑料地板之间的半硬性片状材料，一般采用针刺加工，再经饱和浸渍、表面涂层、印花及轧花等加工而成，其表面是塑料涂层，印有凹凸花纹。国外一般都用于厨房的地面满铺，可耐水冲洗。

国外还有一种用于户外的针刺法非织造布铺地材料，用原液染色极粗的聚丙烯扁丝制成，纤维粗达 33～111dtex，长度 60～100mm。这种材料作为人造屋顶花园、网球场、高尔夫球场等场所的人造草坪。

（二）贴墙材料

1. 贴墙布　非织造墙布是壁纸中较高级的品种。在薄型非织造布上经过上树脂、印刷彩色花纹印，最后进行喷塑或防水处理等工序而制成。墙布可用吸尘器清洁，也可湿揩。它具有挺括、不易撕裂、富有弹性、表面光洁又有羊绒毛感觉的特点。

非织造贴墙布原料常采用中长型涤纶、丙纶、黏胶纤维或天然纤维，可以采用干法、湿法或纺粘法成网后采用浸渍黏合法、热轧法固结，再经染色、印花（或轧花）、表面涂层（喷塑）而成，面密度一般为 40～90 g/m^2，图 14－7 非织造轧花壁纸。

图 14－7　非织造轧花壁纸

2. 墙毡　墙毡是一种装饰毡，除了美化墙壁之外，还有保暖、均衡湿度和吸声效果，广泛应用于电化教室、视听室、广播室、电影院等场所。墙毡原料一般为染色丙纶、腈纶、涤纶、锦纶等，其规格一般为 6.7～16.7dtex，长度 70～110mm，也有以天然纤维为主，如苎麻、粗次羊毛等，有时混一些 3.3～6.6dtex 化学纤维作加筋用。加工工艺一般是干法成网、铺网、针刺（或花式针刺）、树脂整理而成。可以针刺成稀密条纹、菱形花纹、波纹，或针刺成毛圈，还可用热机轧出浮雕状花纹，也可以化学黏合，再经喷花、表面涂层而成。公共建筑中的贴墙布则必须经阻燃处理，其定量一般为 100～300g/m^2。

图 14－8 为针刺地毯，图 14－9 为各种贴墙材料。

图 14 - 8　针刺地毯　　　　　　　　　　　图 14 - 9　贴墙材料

（三）窗帘和帷幕

窗帘和帷幕主要包括窗帘、挂帘、浴室遮挡帷幕以及小百叶窗等，这类产品对美学和功能性要求较高。

（四）家具装饰材料

家具装饰材料主要指家具内外侧包布、覆面装饰布、桌布、台布等。目前，非织造布已大量取代传统的黄麻布和纯棉机织布，家具包布主要用于沙发及软床床垫的包覆材料、软垫下隔板罩布、家具底侧和背侧隔尘罩布、垫层及衬料等，可以采用纺粘法、短纤热轧法、针刺法、缝编法和水刺法制成。在软床床垫内包覆布几乎全部采用纺粘法，定量为 15 ~ 25g/m²。

覆面装饰布是人们为美化家庭生活，覆盖在家具面上起装饰与保护作用的产品。要求布料与家具表面滑移性小，花型新颖、大方，除尘方便，价格适中。覆面装饰布生产方法有很多种，如缝编法、针刺法、黏合法等，一般都经染色、印花、轧花、起圈、剪绒、植绒等工艺加以美化。图 14 - 10 为各种图案的非织造覆面装饰布。

图 14 - 10　非织造覆面装饰布

（五）摆设装饰品

非织造布还可用来制作人造植物、花卉和桌面小摆设来美化居室。近年来出现的这类装饰品，不仅具有美学价值，而且还可以清洁室内环境。例如，日本旭化成公司最近开发出一种人造观叶植物，这种植物的叶子是用一种称作"Smoke Clean"的能中和烟草气味的聚丙烯腈纤维制成的非织造布加工而成的。把这种观叶植物栽在花盆中，摆放在室内，每盆可净化 $17m^2$ 面积的房间空气。

二、汽车用装饰非织造布

汽车工业的飞速发展带动了汽车用纺织品用量的剧增，而非织造布技术不断迎合巨大汽车市场的各种需求，其应用一直在增长中。汽车用非织造布材料主要包括汽车地毯底布、汽车装饰地毯、车顶呢、车门板和座位衬垫、行李箱内衬以及汽车过滤材料等，基本上涉及了所有的非织造工艺技术。目前用量较多的是纺粘和针刺非织造布，其他如化学黏合、热黏合、熔喷和缝编等非织造布也都有应用。采用哪一种技术主要取决于产品功用及成本等因素。

（一）汽车地毯

汽车地毯不但要能增加汽车的豪华和舒适感，而且还应有隔音、防潮、减震、抗污、良好色牢度、抗霉、绒毛不易脱落、阻燃等性能。目前，汽车内饰地毯主要采用簇绒地毯和针刺地毯两种。低档次地毯多为丙纶短纤针刺后浸胶（半浸或全浸）型；中高档汽车多用簇绒或针刺天鹅绒地毯，其中簇绒地毯的基布多为纺粘布。

（二）车顶呢

汽车内部贴面和车顶呢过去主要采用锦纶针织起绒织物，现在已部分由针刺非织造布所取代。针刺非织造布作车顶呢美观价廉，但缺点是抗撕裂强度低、伸长大、成型后定型性差。因此，目前趋向于采用针刺非织造布与纺粘法非织造布层压复合的方法，以克服这方面的缺点。

（三）衬垫材料

衬垫材料包括车门软衬垫、车顶衬垫、后行李箱衬垫、座椅衬垫、隔音垫、遮阳板软衬垫等。对这类材料的基本性能要求是，耐磨、不起球、回弹性好、密度小、隔音和绝热性好。一般，这类衬垫材料大多采用涤纶和丙纶短纤维为原料，经针刺而制得的高蓬松性非织造布。为降低成本、提高隔音效果，从环保角度出发，现在已大量应用再生纤维。

图14-11为垂直成网经热黏合或化学黏合制成的非织造填充和隔音隔热材料，因其独特的纤维排列方式，使其具有最大的抗压性和回弹性，显示了其在高端汽车应用上的发展潜力。

图14-11　垂直成网非织造布结构

（四）汽车用过滤材料

汽车上需用过滤材料的地方很多，如汽化器空气过滤、空调循环过滤、车厢内空气净化、曲轴箱通气阀过滤、发动机润滑油过滤、传动油过滤、刮水器水过滤等。目前，开发和应用的上述过滤用途的介质很多都是采用非织造布或非织造布复合材料。例如行车空调循环过滤系统采用了驻极体熔喷非织造布与活性炭复合的材料，汽化器空气过滤材料采用干法成网化学黏合非织造布或针刺/纺粘作织造布复合材料，变速箱油过滤采用针刺法非织造布等。

图 14 - 12 为汽车用非织造布。

图 14 - 12　汽车用非织造布

技能训练

1. 观察和分析几种汽车用非织造产品的性能特点。
2. 学会根据产品用途和要求设计生产工艺流程。
3. 了解如何根据生产工艺选择生产线设备。

任务四　产业用非织造布产品的开发与应用

知识准备

近年来，产业用纺织品发展迅猛，非织造布则以其性能优良，成本低廉的优势，在产业用纺织品领域中，如岩土工程、农用材料、渔业、交通运输、文体用品、石油、化工、国防宇航、尖端科学、城市建设、食品加工等方面都有广泛的应用，并且还有进一步扩大的趋势。

一、土工布的开发应用

土工布及土工布有关产品是指用于岩土工程和土木工程的聚合物材料，它可以用机织、针织和非织造的方法加工，也可以采用复合的方法制作。它们主要包括可渗透的土工布和不可渗透的复合土工膜等。

与织造土工布相比，非织造土工布的强度相对较低，但生产效率较高，且价格较便宜，性能良好，特别是易加工成宽幅制品，并且通过处理可制成各种土工合成材料，因此发展迅猛。按成网和固着方法的不同，一般可将其分成纺黏土工布、短纤针刺土工布以及热熔黏合土工布等三大类。

土工布及土工布有关产品在工程中主要是防护、隔离、过滤、加强排水等功能。其中，防护是指限制或防止岩土工程中的局部破损。隔离是指防止相邻的不同土和（或）填料的混合。过滤是指在使液体通过的同时，保持住受液力作用的土或其他颗粒。加强是指利用土工布或土工布有关产品的抗拉性能改善土层的力学性能，排水是指收集降水、地下水和（或）其他液体，并沿土工布或土工布有关产品平面进行传输。非织造土工布的结构与性能同所选用原料及加工方法有密切的关系，单一工艺非织造土工合成材料主要用于排水、过滤、加固等场合，非织造土工复合膜在公路、铁路等路基中起防水、横向排水和均载作用，也用于堤坝防渗、施工围堰防渗、渠道防渗及垃圾填埋防渗等工程中。非织造土工袋主要用于防洪、围堰或构筑堤坝等工程。

土工布原料的选用既要考虑所使用领域对其物理化学性能的要求，又要注意产品成本。目前主要以合成纤维为主，其中应用最普遍的是涤纶和丙纶，其次是锦纶和维纶。国外还采用黄麻纤维、聚乙烯纤维、聚乳酸（PLA）纤维及其他一些天然纤维和特种纤维应用与土工领域。

二、建筑用非织造布

非织造布建筑材料分为屋顶防水材料、墙基防水材料、管道保护材料和墙壁绝热隔音材料等。100 年前，美国的屋顶防水油毡是用原纸为胎基涂覆沥青而成。第二次世界大战后，玻璃纤维胎基取代了原纸胎基。但玻璃纤维胎基因伸长率小、使用时对人体有刺激、渗透效果不均匀等原因逐渐被淘汰。到了 20 世纪 70 年代，又开发了聚酯非织造布胎基，这种新型胎基的抗拉强度高达 450～700N/5cm，延伸率达 30% 以上，具有抗拉强度好、延伸性好、耐腐蚀、拒水性好以及对水和温度不敏感的特点。在聚酯胎基上涂布改性沥青制成的油毡铺设屋顶，可使防水层使用寿命长达 10～15 年，成为耐久性及质量最好的高档防水建材。

非织造布聚酯胎基主要采用针刺法、纺丝成网法和复合方法来生产。

1. 短纤型针刺聚酯胎的生产和特点

（1）生产工艺：梳理成网→交叉铺网→针刺固结→热定型→黏合剂浸渍→烘燥。

（2）短纤型针刺聚酯胎一般强度最高能够达到 450～550N/5cm，提高强度常常要以增加织物厚度为代价。定量一般在 180～250g/m²，成网均匀度好，沥青浸渍易均匀，产品变化灵活。

2. 纺粘法长丝聚酯胎的生产和特点　由于不同种类防水卷材的工艺要求不同，纺粘法长丝聚酯胎又分热轧法和针刺浸渍法。

（1）生产工艺。

①纺丝成网→针刺固结→热定型→黏合剂浸渍→烘燥。

②纺丝成网→热黏合固结→热定型→黏合剂浸渍→烘燥。

③纺丝成网→热黏合固结。

（2）特点：热轧法固结，成本较低、撕裂强度较高，但伸长小，不易浸透，直接影响卷材的产量和产品性能；针刺浸渍法与热轧法相比较，在应用过程中除撕裂强度偏低外，易浸渍且均匀性好，耐水性持久。长丝型产品在同定重条件下，其抗拉强度比短纤胎基高得多，最大可达 700 N/5cm。其最小定重可在 130g/m²，适合向高性能、单层铺设、薄型化发展。长丝型产品具有优良的尺寸稳定性、防腐蚀性、柔韧性、拒水性以及对沥青的亲和性，寿命长达 15 年。

3. 聚酯胎基的近期发展　德国 Hoechst 公司最近开发出一种由高质量的聚酯纺粘法非织造布、玻璃纤维非织造布和金属箔通过针刺法复合在一起的复合型屋顶防水材料，这种新型材料不仅符合向薄型化发展的趋势，具有优良的防水性能，而且还具有很好的阻燃性能。日本 Asahi Dupont 公司最近为牲口棚舍开发出一种新型屋顶材料，它是由聚乙烯薄膜、Tyvek 闪纺法非织造布和聚乙烯切膜扁丝织物三层复合而成，其具有很高的抗拉强度、良好的耐磨性和紫外线吸收性，而且耐气候性也很好。

除屋顶防水材料外，非织造布还可用于墙基防水、地下排水、墙壁绝热隔音、防止树根侵蚀以及混凝土预制等。

图 14－13 为改性沥青防水卷材胎基油毡生产线。

图 14－13　改性沥青防水卷材胎基油毡生产线

三、非织造布过滤材料

（一）非织造布过滤材料的优点

1. 结构独特 易形成曲径系统，使被过滤物有更多的机会与单纤维碰撞或黏附，从而进行分离，过滤效率较高。

2. 工艺多变 可通过选择不同的纤维种类以及纤维的不同粗细和长度、不同的加工方法，来生产不同密度或密度梯度的过滤材料。例如熔喷法非织造过滤布、超细纤维的应用，使非织滤材的过滤性能大大提升。

（二）过滤纤维的性能及产品特点

可用于滤材的纤维有棉、毛、金属纤维、玻璃纤维、涤纶、锦纶、维纶、丙纶、腈纶、芳纶等。这些纤维的各项性能有很大差异，应根据具体情况选择使用。

1. 丙纶滤布 在纤维中，丙纶最轻且容易处理，耐化学药品性优良。其主要用途有染料和颜料的精制，黏土、陶瓷土、化学药品的制造，清油、啤酒、清糖等其他各种工业过滤，工厂废水处理，城市上下水处理等。

2. 涤纶滤布 涤纶耐干热150℃，其强度及耐磨性优良，保形性好，耐酸性好。其主要用途有水泥、制铁、灰厂的高温气体的集尘，油脂、葡萄酒厂及化工厂的过滤。

3. 锦纶滤布 锦纶强度大且表面平滑，滤渣的剥离性能优良，耐碱性强，但易受酸侵蚀。主要用途有选矿、精练、化工厂过滤、工厂废水和城市下水处理、集尘等。

4. 维纶滤布 维纶在湿润时，特别是加热时发生收缩。其主要用途有染料、颜料、陶瓷土的过滤等。

5. 腈纶滤布 腈纶耐药品性优良。其主要用于对具有腐蚀性气体的集尘等。

6. 含氟纤维、芳纶、玻璃纤维等制成的耐高温滤布 其主要用途是高温气体的过滤。

7. 棉滤布 棉纤维膨润性好。其主要用途有微尘过滤、一般液体过滤与集尘等。

（三）过滤材料的加工方法

非织造布过滤材料中，针刺法约占36%，湿法约占15%，化学黏合约占12%，熔喷法约占20%，纺丝成网法约占6%，其他方法（包括非织造布复合材料）约占11%。

1. 针刺过滤材料 针刺过滤布是非织造布滤料的主体，由于其结构为单纤维，在空间层层交错排列，形成三维立体结构，其孔隙小，且分布均匀，总孔隙率可达70%～80%，比机织过滤材料大一倍，所以除尘效率高且压力降小。

针刺滤布又分为有基和无基两种，有基针刺布就是将纤维网置于紧度较低的机织布的上下两面，经针刺使其成为一个整体，再经整理而成的过滤材料。按其原料特性又可分为普通针刺毡、高温针刺毡、活性炭纤维针刺毡、防静电针刺毡等。

2. 驻极体熔喷过滤材料 驻极体熔喷非织造布是近年来开发的高效过滤材料，它的过滤原理除普通过滤材料所具有的阻截效能外，主要靠驻极体纤维的静电效应捕集微细尘粒，所以具有过滤阻力小、滤层薄、过滤效果好等优点，除对粒径0.005～10μm微细尘粒有很好的过滤效果外，对大气中的气溶胶、细菌、香烟烟雾、各种花粉均有较好的阻截效果，可以用于供暖、通风、空调及工业空气过滤等。

四、医疗卫生用非织造布

医疗卫生用非织造布按用途可分为防护性医疗用品、功能性医疗用品和卫生用非织造布。防护性医疗用品主要是指手术衣帽、口罩、床单、罩布、手术巾等；功能性医疗用品主要指纱布、绷带、缝合线、人造血管、人造皮肤、医用过滤品和保健用品等；卫生用非织造布则多为用即弃产品，主要包括婴儿尿裤、妇女卫生巾、成人失禁垫等。

（一）手术衣帽

手术衣帽大都采用纺粘法、熔喷法非织造布及复合型非织造布，也有用水刺法、热轧法、湿法等非织造布，定量一般在 15～50g/m²，要求手感柔软，抗拉强度高，透气性好。

目前，我国海南欣龙公司生产的水刺舒服网手术室用品，是三层结构的舒服网产品，即合成纤维层、超细纤维层和纤维素纤维层。该产品各层所起的作用分别是高强耐磨、阻隔细菌和吸湿透气。由于超细纤维层纤维的直径很小（≤5μm），而且纤维层结构紧密（纤维间孔隙直径≤50μm，而水滴直径≥77μm），不但可以抵抗细菌和微尘颗粒的穿透，还可以有效阻止污染液的渗透，是非常理想的手术衣材料。图14-14为各种非织造手术衣帽。

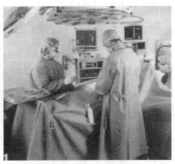

图 14-14　各种非织造手术衣帽

（二）面罩（或手术室口罩）

面罩在手术过程中，可防止医生、护士与病人之间通过空气形成相互感染。一般要求面罩要柔软，具有良好的透气和对细菌、尘埃的阻隔和过滤作用。面罩一般选用湿法、干法、水刺法非织造布或中间夹有一层熔喷非织造布的复合材料。为了防止感染，要求面罩的过滤效率要达到85%以上，有的甚至要求达到99%以上。图14-15为非织造活性炭面罩，图14-16为非织造面罩。

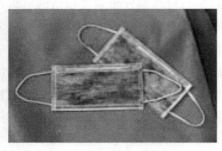
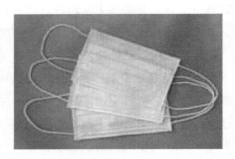

图 14-15　非织造活性炭面罩　　　　　　图 14-16　非织造面罩

（三）橡皮膏底布

橡皮膏是医学上常用的卫生材料。用非织造布为底布制得的橡皮膏，具有粘结力强、透气性好，能反复多次使用，对皮肤无过敏、无刺激作用等优点。

橡皮膏用的非织造底布使用涤纶和黏胶纤维为原料，采用浸渍、泡沫黏合法与热轧法工艺进行生产，定重为 $20 \sim 40 g/m^2$、抗拉强度大于 $20N/5cm$，并要有良好的透气性。在使用黏合剂时，要注意其游离甲醛量应符合药典标准。

（四）石膏药棉

石膏药棉是包敷石膏时的内层包扎用绷带。它表层光洁、内层疏松、均匀而有一定张力。它采用天然纤维制成，并经消毒处理，所以与人体接触处清洁卫生，无过敏反应。

石膏药棉主要采用浸渍黏合法非织造工艺制成，黏合剂用淀粉或聚乙烯醇等，产品定重为 $40 \sim 80 g/m^2$。

（五）高吸收性卫生产品

高吸收性卫生产品主要包括婴儿尿裤、卫生巾、成人失禁垫及衬垫等，它们的结构基本相同，都由包覆材料、吸水层、底膜组成。

（1）包覆材料。一般为 $15 \sim 20 g/m^2$ 的热轧非织造布，原料经历了黏胶纤维、涤纶、丙纶等发展过程，目前基本上以丙纶为主。为提高柔软度与舒适性，纤维采用双组分（PP/PE）或改性专用纤维，如柔软型丙纶，易迈公司的 FLLOLENE 在成型工艺上以热风穿透代替热轧。

（2）吸水层。一般用 90% 绒毛浆与 10% SAP（高吸水树脂材料），现在为减少整个产品的重量与厚度，SAP 提高至 30% 甚至更多。但此时面料便会由于吸水速度过快而来不及扩散到整个吸水面，其解决方法是将面料复合化，如 SMS、MCM、SCM，用水刺加固。

（3）底膜。现多采用聚乙烯薄膜，它既可拒水，又可透过人体散发的水分。

图 14 - 17 是一些卫生巾与婴儿尿片（裤）外形图。

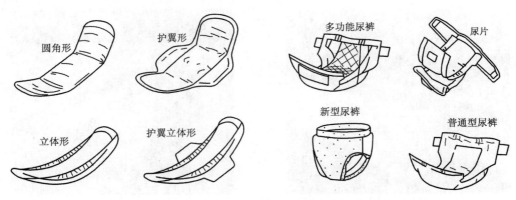

图 14 - 17　一些卫生巾与婴儿尿片（裤）外形图

五、农业用非织造布

目前，农业用非织造布已广泛用于秧苗覆盖、保温覆盖、育秧培植、地下灌溉、作物和树木保护、多功能植物生长基质材料、护根材料、农用土工布、各种农用袋、水果护套等方面。与传统农用材料相比，由于其性能优异，是深受农民青睐的理想农用材料，具有巨大的潜在市场。

农业用非织造布的性能主要有以下几点。

1. 节能、保温、防冻　可提高塑料大棚内气温 1~3℃。提高温室内气温 2~4℃。冬季覆盖一亩地温室，三个月可节煤 13 吨。农用非织造布与单独塑料薄膜比较，其保温作用具有最高温度低，最低温度高，日夜温差小的特点。

2. 吸湿保墒　农用非织造布有吸湿性，能降低棚内空气相对湿度 6%~17%，对控制作物病害有明显作用。病害减轻，农药用量减少，降低成本，减轻污染。

3. 调光降温　农用非织造布有遮光性，在高温强光季节可起调节光强、降温作用。

4. 保护　各种蔬菜、水果使用的大棚或保护袋，可防止虫害、鸟害和农药污染，特别是水果护套与纸袋相比，不仅湿强度好、不易损坏，而且使用效果好，使用寿命长，从而提高了水果的品质，降低了成本。

农业用非织造布主要有三大类：纺粘法非织造布、短纤维热轧法非织造布、黏合法非织造布。一般以聚酯为原料用纺粘法制造的产品性能好，定重为 30~50g/m²，断裂强度为 30~70N/5cm，厚度在 0.13~0.15mm，透水率 75%~85%，透光率 45%~60%，通气性 80~200cm³/(cm²·s)。

图 14-18 为农业用非织造布拱棚，图 14-19 为农业用非织造布地膜。

六、电气绝缘材料

主要指用于工业供电系统和用电装备的绝缘材料，如电缆、光缆包布、电动机绕组绑扎和衬垫绝缘材料、铅酸蓄电池隔板以及电子行业用的印刷电路板和磁性屏蔽材料等。

图 14-18　农业用非织造布拱棚

图 14-19　农业用非织造布地膜

1. 电缆与电动机绝缘材料　电缆绝缘材料的非织造布与塑料薄膜、树脂结合使用时，非织造布与薄膜是通过树脂黏合在一起的，这种层压制品表现出三种组分的各自特性，形成良好的电绝缘性。这类非织造布一般采用化学浸渍法、热轧法和湿法进行生产，所用原料大多采用聚酯纤维，因为它有良好的电绝缘性、耐热性和尺寸稳定性，制成的产品既有较高的拉伸强度和延伸性，又有良好的耐热性和防水性。

图 14 - 20 为高强度电缆用非织造布。

图 14 - 20　高强度电缆用非织造布

2. 蓄电池隔板　蓄电池隔板主要用于正负极隔离，同时又允许离子自由通过，保证正常的充电、放电化学反应。用聚丙烯熔喷超细纤维制成的非织造布电池隔板，既可制成硬质插片，也可制成轻质袋式隔板，不但能满足上述使用要求，且价格低廉。聚丙烯电池隔板质量指标：孔率 50% ~60%；孔径 ≤40μm，电阻 ≤0.0030，润湿性 <4s。

3. 印刷电路板　印刷电路板是用于电子电气行业安装零件的材料。目前，用于这一用途的非织造布均用芳族聚酰胺或聚酰亚胺等耐高温纤维为原料，采用湿法成网、干法成网浸渍黏合法加工成布，再用黏合剂把铜箔与非织造布黏合，也可以在非织造布浸渍过程中把铜箔层压上去。这种电路板可以经受焊接，也可以用激光钻孔或按形状随意加工。有些电路板根据需要，还可以加工成像纸一样薄。

七、其他产业用非织造布

1. 抛磨材料　抛磨材料是用来对金属、大理石、玻璃、木质及皮革等工业制品进行除锈、打毛、抛光和研磨的常用加工材料。以非织造布为基体的新型弹性抛磨材料，因具有高度耐磨性，使用寿命长，使用中产生的粉尘少、污染轻、气孔率高而不易烧伤工件等优点，因此得以迅速发展和广泛应用。

非织造布抛磨材料一般采用聚酰胺、聚酯等合成纤维以及部分天然纤维为原料，经过气流成网，经针刺法、热熔法或浸渍黏合法加工而成。然后采用热固性树脂将所要求粒度的磨料黏附在非织布基体上，再叠合起来黏合固化为一体，采用机械的方法加工成磨轮、磨盘或磨带等。

2. 包装材料　塑料产量的 30% 属于包装材料，使用周期很短，用后大多成为城市固体废弃物进入垃圾处理系统，有的则随意丢弃，成为散乱的污染景观的垃圾。由于塑料不易在环境中自行分解,均对环境造成污染。因此,非织造布用作包装材料在各个领域得到较为广泛的应用。

(1)水泥包装袋。传统的水泥包装一般使用牛皮纸包装袋,在运输过程中很容易破损,不仅水泥流失严重,同时影响水泥使用性能,而且污染环境。而非织造布纸复合水泥袋,牢度较高,不仅破损率大大减小,而且为各种复合水泥袋中价格较便宜的一种。它一般有以下几个品种。

①牛皮纸—非织造布—牛皮纸水泥袋,三者复合,非织造布定量 $40 \sim 50 \mathrm{g/m^2}$。

②非织造布—牛皮纸水泥袋,两者复合,非织造布在外层,非织造布定量 $90 \sim 100 \mathrm{g/m^2}$。

③牛皮纸—非织造布水泥袋,两者分别成袋,非织造布套在外层,定量为 $90 \sim 100 \mathrm{g/m^2}$。

(2)商品包装材料。非织造布由于具有一定的干、湿断裂强力和撕裂强力,产品切边后边缘光滑等优点,价格也便宜,作为包装布比机织布有较大的竞争能力。当采用纺粘布则强力更高,更适于作商品包装材料。

图 14-21 为非织造布手提袋,图 14-22 为非织造布挂件。

图 14-21 非织造布手提袋

图 14-22 非织造布挂件

（3）防虫剂、除臭剂包装袋。家用及农业用防虫剂、除臭剂等包装袋布可用聚乙烯、聚丙烯纤维为原料，湿法成网，定量为 $16 \sim 80 g/m^2$，由于薄而均匀，可有效地挥发气体达到良好效果。

3. 纺织、造纸用非织造布 纺织设备中的各种轧辊、清洁辊，印染工业中的各种高效轧水辊，纺织厂的除尘过滤材料等，都能应用非织造布。

造纸工业也是如此，用针刺法制成的造纸毛毯是造纸工业不可少的材料。传统的造纸毛毯因原料成本高、加工复杂、使用寿命短以及滤水性、强度、表面平整性差等原因已不能满足要求，而针刺造纸毛毯具有优良的抗拉、耐磨性，所以很快地取代了传统的纯羊毛造纸毛毯。

针刺造纸毛毯的加工方法是先用聚酰胺、聚酯、聚丙烯腈复丝、单丝或短纤维纱织成布眼粗而薄的底布，织成环形带状或一般织物再经缝接，然后在底布上铺上以合成纤维（一般为锦纶、涤纶）为主、混入少量羊毛的纤网，或用纯合成纤维制成纤网。再将纤网用针刺的方法，使纤网中的纤维缠结在机织底布上。最后，经水洗、化学处理、树脂整理和热定型拉伸到上机尺寸规格。对于较高档的造纸毛毯还要经过烧毛和整理表面，以除去松散附着的纤维。为了便于安装，有时还要在超伸长条件下干燥。

4. 吸油毡 吸油毡主要用于海面、江湾、海湾、河流上的溢油与油污水的处理。水面的油污造成大批的动植物死亡，严重影响生态环境，给人类的生存造成很大的威胁。采用聚丙烯超细纤维为原料制成的熔喷法非织造布作为吸油毡，由于纤维的比表面积大，非织造布的结构疏松而空隙多，加之聚丙烯纤维为疏水亲油材料，吸油率可达自身质量的 10 倍，而且可以反复使用，所以非织造布是溢油吸油与油污水处理中油水分离的理想材料，现已得到广泛的应用。另外，非织造布还可以制作成其他样式的吸油材料，如吸油链、吸油索等。

图 14-23 为吸油毡，图 14-24 为吸油链，图 14-25 为吸油索，图 14-26 为熔喷吸油布。

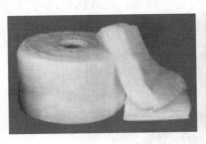

图 14-23 吸油毡

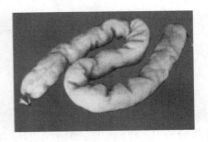

图 14-24 吸油链　　　　　　　图 14-25 吸油索

5. 擦拭布 非织造擦拭布（图14-27）均可用于保洁服务、环境卫生以及制造业的各个环节。非织造擦拭布常用黏胶纤维、木浆纤维、棉等高吸湿性纤维，及涤纶、丙纶等具有较高的强力和耐磨性的纤维。其主要利用梳理成网或气流成网（或几种纤网复合），采用水刺、针刺、化学黏合等方法加固。其中，采用水刺法加固的擦拭布占有很大比例，其手感柔软吸水率较好，但成本很高；使用针刺法加固，刺针会损伤纤维而使布面易掉毛掉绒，影响擦拭效果，但成本相对低廉；化学黏合法会产生污染，目前所占比例有减小的趋势；而纺粘法所用原料大都为合成纤维，其产品吸水率不高。

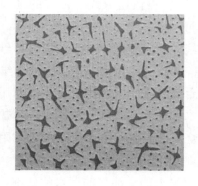 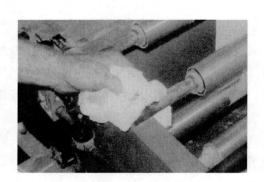

图14-26　熔喷吸油布　　　　　　　图14-27　非织造擦拭布

对非织造基布进行后整理可改善擦拭布的耐磨性、吸水性等，通常的整理方法包括涂层、浸渍、染色、复合、轧光烧毛、柔软整理、亲水整理等。还有许多功能性非织造擦布适应不同领域的需求，如精密仪器揩尘布、吸湿吸尘拖把布、杀菌揩布、汽车光亮揩布等。

以聚丙烯为原料采用熔喷法生产出的非织造擦拭布，通过对其局部压花并使之热熔，从而提高熔喷布强度，并对其进行浸渍、涂层等亲水整理。该擦拭布具有很高的强度，良好的吸水吸油性能，手感又十分柔软，是高档工业和厨房擦拭用布（图14-28）。

图14-28　液晶显示屏擦布

技能训练

一、目标

1. 观察和分析几种产业用非织造布的性能特点。

2. 学会根据产品用途和要求设计生产工艺流程。

3. 了解如何根据生产工艺选择生产线设备。

二、器材或设备

1. 服装用、装饰用、产业用非织造布产品。

2. 有关非织造布生产设备。

👉 思考题

1. 新产品开发对企业有什么意义？

2. 何为新产品？简述其分类？

3. 提高产品价值和经济效果的途径有哪些？

4. 简述非织造布新产品开发的工作程序。

5. 未来非织造新产品开发的方向是什么？

6. 根据产品开发的类型，寻找相对应的典型案例。

7. 举例说明如何通过变换原料、改造设备、更新加工工艺来开发非织造新产品。

8. 服装用非织造布包括那些产品，简述几种主要产品的特点、生产及应用。

9. 装饰用非织造布包括那些产品，简述几种主要产品的特点、生产及应用。

10. 产业用非织造布包括那些产品，简述几种主要产品的特点、生产及应用。

项目十五　非织造布性能测试

✲学习目标

1. 掌握一般测试：非织造布特征指标、力学性能、尺寸稳定性、缩水率、保暖性、透通性测试方法及指标。

2. 熟悉特殊性能测试：非织造布的渗透性、有效孔径、孔隙率、过滤效率的测试方法及指标。

任务一　非织造布的一般性能测试

知识准备

一、特征指标的测试

非织造布产品的最基本的特征指标决定了产品质量的好坏。这些最基本的特征指标主要包括面密度、厚度、均匀度和回潮率等，而这些指标的大小、高低决定了产品的其他力学性能，所以了解和掌握这些最基本的特征指标对生产企业进行工艺和质量管理指导是十分重要的。

（一）面密度测试

非织造布的面密度是指单位面积的质量（俗称克重），单位是 g/m^2。不同用途的非织造布其面密度也会有所不同，一般薄型非织造布的取样面积大些，而厚型的则可小些。一般取 10cm×10cm 或 20cm×20cm 的正方形，或者用针织物取样的方法，取面积为 $100cm^2$ 的圆形。取样数目为 3～5 块或 10 块。待测试样必须先经调湿处理后，用感量为 0.01g 的天平先称重。根据几块试样称重的算术平均值来计算每平方米布样的克数，要求精确到 0.01g。同时，还可算出变异系数，从而反映试样的质量不均匀情况。

面密度可以客观地反映产品的原料用量，它与产品的厚度、质量有一定的关系。不同用途的非织造布其厚度、质量会不同，一般土工布的面密度为 150～$750g/m^2$，过滤类非织造布的面密度为 140～$160g/m^2$，衬布的面密度为 25～$70g/m^2$，揩尘布面密度为 15～$100g/m^2$，絮片类面密度为 100～$600g/m^2$，包覆布的面密度为 15～$150g/m^2$。

（二）厚度测试

非织造布的厚度是指在承受规定的压力下，布两表面间的距离。它是评定非织造布外观性能的主要指标之一。厚度的大小也根据产品的用途、种类而不同，同时它也影响到产品的许多性能，如坚牢度、保暖性、透气性、刚度和悬垂等性能。

非织造布厚度用测厚仪测定。Y531 型测厚仪（图15－1）是以压脚连于齿杆，通过一系列扇形齿板与齿轮而传动指针轴的一种装置。刻度盘每一刻度代表 1/100mm。为了校正指针的零点位置，可以转动压脚下垫盘。测量织物厚度时，可抬起压脚。

各种非织造布测 10 次，求出平均数即为该产品的厚度。测试时要求非织造布放平，避免冲击，待加压 30s（工厂常规试验采用 5s）测取读数。

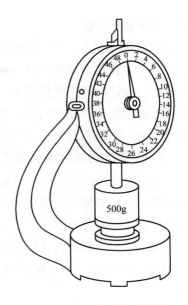

图 15－1　Y531 型织物厚度仪

（三）均匀度测试

非织造布的均匀度是指产品各处厚薄均匀状况，面密度是否稳定一致，它能综合反映非织造布的各项性能。而最终产品的均匀度是否一致，主要受梳理和铺网阶段的影响。对纤网不匀率的测定常用方法有三种，即取样称重法、厚度测定法和放射性同位素测试法。

1. 取样称重法　这是一种在工业生产中最常用的简单方法，可应用于各种非织造布。试样尺寸一般为 20cm×20cm 或 40cm×40cm 两种规格。取样时用样板夹夹住输出的纤网，再用剪刀剪去周围多余的纤网，板框中留下的即为待测试样。每一个品种取 30 块或以上试样，并用精密天平称出每一块的重量，再求其均方差和变异系数。

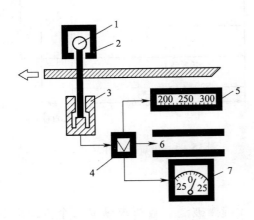

图 15－2　纤网不匀率的放射性同位素测试原理示意图

1—放射源　2—防辐射盒　3—射线接收器
4—放大器　5—定量指示器
6—过程调节电路　7—偏差显示器

2. 放射性同位素测试法　这是一种高科技的测试方法，常用同位素钷 147、氪 85、锶 90 等作为放射源。图 15－2 为纤网不匀率的放射性同位素测试。放射源放置在防辐射盒内，放射线可通过盒下放的小窗口射向运行的纤网，然后被射线接收器吸收，并被转换成微弱的电信号。此信号再经放大器放大后，分别输入纤网定时指示器、过程调节电路、测试值与预定值偏差显示器。由于纤网的定量不断发生变化，从而使得透过纤网的射线强度发生相应的变化。设透过纤网前的射线强度为 I_0，透过纤网后的射线强度为 I，纤网的定量为 W_m，则存在关系式 $I = I_0 e^{-cW_m}$，式中 c 为常数。通过数学计算可求得 W_m。

此法优点是可以进行纵向的在线检测，方便可靠，且测定时不会损伤纤网，灵敏度高，反馈信息快，有利于生产及时调整和节省原料。横向检测可安装多个测头，但会使造价更高。

二、力学性能测试

在使用过程中，非织造布受到各种不同的物理、机械、化学作用而逐渐遭到破坏。在一般情况下，机械力的作用是主要的。机械力主要有拉伸、弯曲、撕裂、顶破、冲击、摩擦、压缩等，在这些外力的作用下，非织造布会产生一定程度的变形甚至破坏。而受力后非织造布变形能力和力学性能的好坏直接影响了产品最终的使用寿命及效果。因此，对其力学性能进行测试，可以判断并决定产品是否符合要求及合格。

（一）断裂强度和断裂伸长率测试

断裂强力是试样从拉伸开始到断裂时所测得的最大的力，而断裂伸长率为试样在拉伸到断裂时，所测的伸长对原夹持长度的百分率。它们是非织造布在受到外力时，其变形能力及受损程度评定的重要指标。

测试时，一般取离试样边沿10cm处纵横向或沿15°、30°、45°、60°、75°各10块，大小为50mm×300mm，或根据具体情况而定。最后求其算术平均值表示，并精确到小数点后一位。

试样的工作长度对实验结果有显著影响，一般随着试样工作长度的增加，断裂强力与断裂伸长率有所下降。标准中规定：一般非织造布为20cm，易变形的如水刺和薄型纺粘非织造布为10cm。特别需要时可自行规定，但试样必须统一。

（二）撕裂强力测试

装饰、服装用和产业用非织造布产品质量好坏的重要指标还有撕裂强力，其测试方法主要有舌形撕破、梯形撕破两种。

单舌法撕破是取一块如图15-3所示矩形试样，在试样的短边中心，剪开一个规定长度的切口，使试样形成两舌片，将此两舌片分别夹持于上下夹钳之间，强力机拉伸时，试条内纤维逐渐断裂，试条沿切口线撕破，记录织物撕裂到规定长度内的撕破强力，并根据打印机绘出的曲线上的峰值计算出撕破强力。

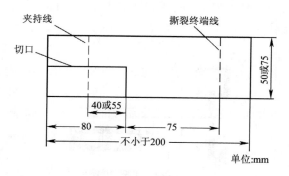

图15-3　单舌法试样尺寸

单缝撕破法一般要求纵横每个方向取5块100mm×50mm的样条，在其中端剪出25mm长的缝，分别夹在强力试验机上、下夹头中，当夹头相对运动时，沿裂口断裂，测取其强力。记录负荷变化，并求出算术平均值。

梯形法撕破是在如图15-4所示有梯形夹持线的试条上，沿梯形短边正中剪一条规

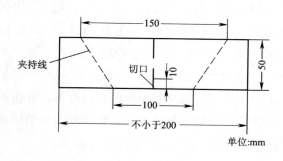

图15-4　梯形法试样尺寸

定长度的切口，然后将试条沿夹持线夹持于强力机的上下夹钳中间。随着强力机的拉伸，试条内纤维渐次断裂，试条由梯形短边沿切口线向长边方向撕裂，以测定织物的撕破强力。梯形法试条的有效尺寸为 75mm×150mm。

三、尺寸稳定性的测试

在使用过程中，非织造布受到湿、热及洗涤等作用而产生的尺寸变化称为尺寸稳定性。试样一般取 200cm×200cm、400cm×400cm，取样略大些，然后在试样的四角画上对应的精确尺寸的记号，将待测试样浸渍于冷水、热水或其他液体中，洗涤后测出试样的尺寸，洗涤前后尺寸的变化即为尺寸稳定性。计算公式可用下式：

$$尺寸稳定性 = \frac{浸渍洗涤后的尺寸（mm）}{浸渍洗涤前的尺寸（mm）} \times 100\%$$

四、缩率的测试

缩率的测试包括缩水率和热缩率两项指标。

（一）缩水率测试

非织造布在常温的水中浸渍或洗涤干燥后，纵横两个方向发生的尺寸收缩程度称为缩水性。一般织物如果落水或者洗涤后都会有一定程度的收缩，特别是薄型非织造布黏合衬，如果缩水率过大会影响使用性能。

缩水率的测试有浸渍法和洗衣机法两种。其中浸渍法是静态的，洗衣机法是动态的。非织造布测试时常用浸渍法。测试前，裁取三块尺寸为 250mm×250mm 的试样，并在试样上用笔画出 200mm×200mm 及中心正交标记线，标出纵、横方向。随后将试样在标准大气条件下调湿 24h，再分别按纵、横向测量试样的三根标出线长度，精确到 0.5mm。

测试时，将试样浸泡在温度为 25℃±2℃的水中，浸没 20min 后取出，放在平台上铺平，待自然晾干。也可将试样浸渍在温度为 50℃±1℃、0.5% 的中性皂液中（浴比为 1:50），浸渍 20min 后取出，用 50℃±1℃的温度漂洗 20min 后取出，铺放在平台上自然晾干。然后进行 24h 调湿处理后，再测出试样纵、横向的三根标出线的长，也精确到 0.5mm。按下式计算：

$$缩水率 = \frac{L - L'}{L} \times 100\%$$

式中：L——三块试样洗涤前纵向或横向平均长度，mm；

L'——三块试样洗涤后纵向或横向平均长度，mm。

（二）热收缩率测试

由于非织造布产品主要以合成纤维为主，在受到较高的温度作用时发生的尺寸收缩程度称为热收缩性。其原因是由于合成纤维在纺丝成形过程中，为获得良好的力学性能，均受到一定的拉伸作用，当非织造布在较高温度下受到热作用时，纤维内应力松弛，大分子由伸直状态又回复到卷曲状态，导致产品收缩。

薄型非织造服装用衬在压烫前后会发生尺寸的变化。测试前，先裁取非织造布试样两块，尺寸为 150 mm×500mm，分别标出纵、横向，并做三处相距 450mm 的标志。测试时将试样在温度为 180℃、压力为 196kPa 的条件下压烫 20s，然后从压烫机中取出试样，冷却 30min 后测量各标志的距离，标出纵、横向各个数据的算术平均值。按下式计算：

$$热收缩率 = \frac{压烫前实测距离（mm）- 压烫后实测距离（mm）}{压烫前实测距离（mm）} \times 100\%$$

五、保暖性能的测试

非织造布中起保暖作用的产品如各种絮片、喷胶棉、热风棉、太空棉等，其保暖效果用保暖性指标进行评定。测试的原理是将试样覆盖于试验板上，试验板及底板和周围的保护板均以电热控制相同的温度，并以通断电的方式保持恒温，使试验板的热量只能通过试样的方向散发，测定试验板在一定时间内保持恒温所需要的加热时间，计算试样的保温率、传热系数和克罗值。

（一）传热系数

它是非织造布表面温差为 1℃ 时，通过单位面积非织造布的热流量，单位为瓦每平方米摄氏度 $[W/(m^2 \cdot ℃)]$。

（二）克罗值（CLO）值

在室温 21℃，相对湿度为 50% 以下，气流 10cm/s 即无风条件下，试穿者静坐不动，其甚而代谢为 58.15W/m²，感觉舒适并维持其体表平均温度为 33℃ 时，所穿衣服的保温值为 1 克罗值。

（三）保温率

它是无试样时的散热量与有试样时的散热量之差对无试样时的散热量之比的百分率。

测试时，首先取每份样品 3 块，试样尺寸为 30cm×30cm，试样要求平整，无折皱。试验所用平极式保温仪如图 15-5 所示。仪器预热一定时间，等试验板、保护板、底板温度达到设定值 36℃，温度差异稳定在 0.5℃ 以内指示灯灭，仪器自动进行空板试验。空板试验结束后，时间显示值将显示"t、tu"标志。但本次空板试验无效，仅作开机预热试验。等 30min 后，按"复位"键，随即按"启动"键，即正式进行空板试验。空板试验结束后，打开有机玻璃罩门，将试样平放在试验板上，四周放平，关上有机玻璃罩的小门。按"启动"键，即进行第一次试样的试验，自动进行试验，先按预热雾时间预热，然后进行 5 次循环试验，直到时间显示器显示"t、tu"标志，代表本次试验结束。打开小门，取出试样，放入第二块等测试样，关上小门，重复上述过程。三次试验结束后，计算三次的算术平均值。

六、耐老化性能的测试

非织造布在使用和储存过程中，由于受到各种外界因素的影响，会发生某些性能逐渐恶化的现象，如变质、发硬、发黏、失去光泽等，甚至会使强度降低和破裂，导致失去使用价值，这种现象称为非织造布的老化。

由于非织造布使用环境不同，对耐老化性能的要求也各不相同。耐老化性能的测试就是

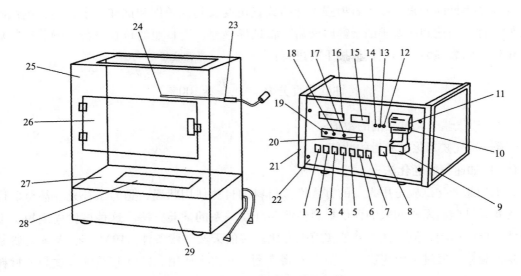

图 15 – 5 平板式保温仪外形图

1—功能按钮Ⅰ 2—功能按钮Ⅱ 3—功能按钮Ⅲ 4—结果按钮 5—清除按钮 6—复位按钮 7—启动按钮

8—电源开关 9—打印机纸架 10—打印机 11—打印机罩 12—底板加热器通断电指示灯

13—保护板通断电指示灯 14—试验板通断电指示灯 15—时间显示器 16—各温区显示器

17—预热时间设置拨盘 18、19—温度上下限设置拨盘 20—加热周期设置拨盘 21—电气控制箱体

22—控制面板 23—室温传感器固定螺帽 24—室温传感器探头 25—有机玻璃罩盖

26—有机玻璃罩前门 27—保护板 28—试验板 29—木框壳

利用人工创造的自然环境对非织造布的性能的变化进行测定或观察，但很多变化难以量化，一般是测试变化前后强度的变化，从而来评判非织造布的耐老化性能的好坏。在测试耐老化实验中，各种因素不可能同时考虑，而只能突出某个因素的作用而排除其他次要因素，这样便形成了许多测试耐老化性能的方法。

（一）大气老化试验

大气老化试验（又称自然暴露试验）接近材料的实际使用环境，能获得比较可靠的材料耐候性能的结果，是鉴定材料性能最可靠的方法。尽管自然老化试验周期长、人力物力投入大、获得试验数据有限并且受环境条件影响较大，但试验结果接近实际，是研究材料老化问题最基本的方法。

暴露地点应选在有代表性的气候环境、用户多的地区。户外暴露试验方法、试验周期、检测方法等按相关标准的要求进行。

对非织造布天然气候法实验，为了节约时间及操作的方便，一般采用一定强度的日光照射的方法进行。测试时，根据性能测试的要求，裁取符合要求的尺寸试样，然后将试样装在试样架上，不加张力，用 U 形钉、图钉或其他适当的方法将试样两端固定，并且要求试样的纵向位于垂直方向。把试样架上的试样朝南方向暴露，并与水平面成 45°，而且要把试样架抬高，与地面的距离保持在 610mm 以上，将试样暴露达到所规定的时间，或达到所要求的兰勒（lang – lay）值（MJ/m^2）的辐射能量。采用埃波里日射强度计或其他功能相同的仪器测定试样在暴露期间的辐射能，日射强度计的放置角度及其他条件和试样要求相同，测试时记录气候条件。当达到所要求的暴露时间后，将试样移至不受日照的位置进行干燥。待三周后测试试样的断裂强力。相关计算按下式进行：

$$特性变化百分率 = \frac{A - B}{A} \times 100\%$$

式中：A——气候老化试验前的数值；

B——气候老化试验后的数值。

（二）加速气候老化法

人工加速老化试验是用人工的方法模拟材料的自然使用状况，是为了补充、甚至取代自然大气暴露试验而发展起来的评价材料性能与环境关系的试验方法。这种试验周期短、不受区域性气候的影响，但往往不能如实模拟变化多端的天然气候条件。1934 年，美国就研制出了气候试验箱，经过不断改进，1960 年获得专利，并投入使用。1953 年英国也试制了材料耐光试验箱。苏联在 1962 年研制出了太阳辐射试验箱。

人工加速老化试验的光源主要有氙灯、碳弧灯、荧光紫外灯，一般认为氙灯光源比较接近太阳光，但在国际上尚未取得完全一致的意见。

实际测试时，为了缩短时间，加速试样的老化进程，采用老化试验仪进行测试，该仪器具有光照、温度、湿度、风吹、雨淋等各类模拟因素，用接近自然界的大气候条件下，在最短的时间内测试试样的老化情况。将仪器放在没有气流的地方，环境温度控制在 21～35℃之间，相对湿度为 40%～80%。把试样放入老化试验仪内，按上述公式计算出特性变化百分率。

（三）烘箱法

非织造布在生产、实际使用过程中都会受到热的作用，而材料在受热时会引起内部一系列的变化，如热氧化降解等。因此，烘箱法可以模拟非织造布对热的耐受性，即非织造布对受到热的作用而引起的老化作用，亦即用来评价非织造布的抗热老化性能。测试仪器是纺织试验中常用的烘箱。测试时，将试样垂直悬挂在空气循环烘箱中，试样与试样间及试样与烘箱内壁间均需留一定的空隙，加热温度控制在 100～105℃，加热 48h 后取出试样进行冷却，然后将试样移至标准大气条件下进行调湿，再测其断裂强度或其他相关性能，按上述公式计算特性变化百分率。

七、透通性能的测试

非织造布的透通性能包括透气性、透湿性、透水性及防水性等方面。对这些性能的要求主要是根据产品的最终用途来定，而产品是否满足透通性的使用要求，则可以通过对应的性能测试来判断。

（一）透气性的测试

非织造布通过空气的程度称为透气性，常用透气量来衡量。非织造布透气量实质是在非织造布两边的空气存在一定压力差的条件下，空气从压力较高一边通过非织造布流向压力较低一边的过程。透气性的测试方法有定压式和定流量式两种。

定压式透气性测试又分为中压、高压和低压，常用中压透气仪进行测定。

如图 15 − 6 所示为 YG461 型织物中压透气仪结构。其原理是根据织物不同，选用相应的口径，在稳流的情况下，使试样织物两边的压差达到规定标准值，测量两室差压的流量大小，借助事先确定的差压—流量曲线（或差压—透气量对应表）即可测得被测试样的透气量值 Q。

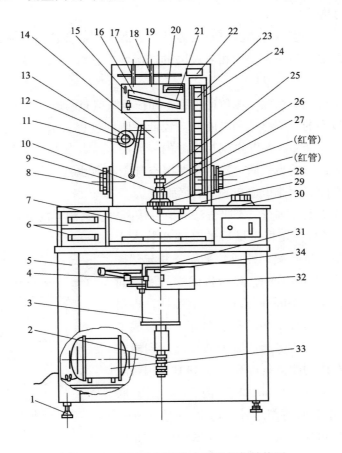

图 15 − 6　YG461 型织物中压透气仪结构图

1—调水平支撑螺钉　2—吸风软管　3—流量计筒体　4—拉钩手柄　5—工作台　6—附件箱　7—主箱体
8—示压管调零手轮（绿管）　9—锁紧手轮　10—试样压头　11—定压选择阀　12—定压选择阀旋钮　13—加压手柄
14—试样压紧机构　15—低压斜管　16—低压定压读数标尺　17—斜管斜度调整旋钮　18—斜管斜度锁紧螺钉
19—斜管液面读数标尺　20—斜度定准水泡　21—低压定压压力计　22—流量差压示压管　23—垂直管读数标尺
24—中压定压示压管　25—压头锁紧螺钉　26—压头高低调整手轮　27—滑块　28—试样直径定值圈（φ70）
29—联接圈　30—调压器　31—锁门弯手柄　32—流量计筒体　33—吸风机　34—喷嘴

测试前，先剪取 40cm 全幅非织造布作试样，要求试样不应有折皱但也不熨平，并经调湿处理后，在标准状态下进行测试。测试时，将被测试样直接铺于试样直径定值圈上，对于薄型柔软非织造布，应再套以试样绷直压环。然后调节压头高低，扳下加压手柄，压紧试样，此时要求加压手柄与垂直线成 15° ~ 20°。接下来，开启流量计筒体门盖，将适应于此织物相应喷嘴旋紧到流量计筒体隔板的安装螺孔上，然后关紧门盖。缓慢旋转调压旋钮，启动吸风相并逐渐增大吸风量，使低压定压压力计的斜管液面从低压差逐渐趋近并最后稳定于128Pa（13mmH₂O），若差压定压压力计读数在60～360mmH₂O之间，则可直接读出此时的 ΔP 值，否则必须另选喷嘴。最后根据 $P—Q$ 曲线或差压压力计读数及所选择的喷嘴口径的大小，查表可得织物的透气量（L/m² · s）。

（二）透湿性的测试

非织造布通过水汽的程度称为透气性。絮片类、黏合衬、太空棉、热风棉等用于服装领域及用于卫生材料的非织造布，要求相对较高的透湿性，它将直接影响这些产品的排汽、排汗等的功能。

非织造布透湿实质上是水蒸气相传递过程，即在非织造布两边存在相对湿度差的条件下，水蒸气从温度相对较高的一侧移动到温度相对较低一侧的过程。水蒸气透过非织造布主要有两种方式：一种是非织造布与高湿空气相接触的一面的纤维，从高湿空气中吸收水分，水分由纤维中传递到非织造布的另一面，然后向低湿空气中释放水汽。另一种是水汽直接通过非织造布纤维之间的空隙，到非织造布的另一面弥散。

透湿性测试常用透湿杯进行，有吸湿法和蒸发法两种。透湿杯的结构如图15-7所示。

1. 吸湿法　测试时，先将干燥后的吸湿剂装入干燥、清洁的透湿杯中，将吸湿剂铺成一平面，并与试样的下表面间的距离保持3～4mm，然后将试样的测试面向上放于透湿杯上，压上垫圈和压环，旋上螺帽，再用乙烯胶粘带从侧面封住压环、垫圈和透湿杯，就组成了一个测试装置。接下来迅速将测试装置移到已达到规定条件的测试箱中（箱内的测试条件为温度38℃，相对湿度90%，气流速度为0.3～0.5m/s）平衡30min后，取出称其重量。称量时要求动作迅速，时间不超过30s，精确到0.001g。然后再将测试装置放于测试箱内，1h后取出称重。

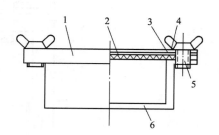

图15-7　透湿杯的结构

1—乙烯胶粘带　2—试样　3—垫圈
4—压环　5—螺栓　6—透湿杯

2. 蒸发法　测试时，在清洁、干燥的透湿杯中到入10mL的水，然后将试样的测试面向下放在透湿杯上，按吸湿法中的方法进行密封，做成测试装置。迅速将测试装置移到已达到规定条件的测试箱中（箱内的测试条件为温度38℃，相对湿度2%，气流速度为0.5m/s）平衡30min后，取出称其重量。称量时要求同吸湿法1。然后再将测试装置放于测试箱内，1h后取出称重。

用下式计算透湿量 W_{Vt}：

$$W_{Vt} = \frac{24\Delta m}{St}$$

式中：W_{Vt}——每平方米每天（24h）的透湿量，g/（m² · d）；

Δm——同一装置两次称量之差，g；

S——试样的测试面积，m^2；

t——测试的时间 ，h。

（三）透水性与防水性的测试

防水性和透水性是两个完全相反的质量指标，防水性好，透水性就差，反之亦然。非织造布的防水性是指非织造布对液态水透过时产生阻抗能力的性能，而透水性是指液体态水从非织造布的一面渗透到另一面的性能。要求透水的产品常见的有土工布、过滤类材料，而要求防水的产品有篷布、防水布、雨衣及鞋布等。非织造布的应用领域不同，可采用不同的测试方法和评定指标。

非织造布透水过程包括三种途径：一是因为纤维吸收水分子，使水通过纤维内部而渗透到非织造布的另一面；二是由于毛细管效应，非织造布内的纤维湿润，使水渗透到非织造布的另一面；三是由于压力作用，迫使水通过非织造布内的孔隙而渗透到另一面。通常情况下三种作用会同时发生，但有时相对来说，其中一种作用会强一些，其他作用相对弱一些。常用的测试方法有以下几种。

1. 加压测试　如图 15-8 所示，将 100mm × 100mm 的试样夹于圆环夹头中。测试时，水筒中水柱高度可分为 100mm、200 mm、300 mm 三种中任意一高度。负荷为 10kg 重的物体，放在负荷杆顶端，通过多孔的圆盘，负荷杆将负荷施加于样品上。记录水流完的时间，计算出单位时间、单位面积流过的水量即为透水性，单位为 L/（$m^2 \cdot s$）。

2. 土壤—非织造布组合法　该法是一个模拟实际使用情况的过滤装置，用于评估土壤与非织造布组合作用时的透水性能。如图 15-9 所示，测试时保持进水斗与出水口的高度不变，将被测土壤试样压在非织造布试样上，它们的上、下则放规格相同的砾石，记录单位时间内流过单位的水量。该方法可以反映水流垂直于土工布的平面方向流动情况。

3. 沾水试验法　如图 15-10 所示，将 250mL 水迅速而平稳地注入漏斗中，以便淋水持续进行。淋水一停，迅速将夹持器连同试样一起拿开，使织物正面向下几乎成水平。然后对着一个硬物轻轻敲打两次（在绷框径向相对的两点各一次），敲打后的试样仍在夹持器上。根据观察到的试样润湿程度，用最接近的沾水等级文字描述和基于 AATCC 图片等级的 ISO 淋水试验等级图表示的级别来评定其等级，不评中间等级。

沾水等级：1 级——受淋表面全部润湿；2 级——受淋表面有一半润湿，通常是指小块不连接的润湿面积的总和；3 级——受淋表面仅有不连接的小面积润湿；4 级——受淋表面没有

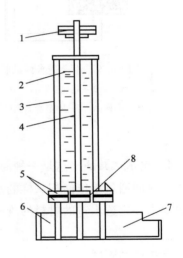

图 15-8　透水性测试装置

1—重物　2—水　3—水筒
4—负荷杆　5—圆环铁头　6—集水盘
7—出水盘　8—样品

润湿，但在表面沾有小水珠；5 级——受淋表面没有润湿，在表面也未沾有小水珠。ISO 淋水试验等级图亦分为 5 级：ISO_1 全部上层表面完全润湿；ISO_2 全部上层表面有部分润湿；ISO_3 上层表面受淋处有润湿；ISO_4 上层表面有少量的不规则沾水或润湿；ISO_5 上层表面没有沾水或润湿。深色织物的图片标准不是十分令人满意，主要依据文字描述来评级。

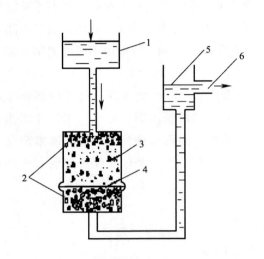

图 15 – 9　组合透水性试验装置
1—进水斗　2—同规格砾石　3—土壤样品
4—非织造布样品　5—固定水面高度　6—出水口

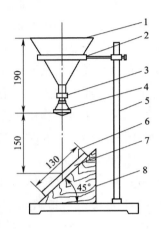

图 15 – 10　沾水试验
1—玻璃漏斗（φ150）　2—支承环　3—抽皮管
4—淋水喷管　5—支架　6—试样
7—试样支座　8—底座（木质）

4. 兜水试验法　这是一种简单快捷的测试方法。试验时，将试样一面维持一定的水压，以单位时间通过单位面积试样的水量或水滴数表示非织造布的透水性或防水性，主要用于过滤等要求一定透水量的材料的测试，也可用于防水性测试。

八、色牢度的测试

随着非织造布应用领域的拓展，许多非织造布要求在使用过程中必须保持一定的色泽，所以需要用染料、颜料等进行染色或印花处理。但处理后的非织造布在使用过程中，由于受到外界各种因素的作用会失去色泽，而染色牢度的评价，一般是模拟服用、加工、环境等实际情况，制订了相应的染色牢度测试方法和染色牢度标准。由于实际情况很复杂，这些试验方法只是一种近似的模拟。根据试验前后试样颜色的变化情况，与标准样卡或蓝色标样进行比较，得到染色牢度的等级。一般染色牢度分为五级，如皂洗、摩擦、汗渍等牢度，一级最差，五级最好。日晒牢度、气候牢度分为八级，一级最差，八级最好。

染色产品的用途不同，对染色牢度的要求也不同。具有全面染色牢度的染料往往价格较高或染色方法复杂，应针对染色产品的不同牢度要求，选择既实用又经济的染料。例如，作为一次性使用的非织造布，洗涤的机会很少，因此不要求有很高的耐洗牢度，所以非织造布的色牢度测试主要是摩擦色牢度。

摩擦色牢度分干、湿两种。干摩擦牢度用干漂白布摩擦染色织物后，观察白布沾色情况。湿摩擦牢度是用含水100%的湿漂白布摩擦干染色织物后，观察白布沾色情况。

其试验方法是取8cm×25cm试样两块。一块作干摩擦牢度用，一块作湿摩擦牢度用。试验时，将被测试样铺平在摩擦牢度试验器的试样台上，压牢后另取5cm×5cm漂白平布固定于摩擦头上。漂白平布经纬方向与被测试样的经纬方向相交成45°。然后把摩擦头放在试验布上来回摩擦10次，每次来回约1s。一块试样应在正面分别磨3次。然后按"染色牢度沾色样卡"评定等级。

测定湿摩擦牢度时，摩擦头上的细布应含水100%，评级需待干燥后进行。

摩擦色牢度也分为5级，其中1级最差，5级最好。

技能训练

1. 测试非织造布特征指标、力学性能、尺寸稳定性、缩水率、保暖性、透通性。
2. 初步学会操作以上相关仪器与设备。

任务二　非织造布的特殊性能测试

知识准备

一、渗透性测试

非织造布的渗透性主要是指渗水性能，它是考核土工布渗透、反渗透等水力性能的重要指标，包括垂直渗透与水平渗透两个指标，常用渗透系数来表示。

垂直渗透系数是指水流垂直通过土工布的平面方向的流动情况，它表征了水在土工布孔隙中移动的特征。而水平渗透系数是指水力坡降等于1时的渗透流速。它表征了用做排水材料时，水在其内部沿其平面方向流动的情况。两个数值的测试基本相似，故仅介绍垂直渗透系数的测试。

如图15-11所示的测试土工布渗透性的装置，能安装单层或多层土工布试样，内壁充填密封材料，不能有漏水现象。试样下游配有透水网或透水板，防止由于渗流使试样变形。测试时，将小于测试头直径0.5~1.0cm的几层试样装入测试头中，而对每一块试样要求裁剪时剪刀口与织物平面相垂直，然后分别量出每块试样的厚度，求它们的平均值；再把它们叠在一起（渗径一般大于2cm），并施加一定压力，测出其总厚度，再在它们的周围涂上一层薄薄的914速干胶，待胶干后除去压力和夹板，再测一次制作试样的厚度（要求与总厚度之差小于1mm）及直径作为计算用参数。采用同样的方法制作若干个试样，测出每一块试样的直径和厚度，求出平均值。每一试样重复测10次以上，每次试验时间要求持续15~30min。按下式进行计算：

$$K_T = \frac{QL}{Aht}$$

$$K_{10} = K_T \frac{U_T}{U_{10}}$$

式中：K_T——水温为 T（℃）时土工布的渗透系数，cm/s；

$\quad\quad Q$——时间 t 内的渗透水量，cm^3；

$\quad\quad L$——试样的厚度（或称渗径），cm；

$\quad\quad A$——试样断面积，cm^2；

$\quad\quad h$——上下游压管不位差，cm；

$\quad\quad t$——测定流量的时间，s；

$\quad\quad K_{10}$——水温为 10℃时土工布的渗透系数，cm/s；

$\quad\quad U_T$——水温为 T（℃）时水的动力黏滞系数，Pa·s；

$\quad\quad U_{10}$——水温为 10℃时水的动力黏滞系数，Pa·s；

U_T / U_{10}——可参考土工操作规程 SD128—1984。

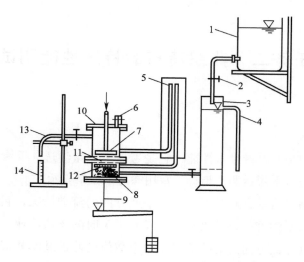

图 15 – 11　测试土工布渗透性的装置示意图

1—供水瓶　2—供水管阀　3—常水位装置　4—溢管　5—测压管　6—排气管　7—加压多孔板
8—玻璃珠或瓷珠　9—加压杆　10—渗透仪　11—土工织物　12—承压多孔板　13—调节管　14—量筒

二、孔隙率、过滤效率测试

孔隙是反映土工布、过滤材料等非织造布产品通过水、空气的能力。孔隙率是指非织造布的孔隙体积与它的总体之比。而被过滤掉的尘量与原含尘量之比，称为过滤效率。

如图 15 – 12 所示，发尘装置将经过选择的测试粉尘打入管道，经过非织造布过滤袋时，能除去部分粉尘，然后气流再经水平管道及弯管，通过后过滤器后，粉尘已大部分被除去，气流再经过流量表，从出口处放出。采用这种装置对经过过滤袋前后的气流含尘量、粉尘粒度分布及气流压差均可测定。并可计算出过滤效率。其计算公式为：

$$过滤效率 = \frac{过滤前空气含尘量 - 过滤后空气含尘量}{过滤前空气含尘量} \times 100\%$$

此公式同样可适用于液体过滤。但需要在进行过滤测定时在液体中加入已知滤饼。

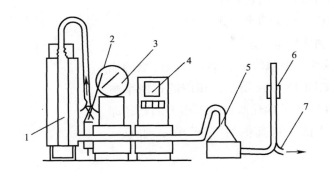

图 15 – 12　工业粉尘过滤测试示意图

1—过滤袋　2—发尘装置　3—称重装置　4—压差显示记录器及测试控制台

5—后过滤器　6—流量表　7—出口

三、孔径测试

非织造土工类材料产品的孔径大小一定程度上反映了产品的过滤性能及土壤颗粒被阻止通过的能力。这类产品一般都有不同的孔隙特征、孔径大小和孔径分布。

土工布中孔径的大小并不一致，只能用平均孔径来表征，但更常用的是有效孔径 Q_E，一般用 Q_{90}、Q_{95}、Q_{98} 来表示。

而这里 Q_{90} 表示用已知粒径的玻璃珠放在土工布上过筛，有 10% 的颗粒穿过土工布，其余 90% 全部留在土工布上面的而未通过，则该粒径相当于土工布的孔径 Q_{90}，依此类推。Q_{90} 的大小数值由试验后画出孔径分布曲线来求得。

常用的玻璃珠分级标准为：0.05 ~ 0.071mm、0.071 ~ 0.09mm、0.09 ~ 0.125mm、0.125 ~ 0.154mm、0.154 ~ 0.18mm、0.18 ~ 0.25mm、0.25 ~ 0.28mm、0.28 ~ 0.35mm、0.35 ~ 0.45mm。

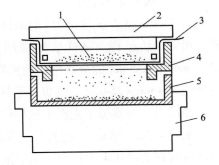

图 15 – 13　测试孔径的振动筛装置

1—玻璃珠　2—盖　3—样品　4—筛子

5—收集盘　6—振动器

测试装置如图 15 – 13 所示，采用已知粒径的干燥球形标准玻璃珠，在振筛机上用玻璃珠筛过非织造布的多少来确定孔径大小。测试时取 5 块直径略大于 200mm 的试样，用 50g 标准玻璃珠均匀撒在被测试样上，并将筛框接受盘夹紧在振动筛上，开机振动 20min 后，停机称量未通过非织造布的剩余量即筛余量。再用细的一组标准玻璃珠做同样的测试，称取筛余量，必须进行连续三次以上的测试，并有一组振动 20min 后有 95% 通过试样。按下式计算过筛率。

$$B = \frac{P}{T} \times 100\%$$

式中：B——玻璃珠通过试样的过筛率；

　　　P——每组粒径过筛量的平均数，g；

　　　T——总的玻璃珠用量，g。

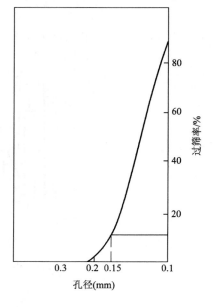

图 15 – 14　孔径分布曲线

将每组玻璃珠粒径的下限值画在半对数坐标纸的横坐标（对数）上，如图 15 – 14 所示，相应的过滤率画在纵坐标上，可求得90%玻璃珠留在土工布上的孔径即 Q_{90}，也可用同样的方法求得其他的"Q"值，如 Q_{95}、Q_{98} 等。

四、吸水性测试

对医疗卫生用非织造布产品，一般都有吸水性或吸湿性要求，因此必须进行吸水性试验。而吸水性是这类产品的一项重要指标。常用吸水时间或吸水量来测定产品吸水性的好坏。

（一）吸水时间的测定

ASTM 标准中的吸水性测试方法如下：采用一只两端开口的圆柱形金属网篮，高6.4cm，直径3.8cm，自重3g，用20号不锈钢丝编成，网目尺寸约3cm×3cm。沿机器运行方向取样5块，样品的宽度为76mm，长度以其质量达到（5±0.1）g 为标准。在室温下进行测试，每个试样沿长度方向卷成直径相同的一卷，然后放入金属网篮中，两端略微超出网篮。接着将装有试样的网篮从25cm 高度横向坠入盛水的容器中，记录整个试样完全被润湿所需要的时间，测试5次，求其平均值，即为吸水时间。

（二）吸水量的测定

首先沿非织造布的 45° 斜向取规格为 203mm × 203mm 的 6 块试样。如定重超过 80g/m² 者，可取 3 块试样。试样装置采用镀锌的金属丝编成规格为 230mm × 230mm，每目约为 12.5 mm × 12.5mm 的金属网，校正质量至相同值，同时准备深盘若干只，每只盘深约 80mm，规格约 254mm × 254mm，浅盘若干只，大小以能容纳金属网为标准，校正质量到相同。

测试时，在室温下先将干试样称重，精确到 0.1g，接着将试样放在金属网上，在深盘中装入水，水深约 65mm，把放有试样的金属网放入盘中，等试样完全湿透，再在盘中浸 1min，将金属网和试样从水中提出，水平地放置在木棒或金属棒上让其滴水 10min 后，立即将其移至浅盘中称重，所得重量减去浅盘、金属网和干试样的质量，即得试样的吸水量。吸水率按下式计算：

$$试样的吸水率 = \frac{试样的吸水量}{试样干重} \times 100\%$$

（三）芯吸效果测定

将待测试样剪成长 30cm、宽 5cm 的布条，每种试样各两块，在末端沿水平方向穿一根约重 2g 的短玻璃棒作为重荷，并在离布端 1cm 左右处用铅笔画一直线作为标尺零点。

测定时，将毛细管效应测定装置（图 15-15）安装好并调整水平，然后在底座盘上放上盛液槽，槽内加入约 2000mL 浓度为 5g/L 重铬酸钾溶液（亦可用水代替），最后调节液面与标尺读数零点对齐，然后升高横架，把试样布条上端夹在夹子上固定，使其下端的铅笔线正好与标尺零点对齐。将横架连同标尺及试样一起下降，直到标尺零点与水平面接触为止。记录经 5min 和 30min 时液体沿垂直方向上升的高度（cm）。如液体上升高度参差不齐，应读取最低值。平行测试两次，取其平均值。

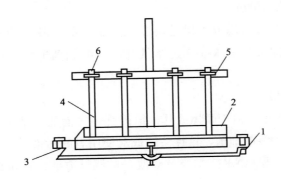

图 15-15　毛细管效应测定装置
1—底座螺丝钉　2—盛液槽　3—底座　4—标尺　5—横架　6—夹子

五、消毒、卫生性能测试

直接与人体相接触的医用卫生产品和"用即弃"类非织造布产品均要求进行消毒。消毒的方法主要有：热空气加热至 180℃，30min；蒸汽加热至 120℃，30min 或加热至 135℃，10min；紫外线照射 20min。

测试项目包括霉菌污染程度、游离甲醛含量、抗菌性能、pH 值、细菌屏蔽性、脱绒性、吸水性、耐消毒性、湿润速度、透气、透湿、强度等。

（一）霉菌污染程度测试

测试的原理是从非织造布的壳质中含量来测定低度霉菌的侵入。壳质存在于大多数霉菌的细胞中，因此，用测定壳质的含量来评定霉菌污染程度。

测试时至少取 10 块 51mm×51mm 大小的试样，试样与参比标样的大小相等并同时进行测定。按照规定的操作步骤进行壳质的测定，最后记录每块样品总面积内的壳质含量即可。

（二）游离甲醛含量的测定

在非织造布的产品中，特别是化学黏合法生产的非织造布中，由于用到大量的黏合剂，而其中会含有一定量的甲醛。当甲醛含量较高时会对人体产生直接危害，所以对这类产品需要进行游离甲醛含量的测定，并且必须控制在国标规定的范围内，即游离甲醛含量必须低于

75mg/kg。

测试时，先将精确称量的试样在一定温度条件下萃取一定时间，将产品上的甲醛用水吸收，其萃取液用乙酰丙酮显色，然后用分光光度计测定甲醛的含量。

（三）抗菌性能测试

由于医疗卫生保健类非织造布产品均具有较好的吸湿性，这类产品在生产包装、流通运输及使用过程中极易被污染，因此要求具有一定的抗菌性能。测试时，将经过抗菌整理和未经抗菌整理的原布样分别放入装有150mL无菌水的锥形瓶中浸泡1h，然后取出布样，将锥形瓶中的水分别取1mL放入已做成培养基培养皿中，放入恒温培养箱中，进行24h、48h的细菌培养，并测出细菌数量，然后计算出试样的细菌减少百分率，用以表征抗菌性能。

（四）细菌屏障性能的测试

用于绷带、手术纱布等医用卫生保健用非织造布产品，其细菌屏障性能好，有利于伤口早日愈合和身体早日康复，要求非织造布具有良好的细菌屏障性能。可采用专用仪器进行测定。

（五）脱绒性能的测试

非织造布在使用过程中，由于摩擦或其他原因会使布面的纤维屑或纤维脱落，而脱落下来的微粒带有本身重量10%的细菌，这样会造成对使用者的污染。一般采用在工厂内部已使用的测试方法的基础上经EDANA技术委员会改进的测试方法，将包缠胶带的辊子在非织造布表面滚过10次，然后求出滚动前后非织造布的质量差，即为胶带粘的碎屑质量。为了提高测试的精确度，测试时应在非织造布的正反两面、纵横两个方面同时进行。

（六）耐消毒性测试

由于目前医疗行业的消毒方法一般为蒸汽或热空气消毒，因此，必须考虑非织造布经消毒后的使用性能的变化程度。常用的测试方法是比较在消毒前后非织造布的纵、横向强度的变化。消毒处理的条件是：采用蒸汽消毒时，一般在高压釜中维持温度121℃、30min或134℃、10min进行加热消毒；而采用热空气消毒时，干加热至180℃，持续30min。

六、阻燃性能测试

随着非织造布在各个领域，特别是家庭装饰领域中的应用越来越多，对产品的阻燃性能的要求也相应地提高。非织造布的阻燃性能可以分成三类：第一类为不燃的；第二类为可燃的，但当离开火焰后不支持燃烧；第三类是易燃的，当非织造布离开火焰后可继续燃烧。为了提高非织造布装饰材料使用的安全性，必须对后两类非织造布产品进行阻燃整理，使其产品获得较高的耐火性。

对阻燃性能的测定可分为两类：氧指数测定法和燃烧性能测定法。后者又分为水平燃烧测定法、45°倾斜燃烧测定法和垂直燃烧测定法三种，而更常用的是垂直燃烧法。

七、电性能测试

非织造布可作为电气绝缘材料、电介质材料等，而用作这一类的产品需要准确测定非织造布的电学性能，包括电阻、静电性能、介电特性、电击穿强度等。此外，非织造布的静电性能也是装饰材料及服用材料使用性能的一项重要内容。

材料的比电阻分为表面比电阻、体积比电阻、质量比电阻，而质量比电阻更常用于纤维的电阻性能测试。

在非织造布产品的使用过程中，由于摩擦常会产生静电现象，在某些场合产生的静电是极其有害的，故对某些具有特殊静电性能要求的产品，必须进行静电性能测试。静电性能测试主要有电晕放电式静电测试、摩擦式静电性能测试和静电吸附性测试三种方法。

当非织造布作为介电质使用时，要求介电常数尽可能大一些；而作为支承体及绝缘体使用时，则要求低的介电常数。因此，用作与电有关的非织造布必须进行介电性能的测试。

而用作绝缘的非织造布材料，为了提高绝缘性能，防止意外的发生，必须对其进行电击穿强度的测试。

八、防辐射性能测试

在核电厂工作的人员易遭受中子辐射，在医院放射科作业的人员及病人容易受到 X 射线、γ 射线的辐射，长期在野外工作人员易受到紫外线辐射，长期与计算机打交道的人员易受到电磁波的辐射，而这些辐射对人体危害较大，防护也较困难。由于辐射源的不同，它们产生的射线能级也各不相同，因而抵抗这些射线的材料也不相同。

为了避免辐射带给人体的伤害，可在纤维中添加一些特殊的成分后加工成非织造布。这样生产的产品结构均匀，没有明显的纵横向区别，防辐射性能一般优于相同质量的织物，是一种很受欢迎的防辐射材料。因此，必须对用作防辐射材料的非织造布进行防辐射性能测试。

九、吸声效果的测试

随着社会的发展和人民生活水平的提高，人们对生活和工作环境的舒适度要求越来越高，而与三大污染并列的噪声污染就成为破坏人们工作和生活环境质量的罪魁祸首，它不仅能够严重危害人的听觉系统，使人易感疲倦、耳聋，而且还会加速建筑物、机械结构的老化，影响设备及仪表的精度和使用寿命。目前，在室外噪声污染防治与室内音质设计中吸声材料是不可缺少的一个重要技术环节。

吸声系数（α）材料吸收的声能与入射到材料上的总声能之比，相对于反射系数，其最大值为 1。也有人提出了通过测量织物的透气量来计算织物的吸声系数，并得到经验公式，使得吸声系数的计算更为简便。这样只要测出织物的透气量可以用下式换算出织物的吸声系数。

$$z = 0.63 - \frac{1}{10} \left(\mid 155.6 - Q \mid \right)^{\frac{1}{5}}$$

$$\alpha = \frac{4z}{(1+z)^2}$$

式中：z——声阻抗值；

Q——透气量。

十、土工布特殊性能测试

土工布是一种应用于岩土工程中的土工合成材料，主要起过滤、排水、隔离、加固和保护的作用，而且目前这类材料主要以卷材的形式出现，所以运输和施工方便，因而在水利、铁路、公路、海港、建筑、采矿及航空等领域应用非常广泛。由于用途不同，可有针对性地测定相应的质量指标，但国内还没有一整套统一的测试方法标准。

土工布的测试项目分为物理性质、力学性质、水力学特性、土工布和土壤的相互作用特性、耐腐蚀性及抗老化性能的测试。其中，物理性能的测试包括定量、厚度、孔隙率等；力学性能包括断裂强度及伸长率、撕裂强度、握持强度、顶破强度、胀破强度以及耐穿透冲击等；水力学性能包括有效孔径、垂直渗透系数、水平渗透系数等；土工布和土壤的相互作用特性包括拉拔、剪切摩擦和淤堵等。现仅介绍几种特殊性能的测试方法。

（一）土工布平面应变抗张强力测试

土工布是高拉伸强度材料，而泥土是低拉伸强度材料。土壤与土工合成材料结合后可提高承受负载的能力。其强度提高的程度既取决于铺放土工合成材料的强度，又取决于土工合成材料与泥土间摩擦力的大小。土体中合理加入抗拉材料（土工布）可改变土体的应力分布，约束土体的侧向变形，从而提高结构的稳定性。所以土工布平面应变抗张强度反映了土工布的负荷能力和延伸性的特征。图15-16为平面应变抗张强力测试。试样宽度为200mm，长度大于200mm，试样通过布夹固定在两端的夹头上。为了提高土工布在拉伸时的抗横向收缩能力，在试样上平行等距离地夹上7根钉杆，每根钉杆由一对穿孔杆与凸钉杆组成，其中有6只凸钉，两杆合并时凸钉穿入孔中，从而起到固定作用。拉伸时，夹头以每分钟5mm的等速运动，在测试仪上可绘出土工布的负荷—延伸关系曲线。

（二）土工布握持抗张强力测试

握持抗张强力表示土工织物抵抗外来集中荷载的能力。如图15-17所示，试验时取试样200mm×200mm，布夹宽度为25mm，间距为100m，以50mm/min的速度进行快速拉伸。当拉伸负荷降至最大值的80%时，可认为土工布已破损，此时的强力即为握持抗张强力。土工织物对集中荷载的扩散范围越大，则握持强度越高。

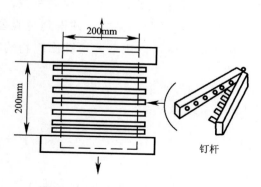

图15-16 平面应变抗张强力测试

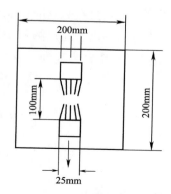

图15-17 土工布握持抗张强力测试示意图

（三）穿透冲击测试

穿透冲击实验主要测定土工布及其有关产品抵抗从固定高度落下的钢锥穿透的能力，表征尖石跌落在土工布表面后对土工布造成的损坏程度，从而可以了解土工布抗尖角石块的冲击能力。测试装置如图 15 - 18 所示。将土工布试样水平夹持在内径为（150 ± 0.5）mm 的夹持环中，使锥角为 45°、总质量为（1000 ± 5）g 的不锈钢锥从 500mm 高度跌落在试样上，在试样上形成破洞，再以标有刻度的小角量锥插入破洞中测得穿透孔的直径。孔眼直径越小，则土工布耐穿透冲击能力就越强。

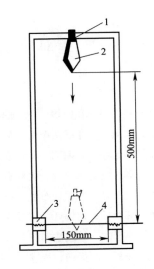

图 15 - 18　尖锥冲击测试装置
1—释放销　2—尖锥体
3—试样　4—环形布夹

技能训练

1. 测试非织造布的渗透性、有效孔径、孔隙率、过滤效率。

2. 初步学会操作以上相关仪器与设备。

👉 思考题

1. 什么叫非织造布的面密度、厚度？

2. 什么叫非织造布的均匀度？其测定方法有哪几种？

3. 简述非织造布的断裂强力的测试方法。

4. 解释传热系数、克罗值和保温率的含义。

5. 透通性能包括哪几个方面？分别简述其测试方法。

6. 什么叫垂直渗透系数、过滤效率？如何计算？

7. 消毒、卫生性能测试包括哪些项目？

参 考 文 献

［1］柯勤飞，靳向煜．非织造学［M］．2 版．上海：东华大学出版社．2010.

［2］郭秉臣．非织造布学［M］．北京：中国纺织出版社，2002.

［3］马建伟，陈韶娟．非织造布技术概论［M］．2 版．北京：中国纺织出版社，2008.

［4］邢声远，张建春、岳素娟．非织造布［M］．北京：化学工业出版社，2006.

［5］王延熹．非织造布生产技术［M］．上海：中国纺织大学出版社，1998.

［6］郭合信，何锡辉，赵耀明．纺粘法非织造布［M］．北京：中国纺织出版社，2003.

［7］冯学本．针刺法非织造布工艺技术与质量控制［M］．北京：中国纺织出版社，2008.

［8］杨群，赵振河，崔进．有机硅改性丙烯酸酯黏合剂的研制［J］．印染助剂，2006，23（5）：23 – 26.

［9］李志，李福全．聚醋酸乙烯酯类黏合剂的研制［J］．黏合剂，1999.

［10］黄晨，韩晓建，方丽娜，等．何银地浸渍黏合法制备棉丝非织造地膜及其性能表征［J］．纺织学报，2007，28（12）：54 – 58.

［11］华坚，吴莉丽，陈欣杰，陈明军．高性能水泥包装用浸渍非织造布［J］．纺织学报，23（6）：55 – 57.

［12］彭富兵，焦晓宁，叶小芳．水刺非织造布烘燥工艺与优化［J］．产业用纺织品，2007（5）：24 – 27.

［13］梅明华．纺粘非织造布的现状及发展前景［J］．非织造布，2002，10（3）：14 – 16.

［14］赵博．熔喷法非织造布生产技术的发展［J］．聚酯工业，2008，21（1）：5 – 8.

［15］刘伟明．熔喷非织造布技术发展概况及应用［J］．化纤与纺织技术，2007，4（12）：34 – 38.

［16］芦长椿．纺粘非织造布技术现状与发展［J］．合成纤维，2007（9）：1 – 5.

［17］王峰．高熔体强度聚丙烯的结构与性能［D］．北京：北京化工大学，2003.

［18］马青山，宋文波，于鲁强，等．聚丙烯熔体流动指数与分子量及其分布的关系［J］．合成树脂及塑料，2004，21（3）：5 – 8.

［19］董纪震，赵耀明，陈雪英，等．合成纤维生产工艺学［M］．北京：中国纺织出版社．1994.

［20］刘玉来，李朝伟．多孔细旦聚酯 FDY 生产工艺探讨［J］．合成纤维，2004（1）：33 – 35.

［21］马学民，王晴．纺丝生产中断头现象及对策［J］．聚酯工业，2008，21（3）：36 – 37.

［22］马青山，宋文波．聚丙烯熔体流动指数与分子量及其分布的关系［J］．合成树脂及塑料，2004，21（3）：5 – 8.

［23］王维新．谈熔融纺丝整板式纺丝模头设计［J］．非织造布，2008，16（3）：45 – 48.

［24］刘海江，张学敏．浅谈纺粘法非织造布前纺常见的问题及处理方法［J］．非织造布，2008，16（2）：46 – 49.

［25］NoynaertN．熔喷法用高熔融指数聚丙烯［J］．国外化纤技术，2006（12）：50 – 51.

［26］王维新．谈熔融纺丝整板式纺丝模头设计［J］．非织造布，2008，16（3）：44 – 49.

［27］言宏元．水刺木浆复合非织造布工艺与性能研究［J］．产业用纺织品，2009（5）：11 – 14.

［28］蒋耀兴．纺织品检验学［M］．北京：中国纺织出版社．2004.

［29］杨书君，高本虎，任晓力．农用聚乙烯塑料老化试验方法概述［J］．橡塑资源利用，2006（5）：19 – 22.

［30］ 郭秉臣．非织造布的性能与测试［M］．北京：中国纺织出版社，1998.

［31］ 蔡苏英．染整技术实验［M］．北京：中国纺织出版社，2006.

［32］ 李晶，郭秉臣．非织造布吸声材料的现状与发展［J］．非织造布，2007，15（1）：8－13.

［33］ 张新安，盛胜我．仿毛织物声阻率及吸声公式的研究［J］．西安工程科技学院学报．2007，21（6）：752－756.

［34］ 范雪荣．纺织品染整工艺学［M］．北京：中国纺织出版社，1996.

［35］ 世界非织造工业现状及中国面临的挑战和机遇［C］.//"新型纤维及非织造新技术、新材料产业链论坛"焦点荟萃．http：//www.chinanonwovens.com/cnta/news/ReadNews.asp？News.

［36］ 水刺非织造布欧美七种功能性整理技术［OL］.http：//www.cnita.org.cn/.

［37］ 盛杰侦，毛慧贤．医疗卫生用水刺非织造布的拒水整理［J］．产业用纺织品，2004，168（9）：35－38.

［38］ 何一帆，赵耀明．丙纶非织造布亲水改性工艺研究［J］．产业用纺织品，2002，20（12）：31－33.

［39］ 焦晓宁，刘建勇．非织造布后整理［M］．北京：中国纺织出版社，2008.

［40］ 陶乃杰．染整工程（2）（3）［M］．北京：纺织工业出版社，1992.

［41］ 王菊生，染整工艺原理（3）（4）［M］．北京：中国纺织出版社，1984.

［42］ 郭惠仁．超细PA/PU仿皮非织造布的DOROLAN染色性能［J］．印染，2008.2：15－17.

［43］ 李元云．窗帘用非织造布同步染色与整理加工工艺［J］．产业用纺织品，2008.210（3）：19－21.

［44］ 许全杰，宋会芬，许志忠．聚丙烯纺粘法非织造布涂料染色工艺初探［J］．产业用纺织品，2007，196（1）：15－17.

［45］ 李晓春．纺织品印花［M］．北京：中国纺织出版社，2002.

［46］ 余一鄂．涂料印染技术［M］．北京：中国纺织出版社，2003.

［47］ 刘泽久．染整工艺学（4）［M］．北京：纺织工业出版社，1985.

［48］ 张万智，郭合信．水刺法非织造布生产线在线印花工艺分析［J］．非织造布，2007，15（3）：16－19.

［49］ 张庆．非织造布的功能性整理［J］．产业用纺织品，2008，214（7）：32－36.

［50］ 钱程．芳香型水刺非织造革基布的制备及其性能［J］．纺织学报，2007，28（9）：65－67.

［51］ 盛杰侦，毛慧贤，辛长征．芳香整理［J］．上海纺织科技，2003，31（6）：42－43.

［52］ 裘康，郭秉臣．防辐射非织造布［J］．北京纺织，2005，26（4）：15－17.

［53］ 薛士鑫．机制地毯［M］．北京：化学工业出版社，2004.

［54］ Lekha，K.R. Field instrumentation andmonitoring of soil erosion in coirgeotextile stabilisedslopes－a case study［J］.Geotextiles and Geomembranes，2004（22）：399－413.